三峡库区典型流域系统治理理论与实践

李　明　程来锋　余　磊　阎　瑶　吴　晓　著

黄河水利出版社
·郑州·

图书在版编目(CIP)数据

三峡库区典型流域系统治理理论与实践/李明等著.—郑州:黄河水利出版社,2023.8

ISBN 978-7-5509-3706-2

Ⅰ.①三… Ⅱ.①李… Ⅲ.①三峡水利工程-区域生态环境-综合治理-研究 Ⅳ.①X87

中国国家版本馆 CIP 数据核字(2023)第165218号

三峡库区典型流域系统治理理论与实践

李明　程来锋　余磊　阎瑶　吴晓

审　稿　席红兵　13592608739

责任编辑	周　倩	责任校对	张　轲
封面设计	李思璇	责任监制	常红昕
出版发行	黄河水利出版社		
	地址:河南省郑州市顺河路49号　邮政编码:450003 网址:www.yrcp.com　E-mail:hhslcbs@126.com 发行部电话:0371-66020550		
承印单位	河南新华印刷集团有限公司		
开　本	787 mm×1 092 mm　1/16		
印　张	16.25		
字　数	375千字	印　数	1—1 000
版次印次	2023年8月第1版		2023年8月第1次印刷

定　价　82.00元

前　言

三峡库区是指受三峡水库季节性蓄水影响的行政区县，库区位于105°43′E～114°40′E及28°31′N～31°45′N，面积为5.79万km^2，涉及湖北省与重庆市的18个行政区县。其中，涉及湖北省4个区县，分别为夷陵区、兴山县、秭归县及巴东县；涉及重庆市14个区县，分别为巫山县、巫溪县、奉节县、开州区、云阳县、万州区、忠县、石柱县、丰都县、涪陵区、武隆区、长寿区、重庆主城区及江津区。

三峡库区流域是因三峡工程建设而成立的具有特殊意义的独特地理单元，是我国实行“长江大保护”的经济、航运和商贸物流中心，是“西部大开发”政策实施的重要战略支点，是长江中上游乃至全国的重要生态屏障。

三峡库区水系发达，有丰富的长江干流河系及嘉陵江和乌江，还有152条流域面积超过100 km^2的支流在该区域内（其中重庆有121条，湖北有31条），19条支流流域面积超过1 000 km^2（其中重庆有16条，湖北有3条），主要有香溪河、大宁河、梅溪河、汤溪河、磨刀溪、小江（又名澎溪河）、龙河、龙溪河、御临河等，具有独特的地貌、环境、生态和水文条件。

习近平总书记2016年在视察重庆时指出，要保护好三峡库区和长江母亲河。重庆集大城市、大农村、大山区、大库区于一体，协调发展任务繁重。要促进城乡区域协调发展，促进新型工业化、信息化、城镇化、农业现代化同步发展，在加强薄弱领域中增强发展后劲，形成平衡发展结构，增强发展整体性。保护好三峡库区和长江母亲河，事关重庆长远发展，事关国家发展全局。要深入实施“蓝天、碧水、宁静、绿地、田园”环保行动，建设长江上游重要生态屏障，推动城乡自然资本加快增值，使重庆成为山清水秀美丽之地。

在经济社会发展方面，2009年1月26日，国务院出台《关于推进重庆市统筹城乡改革和发展的若干意见》（国发〔2009〕3号），阐明加快重庆市统筹城乡改革和发展，是深入实施西部大开发战略的需要，是为全国统筹城乡改革提供示范的需要，是形成沿海与内陆联动开发开放新格局的需要，是保障长江流域生态环境安全的需要，打造以重庆主城区为核心、1 h通勤距离为半径的经济圈（“一圈”），加快建设以万州为中心、三峡库区为主体的渝东北地区和以黔江为中心、少数民族聚居的渝东南贫困山区（“两翼”），形成优势互补的区域协调发展新格局。在库区生态环境建设方面，健全库区生态环境保护体系，把三峡库区建成长江流域的重要生态屏障，维护长江健康生命，确保三峡工程正常运转。同时强化库区工业污染源治理，搞好农业面源污染防治，禁止水库网箱养鱼，加大水库清漂力度，解决支流水华等影响水质的突出问题。抓紧完善并实施三峡库区绿化带建设规划和水土保持规划，强化生物治理措施，加大水土流失治理力度。根据库区生态承载能力，稳步推进生态移民，在水库周边建设生态屏障区和生态保护带，制订落实消落区治理方案和相关措施，加强三峡库区生态环境监测系统建设。加快推进三峡库区三期地质灾害防治工程，研究建立三峡库区地质灾害防治长效机制，落实库区防灾减灾保安措施，不断加强三峡工程蓄水后的生态变化规律和长江流域可持续发展战略研究。

2011年国家出台《三峡后续工作规划》，围绕实现国家新时期确定的三峡工程及库区战略目标，重在实现三峡库区移民安稳致富、加强库区生态环境保护和地质灾害防治，并妥善处理好三峡工程蓄水运行对长江中下游河势带来的有关影响，以保护国家战略性淡水资源库为目标，将水库水域、消落区、生态屏障区和库区重要支流作为整体，建设生态环境保护体系，实施"控污、提载、抓重点"的综合措施。围绕保护三峡水库水质、维护库区生态环境可持续的目标，根据建立库区生态文明新模式，以及保障三峡工程长期安全运行和综合效益持续发挥、移民安稳致富的要求，按照"控污、提载、抓重点"的思路，开展库区生态环境建设与保护规划。

通过近些年的治理和发展，库区及相关区域生态环境质量明显改善，三峡水库入库断面和库区干流控制断面主要水质指标稳定保持国家地表水环境质量Ⅱ类标准，水库支流水华得到全面控制；库区城镇污水收集率和处理率达到90%以上，乡镇污水处理率达到80%以上；库区生态屏障区森林覆盖率达到50%以上；水土流失治理面积达到55%以上。

尤其是通过三峡后续工作的帮扶，库区经济社会发展持续向好，移民收入增长较快，基础设施和公共设施不断完善；三峡库区生态环境持续改善，生态服务功能逐步显现；三峡库区地质灾害防治有力，地质安全得到有效保障。库区优势特色产业加快发展，经济发展质量明显提升，库区农业基础条件持续改善，茶叶、柑橘、蔬菜、榨菜等优势特色产业支撑能力增强，夷陵茶叶、秭归和奉节脐橙、丰都肉牛等一批特色农业品牌培育形成；以生态工业园为载体的特色工业进一步集聚，一批低碳环保型的优质企业入驻库区，产业集群逐渐形成；库区核心旅游景区基础设施和配套服务功能不断完善，旅游业成为库区重要支柱产业，产业结构得到优化。移民生产生活条件持续改善，移民群众获得感不断增强。通过大力实施城镇移民小区综合帮扶和农村移民安置区精准帮扶，消除移民居住安全隐患，完善小区基础设施和公共服务设施，解决了移民"急愁盼"的突出困难和问题，提升了居民居住安全保障和生产生活服务保障功能；城镇移民小区发展滞后和农村移民安置区发展不平衡问题得到缓解，整体面貌有了较大改观。加强了就业帮扶和产业扶持，培育经济发展环境，移民人均可支配收入持续增长，增速高于湖北省、重庆市同期增长水平，三峡库区农村移民人均可支配收入总体上高于库区当地区县农村居民平均水平。

水环境质量和消落区生态功能整体得到改善，库区生态服务功能逐步显现。通过大力加强三峡水库水质保护和生态修复治理，库区生态环境持续向好。生态屏障区城镇污水、垃圾处理设施实现全覆盖，库区污染治理能力和水平得到全面提高；库区水环境质量稳中向好，干流水质总体保持在Ⅱ、Ⅲ类，支流富营养化得到初步控制。消落区生态功能得到改善，生境逐步重构，巩固了拦污治污"最后一道防线"。三峡库区生态屏障区森林覆盖率提高超过20%，生态屏障区生物多样性显著增加，水库水生态环境逐步恢复，水生态系统结构趋于稳定，水生生物群落结构得到进一步优化，水库区及上游江段"四大家鱼"产卵规模呈增加趋势，水生态系统新的平衡正在形成。库区地质灾害防护成效显著，移民群众安全得到保障。一大批滑坡、崩塌、危岩体、塌岸和移民迁建区高切坡得到有效治理；已实施避险搬迁人口5.97万，彻底解除了地质灾害威胁，特别是实施奉节县安坪镇藕塘滑坡和武隆区羊角镇危岩滑坡等重大地质灾害整体避险搬迁，以及受175 m试验性蓄水影响人口及时避险搬迁，成效显著；库区地质灾害和高切坡监测预警体系覆盖面广，技术先进，运行状况良好。三峡库区未发生因地质灾害造成人员伤亡的事故，三峡水库持续保持安全运行。

"十四五"时期是中国加快推进生态文明建设和经济高质量发展的重要时期，是中国全面建成小康社会、乘势而上开启全面建设社会主义现代化国家新征程、向第二个百年奋斗目标进军的第一个五年。习近平总书记关于长江经济带建设系列重要讲话精神为三峡库区赋予了新使命，长江大保护、乡村振兴战略为三峡后续工作带来了新要求和新路径，三峡库区面临着新形势、新任务、新要求。

由于地理条件、资源禀赋和社会历史等原因，库区发展相对落后，与其他地区及全面建成小康社会的目标仍存在很大差距，基础设施瓶颈依然明显，城镇规模结构不尽合理，产业发展存在短板，移民安稳致富任务艰巨，仍需帮扶；如产业发展滞后、方式粗放，支撑带动能力有限，经济发展对投资依赖过大等问题，库区基础设施和公共服务水平仍然有待提升，财政收入依然紧张，发展受资金约束大。同时，库区内外、库区县市区之间发展不平衡状况也较为明显，其中最为突出的原因即是生态问题，库区恶劣的自然条件造成其生态环境的严峻形势，人多地少的矛盾导致污染普遍、水土流失、自然灾害频发等问题非常严重，生态环境建设与保护压力不断增大，生态修复和保护任务艰巨，三峡水库消落区保护、岸线环境综合整治和船舶污染治理措施需要进一步优化。三峡库区 40 条流域面积在 90 km^2 以上的支流均发生过水华，部分河段存在水质超标问题，生态修复和环境系统治理措施欠缺，需要统筹山水林田湖草，加强水生态修复、水资源保护、水污染治理，推进生态产业化、产业生态化发展。地质灾害时有发生，仍需高度重视，虽然基本对影响移民群众安全的护岸、崩塌滑坡、高切坡等进行了治理，但由于三峡库区山高坡陡，地形破碎，地质构造活动活跃，暴雨频发，加上人类活动和水位变动影响，发生滑坡、崩塌、泥石流等地质灾害和次生危害的条件和可能性将长期存在。

基于此，生态文明建设成为后三峡时期可持续发展的客观要求和必然选择，本书以保护水资源、改善水环境、修复水生态"三水"共治系统治理为基础阐述，按照"共抓大保护、不搞大开发""重在保护、要在治理"战略要求和"水利工程补短板，水利行业强监管"水利改革总基调，牢固树立"生态优先、绿色发展""绿水青山就是金山银山"理念，坚持山水林田湖草是生命共同体的思想，坚持问题导向、系统施策、标本兼治，提出了以"水资源保护为核心、水环境治理为重点、水生态修复为保障"的流域系统治理思路和技术解决路径，重点对库区重要支流存在的分散式农村生活污水、柑橘种植区水土流失及面源污染治理、消落区生态修复、农村安全饮水等问题进行技术方案设计，破解重要支流系统治理中存在的关键技术难题，提出了相关技术；以奉节县草堂河流域为示范研究对象，围绕分散式农村生活污水处理、柑橘种植区水土流失及面源污染治理、消落区生态修复、农村安全饮水等问题编制关键技术方案，并实施分散式农村生活污水和农村安全饮水、奉节县长江南岸库岸修复综合治理工程示范工程，为三峡库区典型流域系统综合治理提供理论和实践验证支撑。

流域系统综合治理是一项系统性、长期性、复杂性工作，涉及面广。三峡工程建设期，国务院原三峡办联合高校、科研院所、流域机构等进行了流域综合治理研究和相关技术试点示范探索;三峡后续工作规划对库区重要支流治理作了系统部署和安排,《水利部办公厅关于印发三峡后续工作规划实施指标量化工作方案(试行)的通知》(办三峡〔2019〕64号)明确将库区生态环境建设与保护重点转移到水库消落区保护和综合治理、库区支流系统治理两个方面;库区各区县结合自身实际,在重要支流范围布置了大量项目。同时,三峡库区已经策划实施了一大批流域系统治理项目,取得了很好的治理效果,其他库区重要支流系统治理工作正有条不紊逐步展开。

作 者

2023 年 6 月

目　录

第1章 绪 论

1.1 研究背景与意义

人类文明史经过农业文明,发展到工业文明,人与自然的关系从原始状态逐步演变成以人类为中心的束缚与被束缚的关系,曾经被称为"蓝色文明"的工业文明,给人类带来了前所未有的物质及精神生活的极大享受,却由于对资源的无节制开采、滥用和对生态环境无所顾忌的破坏,产生了破坏自然同时危害人类的雾霾、水污染及核泄漏等严重的环境公害事件,"蓝色文明"演变为"黑色文明"。这种不可持续的文明形式所带来的生态危机提醒人类,需要一种新的文明形式来解决生态问题,维持人与自然的可持续发展。生态文明正是工业文明之后的一种新的文明形态,是更高阶段的"绿色文明"。

改革开放之后,我国经济呈现高速增长的态势,但目前仍处于发展中阶段。自2012年党的十八大首提"美丽中国"、将生态文明纳入"五位一体"总体布局以来,习近平总书记常常强调建设生态文明、维护生态安全,有关重要讲话、论述、批示超过60次。2015年5月发布的《中共中央 国务院关于加快推进生态文明建设的意见》,9月印发的《生态文明体制改革总体方案》,以及10月召开的十八届五中全会首次将加强生态文明建设纳入国家五年规划,充分说明了中国高度重视生态保护并以严格的措施治理环境污染。

2014年,习近平总书记提出"节水优先、空间均衡、系统治理、两手发力"的治水思路,赋予新时期治水的新内涵、新要求、新任务,同时,强调要统筹做好水灾害防治、水资源节约、水生态保护修复、水环境治理。2016~2020年,习近平总书记三次召开长江经济带发展座谈会,强调推动长江经济带发展,要坚持生态优先、绿色发展,把修复长江生态环境摆在压倒性位置,共抓大保护、不搞大开发;"治好'长江病',要科学运用中医整体观,追根溯源、诊断病因、找准病根、分类施策、系统治疗","做到'治未病',让母亲河永葆生机活力"。

三峡水库作为国家战略淡水资源库,保护水质是其重要目标之一。当前,影响三峡水库水质安全的敏感点、风险点和薄弱环节主要集中体现在重要支流。三峡库区40条重要支流中,受三峡水库蓄水或支流修建水位调节坝影响,支流部分地势平缓区域形成一些典型湖盆型流域,如支流河口形成湖泊的奉节县草堂河、秭归县童庄河等,在支流中部形成湖泊湿地的巫山县大宁河大昌湖、巴东县神农溪平阳坝湿地等,修建水位调节坝形成湖泊的开州区汉丰湖、万州区天仙湖等,这些湖盆型流域以农村区域为主、相对比较封闭、人口比较密集、开发利用强度较大、支流回水区水体富营养化、水华现象时有发生,是三峡库区重要支流中生态环境问题比较集中、相对复杂、较为突出的代表性流域。

2021年12月,国家发展和改革委员会印发的《"十四五"重点流域水环境综合治理建设规划》要求,以三峡库区及上游、沱江、乌江等为重点,加强总磷污染防治,推进府河、蝗郪川、南淝河等重污染河流综合治理。以汉江、乌江、嘉陵江、赣江等支流和鄱阳湖、洞庭湖等湖泊为重点，加强农业面源污染防治，加快发展循环农业，强化周边畜禽养殖管理，提高城镇污水垃圾收集处理能力，提升重点湖泊、重点水库等敏感区域治理水平。

《三峡后续工作规划实施情况评估报告》指出，三峡库区人口密集，生态环境敏感而脆弱，水安全隐患多，水环境治理、水生态修复、水资源保护任务艰巨，尤其是库区支流。2019 年 5 月 24 日，水利部在重庆召开三峡后续规划实施工作会议，提出三峡库区生态环境建设与保护重点支持库区支流系统治理，坚持"三水共治"和"系统治理"理念，继续加强对三峡库区的水安全系统治理，统筹山水林田湖草，以保留保护和自然修复为主、工程治理措施为辅，有效保护水库防洪库容和人居安全，促进人水和谐。

每个流域是包含多层次、多目标的整体，包含大量单元，且各个单元之间联系错综复杂，导致生态经济系统复杂。大量实践活动表明，某一项措施都不能同时解决生产、生活和生态三方面的问题，无法从根本上发生质变。因此，在新形势、新要求和新挑战下，有必要开展三峡库区典型流域系统治理，破解重要支流系统治理中存在的关键技术难题，为库区重要支流开展系统治理提供技术示范和案例借鉴，提高库区重要支流系统治理的有效性、针对性和项目实施的整体效果。

1.2　研究目标与内容

1.2.1　研究目标

通过开展三峡库区典型流域现状调查及问题诊断，提出库区典型流域系统治理思路和技术路线，提出三峡库区典型流域系统治理关键技术，编制草堂河流域系统治理关键技术方案，并开展工程建设示范，探索三峡库区重要支流系统治理可行路径，为三峡库区重要支流提出以"水资源保护为核心、水环境治理为重点、水生态修复为保障"的系统治理思路和技术解决路径，破解三峡库区重要支流系统治理中存在的关键技术难题，为三峡库区重要支流开展水资源、水环境、水生态系统治理提供技术示范和案例借鉴，提高治理的有效性、针对性和项目实施整体效果。

1.2.2　研究内容

1.2.2.1　三峡库区典型流域现状及对策

选取三峡库区部分支流为典型流域，调查典型流域的空间布局、水资源量、水文气象、污染因子、河流水体、消落区情况、经济社会等基本情况及本底数据。结合各流域山水林田湖草生态要素及人居、产业功能空间分布，诊断水资源、水环境、水生态现状及存在的问题，为开展典型流域系统治理示范提供基础支撑。

1.2.2.2　关键技术集成

围绕三峡库区典型流域水资源、水环境、水生态存在的农村生活污水、水土流失及面源污染、消落区生态环境、农村饮水安全四大问题，开展相关技术应用情况调研，提出符合三峡库区典型流域特征的先进成熟、经济高效、操作性强、实施效果好的技术。

1.2.2.3 关键技术方案及工程建设示范

对影响草堂河水环境质量的农村生活污水、柑橘种植区水土流失、消落区生态修复和农村安全饮水等4个问题提出技术方案设计，围绕关键技术，在草堂河流域选择典型区域开展农村生活污水处理、农村饮水安全示范工程建设，对示范工程效果开展监测评估，提出示范工程运行维护方案，并对示范工程进行总结。

对重庆市奉节县长江南岸库岸进行修复综合治理，治理消落区及整治沿线环境，提升奉节县旅游配套条件和促进库区移民安稳致富；开展纳米碳添加肥增产、节肥技术研究示范。

1.3 研究方法

1.3.1 现场调查

调研范围为重要支流全流域范围，包含重要支流流域范围所涉及的区县的发展和改革委员会、自然资源局、住建局、水利局、生态环境局、农业农村局等部门。调研内容主要包括流域区县发展定位、土地利用、污染物产生及排放、污水处理设施建设及运行、生态系统修复、水土流失、水资源开发、洪涝灾害、水利设施建设及运行、消落区开发利用，以及水环境治理、水环境监管、生态保护与建设、景观与旅游开发、产业发展方案布局等；收集流域已实施项目，调查分析在实施过程中的可操作性和实施存在问题等情况。

1.3.2 文献研究

对国内外学者在生态文明建设理论和实践方面的研究进行综述，并结合三峡库区在生态文明建设方面的发展现状和特点，探索典型流域系统治理的新思路；查阅国内外同类山地型最新的农村生活污水处理、水土流失及面源污染、消落区生态修复、农村安全饮水等方面的技术，认真阅读和分析生态文明范式创新和路径建设方面的著作和学术论文等，掌握最全的历史资料和最新的前沿研究。

1.3.3 调研咨询

调研三峡库区及国内同类型农村生活污水处理、水土流失及面源污染、消落区生态修复、农村安全饮水成功案例，同时组织召开不同形式的项目组会议，就有关问题进行讨论和交流，提高成果质量，并通过召开多层次的专家会议，就重大问题征求各方面专家意见。对形成的报告和实施方案进行集中研讨，对关键技术方案执行效果开展综合性验收评估。

1.3.4 系统分析法

典型流域系统治理涉及学科众多，包括经济、生物、历史和法律等学科，跨度较大，运用系统分析法对治理所涉及的各学科的内容进行整合，采用定性分析与定量分析结合的方法，重点研究三峡库区水资源、水环境、水生态治理的路径。

本研究围绕三峡库区重要支流生态环境保护与修复的目标，以水资源保护为核心、水环境治理为重点、水生态修复为保障，将流域水环境质量作为关键考核指标，从流域尺度分水资源、水环境、水生态三个维度分析影响水环境质量的关键突出问题，提出解决方案；同时，按照“生态优先、绿色发展”理念，处理好生态修复保护与经济发展的协调关系，在国内和三峡库区开展水资源、水环境、水生态关键难题技术调研，针对关键问题选择符合三峡库区重要支流流域特征的先进成熟、经济高效、操作性强、实施效果好的技术，开展关键技术集成。同时，在三峡库区重要支流选择典型湖盆型流域，提出三峡库区典型流域水资源、水环境、水生态系统治理关键技术方案，开展关键技术应用及工程建设示范，通过监测验证评估示范效果，提高水资源、水环境、水生态系统治理关键技术应用的有效性和针对性，为三峡库区 40 条重要支流水资源、水环境、水生态系统治理提供可行的方法和路径。同时，利用纳米碳添加肥的复合肥料技术，以柑橘为研究对象，在三峡库区开展纳米碳添加肥增产、节肥技术研究示范，建立纳米碳添加肥对柑橘增产节肥的技术集成及示范区，并建立示范区面源污染监测点，采用田间对比监测的方式，从作物增产和节肥效益、作物品质和面源污染减排效果三方面，系统评估碳添加肥的应用效益及综合环境效益。

第2章　流域系统治理发展脉络

2.1　国外流域治理发展脉络

国外将流域治理定义为流域管理(watershed management),是指在一个流域范围内,合理规划与利用土壤、土地、水资源,统一规划和安排农地、林地、牧场、果园,配合梯田的修建和耕作措施,修建小型水利工程,以及协调规划住宅、游览区等,在此基础上开展各项治理、建设、管理和养护,达到合理利用(use)、管理(regulation)及处理(treatment)水土资源,实现优化的生态效益和社会经济效益的目标。世界各国的地理自然条件和经济发展水平不一样导致研究和治理的关注点不同。

在河流生态治理与修复方面,早在20世纪40年代,德国学者Seifert最先提出"近自然河道治理工程"的概念,他强调要接近自然,首选植物为工程材料,重点维护动植物及生态协调。20世纪60年代,一些发达国家意识到,河流生态环境出现了很多问题,必须加以治理,因而开展生态治理方面的研究和实践。经过50多年的探索,国外针对河流生态保护和修复的研究取得了很多成果,主要集中于开展城市化对城市河流的影响及城市河流治理方法,包括城市化对河流形态、水文情势、水质和生物等多指标的影响,河流治理实践由单纯的"污染控制"发展为"水生态的修复与恢复"。

20世纪70年代以后,发达国家的城市污染和点源治理已基本完成,保护水环境和防治水污染的重点转向面源和农村,农村水环境的改善和面源污染防治渐渐受到政府和科技部门的重视。因此,这些年,发达国家在农村污水控制与污染上积累了一定的经验。

2.1.1　发达国家的流域管理发展历程与农村生活污水技术发展沿革

2.1.1.1　流域管理发展历程

(1)美国

关于小流域治理,美国起源很早。1914年美国就收集和积累了农牧区径流量和径流强度的资料,1933年成立了田纳西流域管理局,负责流域治理方面的工作;1935年成立了土壤侵蚀局,系统化研究土壤,经过多年研究,提出了土壤流失方程式,20世纪60年代根据土壤侵蚀数据资料,建立了水土侵蚀的数学模型,20世纪80年代建立了土壤侵蚀与生产力的关系模型,从而产生了最佳田间管理策略。

关于生态修复与治理,生态工程概念的诞生奠定了河道生态修复技术的理论基础。20世纪90年代,美国将兼顾生物生存的河道生态恢复作为水资源开发管理工作必须考虑的项目。为恢复美国亚利桑那州凤凰城流域原有风貌而进行的Tres Rios工程,包括恢复流域地区的生物栖息地,建设湿地并扩大洪水缓冲带,修建1条种植本土植物的河岸带及一系列具有宽阔水体的沼泽。该工程对环境作了较大的改动,不只是单纯的恢复工程,也包含了规划的成分，这是流域管理的一个典型代表。

(2) 日本

日本山地较多，降雨较多且集中，土壤含有过量火山灰，水力侵蚀明显，基本上所有的山地均存在泥石流和水土流失现象，日本的流域治理过去主要是防治山体滑坡、泥石流等自然灾害，后来发展到“流域保全、山地治理”，主要方法是以建设工程为主要方式，建谷坊、筑堤坝等。

关于河流生态修复，1986 年，日本开始学习欧洲的河道治理经验，近十年来，逐渐改修已建河流混凝土护岸，在理论、施工及高新技术的各个领域丰富发展了多自然型河道生态修复技术，日本建设省河川局称之为多自然型河川工法或近自然河川工法，并将其作为一门成熟的技术加以推广，应用到道路、城市等领域，统称为近自然工法，在 1991 年，日本就有 600 多处试验工程采用多自然型河流治理法，众多工程中，采用了这种方法。

(3) 澳大利亚

澳大利亚全国 510 万 km^2 可利用的农牧地区域中，有一半为水土流失区，其在流域治理中突出的经验是按小流域或地区编制《土壤保持计划》，强调治理与经营管理措施相结合，以达到理想的生产率为目的。

1999 年，澳大利亚通过河溪状况指标监测水质，采用河溪中的水生昆虫作为目标物种监测水质变化，因为水生昆虫可以快速地反映水质的变化，开展连续监测。

2.1.1.2 *农村生活污水技术发展*

(1) 美国

19 世纪中叶，美国开始建设农村污水处理设施。2000 年和 2003 年美国环保局分别发布了分散处理系统管理指南初稿(USEPA，2000)和定稿版(USEPA，2003b)，2002 年发布了《污水就地处理系统手册》，2005 年发布了《分散式污水处理系统管理手册》，积极鼓励和引导对分散式污水处理系统的应用，使得分散式污水处理系统在美国农村水污染治理方面发挥巨大作用。而美国提出的高效藻类塘体系，去除效果稳定、停留时间短、运行费用低，加快了其农村地区分散式污水治理的发展进程，分散式污水处理系统服务人口约占其全国总人口的 1/4。实践证明，在人口稀疏的农村地区，适当管理下的分散式污水处理系统比集中式污水处理系统更能经济有效地保护公众健康和环境。美国对农村污水处理设施的多级别管理模式、多层次行政责任机制和运营体系及多渠道融资手段等成功经验均值得借鉴。

(2) 日本

20 世纪 60 年代，日本研究出分散槽技术处理农村生活污水，将农村生活污水处理工艺组装成一体化的装置，用于土地紧张的地区。日本很多公司推出适用于农村地区粪便处理的净化槽技术与设施，随后出台《建筑基准法》。1983 年，日本正式制定《净化槽法》，对乡村分散污水治理进行全面规定，其成为日本乡村污水治理的主要法律依据。目前，日本农村生活污水处理系统主要是家庭净化槽、石井法、生态厕所法、生物膜法及毛细管土壤渗滤系统。此外，日本还建立了一套以政府为主导、业主和第三方服务机构共同参与的乡村污水治理模式，确保农村污水治理体系健康发展。

净化槽是一种在日本十分普及的分散型污水处理系统，主要采用厌氧滤床、接触曝气工艺,具有初期投资成本低、占地少、易安装、处理水和污泥便于回用等特点。大型净化槽处理能力可达 100 t/d 以上,小型净化槽则适用于 10 t/d 以内的家庭用水处理。

日本净化槽的发展大致经历了三个阶段,并对应三种类型的标准化净化槽:单独处理净化槽(粪尿净化槽)、合并处理净化槽、高度处理净化槽(见表 2.1-1)。

表 2.1-1 日本标准化净化槽类型

基本类型	诞生时间	处理对象	处理工艺	处理效果
单独处理净化槽	1969 年	厕所污水	基本等同我国现在使用的玻璃钢化粪池	—
合并处理净化槽	1975 年	全部生活污水	厌氧过滤、接触氧化、活性污泥、膜处理等常规生化处理工艺	主要是去除水中的有机物、悬浮物和杀灭病菌
高度处理净化槽	1995 年	全部生活污水	在合并处理净化槽的基础上增加了去除 N、P 等营养物质的措施及消毒杀菌功能	可以达到出水 $BOD_5 < 10$ mg/L, TN < 10 mg/L, TP<1 mg/L

净化槽在日本的广泛应用,一方面是由于其自身功能上对分散型污水处理需求的适合,另一方面也得益于相关法律法规、标准体系的健全。在构造标准上对每一个工艺单元都有具体规定,形成了类似于设计手册的标准体系,从而使净化槽产品生产标准化并易于普及。同时,《净化槽法》是一套健全的法律体系,对行政部门、净化槽管理者、相关企业等参与者,以及设置(手续)、施工、维护点检、投入使用、安装后的水质监测、清扫、定期检查等各个环节都做了详细规定。健全、可行的法制监管制度保障了净化槽的规范建设和运行维护,逐渐形成了民间运作、政府监控的净化槽产业。

(3)澳大利亚

澳大利亚提出一种名为"Filter"(非尔脱)的土地处理与暗管排水相结合的污水再利用系统处理农村生活污水。该系统本质上是在土地处理系统的基础上结合了污水灌溉,目的是利用污水进行作物灌溉,通过土地处理后的污水,再由地下暗管汇集和排出,有效实现污染物去除和污水减量的双重目标。

此外,针对偏远农村地区的污水处理问题,德国进行了分散市镇基础设施系统的研究,相关技术目前已趋于成熟。因韩国农村住户分散,汉城大学研发了一种人工湿地污水分散处理系统,湿地上多种植芦苇、香蒲和灯心草等湿地植物,污染物质经湿地过滤、土壤吸收及微生物转化后成为无害物,出水用于灌溉农作物,能耗少,维护成本低。法国研发了蚯蚓生态滤池污水处理技术,利用蚯蚓和生物滤池同步处理生活污水。荷兰研制了一体化氧化沟,欧洲许多国家研究和开发了滴滤池技术、移动床生物膜反应器,SBR、生物转盘和脱氮除磷结合的集成装置,均已得到广泛应用。国外农村污水处理设施汇总见表 2.1-2。

表 2.1-2 国外农村污水处理设施汇总

名称	原理简介	品牌设施名称	推广国家
活性污泥法	污水和污泥混合液在曝气池中充分富氧和搅拌，使其污水中的有机物被污泥吸附、氧化分解等作用后被去除	Biocycle	澳大利亚、爱尔兰
		Biomax	澳大利亚
		Envirocycle	澳大利亚
生物膜法	设施内部装有填料，在填料表面长满微生物，形成生物膜，形成外部好氧、内部厌氧的结构。污水通过生物膜时，被好氧和厌氧微生物消化分解，从而起到净化污水的作用	BioteQ	新西兰
		Econocycle	澳大利亚
		KTCAT	日本
序批式活性污泥法（SBR）	分进水、反应、沉淀、排泥水及闲置5个工作阶段。污水流入前，装置处于闲置期，其装置内剩有高浓度活性污泥混合液，曝气或搅拌，去除BOD_5、硝化、脱氮除磷，停止搅拌后，活性污泥随重力沉降实现泥水分离	Aquarbic	美国
		Mini Plant tank	
		Biovac	瑞典
		Ozzi Kleen	澳大利亚
土地处理、砂滤技术	将一定量的污水投放于渗透性较好的土地（沙地）上，利用土壤浅表层中的物理作用、化学作用和微生物生化作用，最终达到污水净化目标	Ecomax	澳大利亚
		Envirotech	爱尔兰
		Aerobic Sand	
		Filter	
化学除磷+砂滤	在进入土地渗滤系统前，在化粪池投加除磷药剂。通过沉淀的方式，在砂滤系统中，沉淀物被从污水中移除	Ekotrea	瑞典
人工湿地	仿自然湿地系统处理方法。以砾石、火山岩、沸石、钢渣等材料为滤料，上面栽种芦苇、香蒲等去污能力强的植物，通过滤料截流、植物吸附和滤料间的微生物分解使污水得到净化	Wastewater	美国
		Graden	
		Living	
		Machine	

2.1.2 国外流域治理的发展趋势

当前，国外流域治理发展的主要趋势是：在流域治理方面，重视水土资源的保护、改良和合理利用，把建立流域农林复合生态经济系统作为目标；在具体的研究及治理技术方面，应用航天航空遥感技术、电子计算机技术、生物技术、水土流失的观测模拟遥测技术、生态灾害的监测技术、先进的水利工程措施技术和机具等相关学科的研究成果，研究内容主要包括减轻由于水土流失引起的农地、牧草地、山区、林地和其他流域内的土地破坏，水资源的保护及水质的综合研究，低投入农业的基础研究，应用研究和试验开发研究，切实可行的流域治理综合措施体系及效益评价，流域土壤侵蚀过程机制的研究和侵蚀对土壤生产力及土地利用影响的模拟，区域自然资源的保护政策的研究。

2.2 国内流域治理发展脉络

我国20世纪80年代才开始重视河流生态修复工作，很多方面发展相对较缓慢。全国各地大量水利工程的修建改变了原有生态环境，原有的生态系统受到了破坏，河流生态系统的承载力降低，加剧了水生态的污染状况。近些年来，我国对河流生态修复与保护已日渐重视。在集中学习国外在该领域的成果的同时，根据我国河流的现状，制定了相应治理方法。2005年至今，我国的生态修复研究与实践取得了一定的成效。

2.2.1 国内典型流域治理的特点

中国的流域治理开展得较早，20世纪50年代，许多地区，尤其是在黄河流域开展了小流域治理工作。1980年，中国水利部在山西吉县召开了13省、自治区、直辖市的小流域治理会议，交流流域治理的经验，提出了“水土保持小流域治理”，并制定了《水土保持小流域治理办法》。从此以后，以小流域治理为单元进行的治理工作，全国各地普遍开展。到1989年底，中国列入重点治理的小流域有7 000多条，以小流域治理为单元治理的水土流失面积占治理总面积的50%以上，小流域治理已成为中国治理水土流失的主要形式。

众所周知，中国是一个具有14亿多人口的发展中国家，经济基础还很薄弱，人均占有资源量均低于世界平均水平，特别是水土资源明显紧缺，水土流失非常严重。从总量来看，2021年我国水土流失面积为267.72万km^2，占我国国土面积(港澳台地区除外)的27.96%。与2011年《第一次全国水利普查水土保持情况公报》公布的数据(294.91万km^2)相比，从水土侵蚀强度等级来看，目前我国水土流失以轻度侵蚀为主，面积为172.58万km^2，占全国水土流失总面积的64.53%，中度、强烈及以上侵蚀面积分别为44.52万km^2和50.62万km^2，分别占全国水土流失总面积的16.65%和18.92%。

造成上述严重水土流失的原因主要有：一是自然因素，包括水力、风力、重力等外部侵蚀。具体而言，水力侵蚀是指在降水、地表径流等水体作用下，地表物质遭剥蚀、搬运和沉积的过程。水力侵蚀是水土流失的重要原因，在我国黄河流域中上游，这种水土侵蚀类型极为常见。除此之外，冰雪融水引发的土壤侵蚀也属于水力侵蚀。二是人口的增长量、消耗量和自然资源供给量的不平衡。三是不合理的人类活动，包括矿产资源开发、工程及交通建设、不合理地开垦草地、砍伐森林及农业耕作等，都会破坏自然植被，造成水土流失。

在中国这个水土流失比较严重、人口众多的国家中，流域治理的目标是在控制水土流失的同时，为国家建设和人民生活提供必需的物质和财富，即防治水土流失，减少自然灾害，建立良性生态环境，保护、开发和合理利用水土资源，建立生态经济体系，发展经济。这就使得中国的流域治理尤其是小流域治理有如下特点。

（1）治理的综合性。流域治理是一项复杂的系统工程，它集合了自然生态科学、技术科学、社会科学、经济科学、社会经济等多方面的内容，其综合性体现在典型流域治理的各个方面。首先，造成水土流失的原因是综合的，既有自然方面的因素，又有社会方面的因素，因此流域治理也是综合的。例如，典型流域治理的措施是综合的，在治理中将生物措施、工程措施和耕作措施因地制宜、因害设防地合理配置在流域空间范围内，才能形成综合防护体系；治理手段也是综合性的，它包括经济手段，教育、技术管理手段及各部门之间的密切配合等。

（2）治理与效益的一致性。典型流域综合治理中要求在防治水土流失的同时注重经济效益，强调经济效益和社会效益的结合，与增收致富相结合，这是中国国情的要求，具体表现在水土资源的合理利用和开发上，通过综合治理，培育再生资源和增加资源量，为把资源优势变为商品优势创造条件，充分发挥综合治理的经济效益。

（3）治理与监督管理的连续性。在典型流域治理中存在一个突出问题：边治理、边破坏，一方治理、多方破坏。需要采取稳定的行政措施和法律约束，即监督管理，这是保证流域治理成果持久发挥效益的主要手段。治理是基础，管理是关键。

2.2.2 国内典型流域治理研究的现状和水平

国内流域治理的科技工作者在充分吸取国外流域治理的先进经验和技术的基础上，经过不懈的努力，取得了很大的成就，在研究内容、手段和方法上，较过去有了较大的突破，主要包括以下几个方面。

2.2.2.1 关于修复方法的研究

对河流生态进行修复，主要是控制待修复河流生态系统的污染状况，重建受损河流的生态系统，进而修复和恢复其生态功能，维持其生态系统的稳定和良性循环。污染河流的治理与生态修复技术种类繁多，大致可分为物理、化学及生物/生态方法三大种类。

2.2.2.2 关于水生态系统完整性监测与评价

经过近10年的积极探索，我国已具备了一定的水生态监测能力，初步开展了水生态完整性评价相关研究，积累了一定的水生态监测数据和宝贵经验。2020年，水利部发布了《河湖健康评价指南（试行）》（第43号），采用“水”“盆”“生物”与“社会服务功能”4个准则层对河湖健康状态进行评价，并提出了统一的监测技术规范。2020年，生态环境部发布了《河流水生态环境质量监测与评价技术指南（征求意见稿）》、《湖库水生态环境质量监测与评价技术指南（征求意见稿）》（环办标征函〔2020〕49号），分别规定了河流、湖泊水生态环境质量监测评价要素（包括水环境质量、生境和水生生物），选取大型底栖无脊椎动物与着生藻类作为河流水生态监测要素，选取底栖动物、浮游藻类、浮游动物和大型维管束植物作为湖泊水生态监测要素，并对每一要素的监测技术进行了详细阐述。

2.2.2.3 土壤侵蚀对土地生产潜力及土地退化影响的研究

对流域水土流失和土地退化的研究表明，仅黄土高原每年损失有效耕地相当于34万余 hm^2，因水土流失每年可蚀去表土层0.5~1 cm，致使有机质等营养元素很难积累，各种耕地一直处于低肥水平的发育初期阶段，黄河中游每年随土壤流失的锌、锰、铜、铁、钼、硼等元素有4 000多万t，其中有效态18万t，7.1万t微肥，为全国施用量的3~4倍。

近几年，在研究方法和手段上，我国有所改进和提高。遥感技术除用于获取第一手资料，进行宏观分析外，还用于分析土壤侵蚀量和制图，由于计算机在土壤侵蚀研究中的广泛应用，很多地方建立了土壤侵蚀数据库。采用人工模拟降雨设施进行土壤侵蚀研究在很多地区广泛开展，并对水土流失测试新技术进行了研究，其中水沙自动采样仪的设计和应用效果最好。

2.3 流域治理相关政策

以习近平新时代中国特色社会主义思想为指导，全面贯彻党的二十大精神，中国式现代化是体现"绿色""可持续发展"的现代化，是将生态文明建设融入全局发展中的现代化，深入贯彻落实习近平总书记关于推进长江经济带发展的重要战略思想和关于治水工作的重要论述，牢固树立"生态优先、绿色发展""绿水青山就是金山银山"理念，坚持"共抓大保护、不搞大开发""重在保护、要在治理"战略要求和"水利工程补短板，水利行业强监管"水利改革总基调，坚持山水林田湖草是生命共同体的思想，坚持问题导向、系统施策、标本兼治，积极践行"节水优先、空间均衡、系统治理、两手发力"的治水思路，通过开展以水资源保护为核心、水环境治理为重点、水生态修复为保障的综合系统治理，力争实现生产、生活、生态"三生"共赢。

2.3.1 主要相关法律法规

(1)《中华人民共和国水法》(2016 年 7 月修订)。

(2)《中华人民共和国防洪法》(2016 年修正)。

(3)《中华人民共和国水污染防治法》(2017 年修订)。

(4)《中华人民共和国环境保护法》(2014 年)。

(5)《中华人民共和国水土保持法》(2011 年)。

(6)《中华人民共和国河道管理条例》(2017 年修订)。

(7)《中华人民共和国长江保护法》(2020 年 12 月 26 日)。

(8)《湖北省水污染防治条例》(2018 年 11 月 20 日)。

(9)《重庆市水污染防治条例》(2020 年 7 月 30 日)。

(10)其他法律法规文件。

2.3.2 相关部门规章

(1)《国务院关于实行最严格水资源管理制度的意见》(国发〔2012〕3 号)；

(2)《国务院关于印发〈水污染防治行动计划〉的通知》(国发〔2015〕17 号)；

(3)《中共中央 国务院关于加快推进生态文明建设的意见》(2015 年 4 月 25 日)；

(4)《中共中央办公厅 国务院办公厅印发〈关于全面推行河长制的意见〉的通知》(厅字〔2016〕42 号)；

(5)《中共中央办公厅 国务院办公厅印发〈关于在湖泊实施湖长制的指导意见〉的通知》(2018 年 1 月)；

（6）《水利部关于加快推进水生态文明建设工作的意见》（水资源〔2013〕1号）；

（7）《关于进一步加强农村饮水安全工作的通知》（水农〔2015〕252号）；

（8）《水利部关于进一步加强农村饮水安全工程运行管护工作的指导意见》（水农〔2015〕306号）；

（9）农业部办公厅关于印发《重点流域农业面源污染综合治理示范工程 建设规划（2016—2020年）》的通知（农办科〔2017〕16号）；

（10）《关于加快推进长江经济带农业面源污染治理的指导意见》（发改农经〔2018〕1542号）；

（11）《关于推进农村生活污水治理的指导意见》（中农发〔2019〕14号）；

（12）《湖北省人民政府关于实行最严格水资源管理制度的意见》（鄂政发〔2013〕30号）；

（13）《重庆市人民政府关于实行最严格水资源管理制度的实施意见》（渝府发〔2013〕63号）；

（14）《重庆市人民政府关于印发贯彻落实国务院水污染防治行动计划实施方案的通知》（渝府发〔2015〕69号）；

（15）《湖北省关于印发湖北省水污染防治行动计划工作方案的通知》（鄂政发〔2016〕3号）。

2.3.3 相关标准与规范

（1）《城镇污水处理厂污染物排放标准》（GB 18918—2002）；

（2）《地表水和污水监测技术规范》（HJ/T 91—2002）；

（3）《地表水环境质量标准》（GB 3838—2002）；

（4）《室外给水设计标准》（GB 50013—2018）；

（5）《室外排水设计标准》（GB 50014—2021）；

（6）《镇（乡）村排水工程技术规程》（CJJ 124—2008）；

（7）《村镇供水工程技术规范》（SL 310—2019）；

（8）《全国通用给水排水标准图集》；

（9）《给水排水工程构筑物结构设计规范》（GB 50069—2002）；

（10）《给水排水工程管道结构设计规范》（GB 50332—2002）；

（11）《农村生活污水集中处理设施水污染物排放标准》（DB 50/848—2018）；

（12）其他相关标准与规范。

2.3.4 其他相关文件

（1）三峡后续工作规划及规划优化完善意见；

（2）《三峡后续工作规划综合情况调查报告》；

（3）《长江经济带生态环境保护规划》；

（4）《全国重要生态系统保护和修复重大工程总体规划（2021—2035年）》；

（5）《长江岸线保护和开发利用总体规划》；

（6）《湖北省生态功能区划》；

(7)《重庆市生态功能区划》;

(8)《湖北省水环境功能区划》;

(9)《重庆市水环境功能区划》;

(10)《湖北省水土保持规划(2016—2030年)》;

(11)《重庆市水土保持规划(2016—2030年)》;

(12)《湖北省水资源公报(2018—2020年)》;

(13)《重庆市水资源公报(2018—2020年)》;

(14)《三峡库区典型流域所在区县城乡总体规划》;

(15)《三峡库区典型流域"一河一策"实施方案》;

(16)《长江三峡工程生态与环境监测公报(2018—2020年)》;

(17)《典型流域各区县环境质量公报》;

(18)《典型流域各县(区)统计年鉴(2018—2020年)》。

2.3.5 流域治理研究与实践原则

(1)依法依规,实事求是。遵循国家法律法规及规程规范的规定,内业与外业相结合,确保调查数据的严肃性、科学性、真实性,认识问题的全面性、准确性,客观反映典型流域实际情况,为"三水"共治系统治理关键技术集成及示范提供基础支撑,增强治理的系统性、针对性和有效性。

(2)系统治理,突出重点。采取文献查阅、资料收集与现场调查检测相结合的方式,内容上突出水资源、水环境、水生态,重点分析存在的主要问题和成因;区域上突出受三峡水库蓄水或支流修建水位调节坝影响,典型流域部分地势平缓区域形成的湖盆型区域;措施上重点考虑农村生活污水、水土流失及面源污染、消落区生态环境问题、农村饮水安全等方面;示范工程重点针对农村分散式污水处理和农村安全饮水两方面。

(3)因地制宜,注重协调。根据典型流域不同功能定位和实际,本底调查、技术集成及示范工程注重分析与行业有关专项规划、三峡后续工作规划及规划优化完善意见、三峡后续工作规划修编、流域所在区县"十四五"规划等的协调性,内容和深度上与三峡后续工作规划的合理衔接;注重生态环境保护与经济社会发展相协调;技术措施与三峡库区特征和实际相适应、切实可行。

2.4 流域系统治理形势现状评价与标准

从水资源保护、水环境治理和水生态修复3个维度,结合流域实际,建立流域系统治理现状评价指标体系。以三峡库区典型流域为例,根据三峡后续工作规划目标、国家相关政策要求和规范标准及流域所在区县专项规划目标指标等,确定各评价指标标准(见表2.4-1),力求指标体系全面、系统、完整、准确地反映流域现状,通过典型流域现状与指标层指标对比,评价流域存在的问题。

表 2.4-1　三峡库区典型流域系统治理现状评价体系及标准

指标层		具体指标	评价标准	备注
水资源配置	节水	用水总量	秭归 9 121 万 m^3,巴东 7 088 万 m^3,巫山 7 250 万 m^3,奉节 11 350 万 m^3,开州 31 900 万 m^3	省市州 2016—2020 年度水资源管理“三条红线”控制指标
		万元工业增加值用水量比 2015 年下降	秭归 30%,巴东 24%,巫山 16%,奉节 23%,开州 29%	同上
		农田灌溉有效利用系数	秭归 0.535,巴东 0.544,巫山 0.526,奉节 0.537,开州 0.499	同上
	循环用水	工业用水重复利用率	工业用水重复利用率提高到 70%	
		污水处理回用率	污水处理回用率提高到 10%	
防洪保安		城市防洪标准	根据常住人口、当量经济规模、防护标准(重现期)分为特别重要、重要、比较重要、一般 4 个防护等级	《防洪标准》(GB 50201—2014)
		乡村防护区防洪标准	根据人口、耕地面积、防护标准(重现期)分为特别重要、重要、比较重要、一般 4 个防护等级	
饮水安全	水源地保护	城市集中式饮用水水源地水质达到或优于Ⅲ类比例	高于 93%	《贯彻落实国务院水污染防治行动计划的实施方案》、长江保护修复攻坚战行动计划
		乡镇集中式饮用水水源地水质达到或优于Ⅲ类比例	总体高于 80%	《贯彻落实国务院水污染防治行动计划的实施方案》

续表 2.4-1

指标层		具体指标	评价标准	备注
饮水安全	供水安全	城镇供水水质	达到《生活饮用水卫生标准》(GB 5749—2006)Ⅱ类	《城市给水工程规划规范》(GB 50282—2016)、《生活饮用水卫生标准》(GB 5749—2006)
		城镇居民生活人均日用水量	城镇居民生活人均日用水量 140 L	
		农村供水水质	安全:水质达到《生活饮用水卫生标准》(GB 5749—2006); 基本安全:符合《农村实施〈生活饮用水卫生标准〉准则》	《村镇供水工程技术规范》(SL 310—2019)、《农村饮用水安全卫生评价指标体系》、《生活饮用水卫生标准》(GB 5749—2006)
		农村供水水量	安全:可获得水量不低于 40~60 L/(人·d); 基本安全:可获得水量不低于 20~40 L/(人·d)	
		农村饮水方便程度	安全:人力取水往返时间不超过 10 min; 基本安全:人力取水往返时间不超过 20 min	
		农村饮水供水保证率	安全:供水保证率不小于 95%; 基本安全:供水保证率不小于 90%	
	水源地水质监测	监测频次	水功能区二级区中的重要饮用水水源地按旬采样,每月 3 次,全年 36 次; 一般饮用水水源地每月应采样 2 次,全年 24 次; 其他分散式饮用水水源地每月采样 1 次,全年不少于 12 次	《水环境监测规范》(SL 219—2013)
水质			支流总体水质控制在Ⅲ类	
			高锰酸盐指数≤6 mg/L,化学需氧量≤20 mg/L,氨氮≤1.0 mg/L,总磷≤0.05 mg/L,总氮≤1.0 mg/L;富营养化程度有所改善,达到轻度富营养或中度富营养水平,50<营养状态指数(TLI)<70	
污染物总量控制方案			是否编制,支流相关指标	

续表 2.4-1

指标层		具体指标	评价标准	备注
点源污染	生活污水	城镇污水处理率	实现城镇污水处理设施全覆盖，基本实现全收集、全处理；县城不低于85%；建制镇达到70%	《“十三五”全国城镇污水处理及再生利用设施建设规划》
		污泥无害化处理率	县城力争达到60%	《“十三五”全国城镇污水处理及再生利用设施建设规划》
	工业污水	工业园区污水处理率	100%	《贯彻落实国务院水污染防治行动计划的实施方案(修订版)》
	规模化畜禽养殖	规模养殖场粪污处理设施装备配套率	95%以上	《农业农村污染治理攻坚战行动计划》
		畜禽粪污综合利用率	75%以上(湖北85%)	《农业农村污染治理攻坚战行动计划》《湖北省水污染防治行动计划工作方案》
	生活垃圾	生活垃圾处理率	提高到90%	《重庆市人民政府关于印发贯彻落实国务院水污染防治行动计划实施方案的通知》《湖北省水污染防治行动计划工作方案》
面源污染	城镇地表径流			
	农村面源污染	农村污水处理率	65%以上	《农业农村污染治理攻坚战行动计划》和《农村人居环境整治三年行动方案》
		卫生厕所普及率	90%以上	三峡后续工作规划
	农业面源污染	化肥施用量	全国平均水平21.9 kg/亩	

续表 2.4-1

指标层	具体指标	评价标准	备注
内源污染	底泥重金属污染指数	<1 为清洁,1~2 为轻污染,>2 为污染,>20 为重污染	加拿大安大略省环境和能源部(1992)制定的环境质量评价标准
流动源污染		船舶污染物规范处置	《重庆市人民政府关于印发贯彻落实国务院水污染防治行动计划实施方案的通知》《湖北省水污染防治行动计划工作方案》
水域岸线保护利用	生态岸线恢复率/%	城镇 70%以上	2020 年海绵城市设计标准
	城镇安全、地质安全和生态安全的库岸治理率/%	100%	三峡后续工作规划
消落区保护与修复	自然修复比例/%	自然修复的消落区 70%以上	三峡后续工作规划
水生态系统修复	河流纵向连通性	山区丘陵地区分为优<3,良 3~8,中 8~10,差 10~20,劣>20 五个等级	安徽省典型流域生态系统健康评价及管理对策研究
	大型底栖动物多样性综合指数	优秀 0.8~1,良好 0.6~0.8,一般 0.4~0.6,较差 0.2~0.4,差<0.2	
	鱼类物种多样性综合指数	优秀 0.8~1,良好 0.6~0.8,一般 0.4~0.6,较差 0.2~0.4,差<0.2	
生态基流	生态基流达标	来水保证率在 90%以上,逐月平均流量达标、维持河流不断流且最长连续不达标天数小于 7 d	
	敏感生态需水达标	近 10 年有 75%以上年份满足生态流量要求	
水土流失及石漠化防治	水土流失治理率/%	95%以上	三峡后续工作规划
	石漠化程度	根据坡度、植被覆盖度和岩性分为无石漠化、轻度、中度、重度、极重度 5 个等级	《全国生态状况调查评估技术规范——生态问题评估》(征求意见稿)

注:1 亩 = 1/15 hm^2。

2.4.1 评价方法

2.4.1.1 水资源承载力

采用实物量指标进行单因素评价,通过对照各实物量指标度量标准判断流域水资源承载状况。水资源承载状况分析评价标准见表2.4-2。

表2.4-2 水资源承载状况分析评价标准

要素	承载能力基线	评价指标	承载状况判别			
			严重超载	超载	临界状态	不超载
水量	用水总量指标	用水总量	用水总量>指标的1.2倍	用水总量为指标的1~1.2倍	用水总量为指标的0.9~1倍	用水总量≤指标的0.9倍
	地下水开采量指标	地下水开采量	开采量>指标的1.2倍	开采量为指标的1~1.2倍	开采量为指标的0.9~1倍	开采量≤指标的0.9倍
		超采量 C	存在严重超采区且区内有超采量	$C>0$	$C=0$	$C<0$
水质	水功能区水质达标要求	水功能区水质达标率	达标率<达标要求的40%	达标率为达标要求的40%~60%	达标率为达标要求的60%~80%	达标率>达标要求的80%
	污染物限排量	污染物入河量	入河量>限排量的1.2倍	入河量为限排量的1~1.2倍	入河量为限排量的0.9~1倍	入河量<限排量的0.9倍

2.4.1.2 水质评价

以第三方水质检测结果为依据,以溶解氧、总氮、总磷、氨氮和高锰酸盐指数作为评价指标,采用单因子评价法,对各指标进行分类评价,综合计算河流水质指数。三峡库区典型流域水质评级和污染源解析方法及标准见表2.4-3。

表 2.4-3　三峡库区典型流域水质评级和污染源解析方法及标准

	类型	类别	公式	指标	备注
水质评价	单因子评价		以《地表水环境质量标准》(GB 3838—2002)为标准,选取溶解氧、总氮、总磷、氨氮和高锰酸盐指数作为评价指标,先算出所有河流各指标浓度的算术平均值,然后依照《地表水环境质量标准》对各指标进行分类评价		
	河流水质指数	单项指标的水质指数	$CWQI(i)=\frac{C(i)}{C_s(i)}$	$C(i)$为第 i 个水质指标的监测值; $C_s(i)$为第 i 个水质指标Ⅲ类标准限值; $CWQI(i)$为第 i 个水质指标的水质指数	
		溶解氧	$CWQI(DO)=\frac{C_s(DO)}{C(DO)}$	$C(DO)$ 为溶解氧的监测值; $C_s(DO)$ 为溶解氧Ⅲ类标准限值; $CWQI(DO)$ 为溶解氧的水质指数	
		河流水质指数	$CWQI_{河流} = \sum_{i=1}^{n} CWQI(i)$	$CWQI_{河流}$为河流水质指数; $CWQI(i)$ 为第 i 个水质指标的水质指数; n 为水质指标个数	
	综合营养状态	综合营养状态指数	$TLI(\sum) = \sum_{j=1}^{m} W_j \cdot TLI(j)$	$TLI(\sum)$为综合营养状态指数; W_j 为第 j 种参数的营养状态指数的权重; $TLI(j)$为第 j 种参数的营养状态指数	
	主成分分析		利用 SPSS 25 对水质进行主成分分析		

续表 2.4-3

	类型	类别	公式	指标	备注
污染源解析	点源污染	城镇生活污水	$W_{生活}=W_{直排}+W_{处理}$ $W_{直排}=P\times Q\times(1-S)\times C\times D\times10^{-5}$ $W_{处理}=P\times Q\times S\times C_{排放}\times D\times10^{-5}$	$W_{生活}$为城镇生活污水污染负荷,t/a; $W_{直排}$为直排的城镇生活污水污染负荷,t/a; $W_{处理}$为经城镇生活污水处理厂集中处理后排放的生活污水污染负荷,t/a; P为城镇人口数,万人; Q为每日城镇生活污水单位排放量; C为城镇生活污水中污染负荷,参考《全国第一次污染源普查城镇生活源产排污系数手册》,COD 82 g/(人·d)、NH_3-N 9.6 g/(人·d)、TP 1.3 mg/L; S为城镇生活污水收集率,%; $C_{排放}$为城镇生活污水排放负荷; D为天数,年度核算为全年天数,取365 d	因典型流域内污水收集系统多为雨污合流或部分雨污合流,因此采用污水收集率计算经污水处理厂处理的污染负荷。 结合重庆市及湖北省用水指标,2019年人均平均日综合用水量为210 L/(人·d),城市污水排水系数取0.85,因此流域县城人均生活污水产生量按180 L计算,乡镇人均生活污水产生量按120 L计算
		城镇生活垃圾	$W=0.365NF_w$	W为城镇居民生活垃圾年产生量,万t/a; N为城镇居民常住人口,万人; F_w为城镇居民生活垃圾产生系数,kg/(人·d)	对应取值系数查《全国第一次污染源普查城镇生活源产排污系数手册》,典型流域垃圾产生量为0.64 kg/(人·d)
		工业企业	工业企业废水排入城镇污水处理厂统一处理		

续表 2.4-3

	类型	类别	公式	指标	备注
污染源解析	面源污染	农村生活污水	$W=P\times Q\times S\times C\times D\times 10^{-5}$	W 为直排的农村生活污水污染负荷,t/a; P 为农村人口数,万人; Q 为每日农村生活污水单位排放量; C 为农村生活污水中污染物浓度,考虑 COD 浓度为 300 mg/L、NH_3-N 浓度为 24.5 mg/L、TP 浓度为 3.5 mg/L; D 为天数,年度核算为全年天数,取 365 d	参照《重庆市农村环境连片整治示范项目技术指南》及《次级河流污染综合整治实施方案编制指南》相关规定,农村居民用水量按 95 L/(人·d)计,排污系数为 0.7
		农村生活垃圾	同城镇生活垃圾计算方法		
		农业面源污染	$W_{农}=M\times\alpha\times\beta$	$W_{农}$ 为农田污染物入河量; α 为农田排污系数; M 为种植面积; β 为农田污染物入河系数	根据相关文献,取农田排污系数:COD 10 kg/(亩·a),NH_3-N2 kg/(亩·a),TP 0.5 kg/(亩·a)。根据《长江三峡工程生态与环境监测公报》,库区化肥流失率为 8%~10%
		畜禽养殖污染	根据《畜禽养殖废弃物资源化利用工作考核办法》(农牧发〔2018〕4 号)和《畜禽养殖业污染治理工程技术规范》(HJ 497—2009)测算		
		城镇地表径流污染	$W=\Phi FH(1-S)$	W 为地表径流污染负荷,t/a; Φ 为城镇综合径流系数; F 为城镇建成区面积,km^2; H 为多年平均降雨量,mm; S 为雨水进入截污管涵的比例	依据中科院、西南大学及重庆大学关于重庆市不同下垫面雨水径流水质的研究结果,得到重庆地区雨水径流污染物指标;根据流域城乡管网建设的覆盖情况,乡镇雨水进入截污管涵的比例为 50%
		水土流失	$W_i=A\times S_i\times DR\times C_i\times 10^{-5}$	W_i 为水土流失带入流域的污染量,t/a; A 为河流流域水土流失的面积,km^2; S_i 为河流流域面积上的土壤年均侵蚀模数,t/(km^2·a); DR 为河流泥沙输移比,取 0.046; C_i 为河流流域面积上的土壤中氮、磷和 COD 含量	参照国内研究成果,土壤中污染物含量:COD 4 612 mg/kg、NH_3-N 105 mg/kg、TP 300 mg/kg(重庆市近年调查结果)

2.4.1.3 污染源解析

污染源包括点源、面源、内源、流动源等。内源污染主要来自河道底泥污染，参考类似河道整治案例，内源污染在污染源负荷中所占比重较小，而库区船舶流动源污染物基本采取收集后岸上处理的方式。因此，本次主要从点源、面源两方面进行污染源解析。三峡库区典型流域污染物入河系数见表2.4-4。

表2.4-4 三峡库区典型流域污染物入河系数

污染源类型		入河系数
点源	城镇生活污水	0.6
	城镇生活垃圾	0.1
	集中畜禽养殖	0.1
面源	农村生活	0.2
	农业种植	0.2
	城镇地表径流	0.6
	水土流失	0.1

2.4.1.4 生态承载力

(1)生态承载力计算如下：

$$EC = (1 - 0.2) \times N \times ec = (1 - 0.2) \times N \times \sum (a_i \times \lambda_i \times \gamma_i)$$

式中：EC 为生态承载力，hm^2；N 为总人口；ec 为人均生态承载力，hm^2/人；a_i 为人均第 i 类生物生产性土地面积，hm^2/人；i 为不同类型生物生产性土地；λ_i 为均衡因子；γ_i 为产量因子。

(2)生态足迹计算如下：

$$EF = N \times ef = N \times \sum (\lambda_i \times A_i) = N \times \sum (\lambda_i \times \sum aa_j) = N \times \sum \left[\lambda_i \times \sum \left(\frac{C_j}{p_j} \right) \right]$$

式中：EF 为生态足迹，hm^2；N 为总人口；ef 为人均生态足迹，hm^2/人；λ_i 为第 i 类生物生产性土地的均衡因子；A_i 为人均第 i 类生物生产性土地面积，hm^2/人；i 为不同类型生物生产性土地；j 为消费项目类型；p_j 为第 j 项消费项目的年平均生产力，kg/hm^2；c_j 为第 j 种商品的人均年消费量，kg/人；aa_j 为人均第 j 种消费项目折算的生物生产性土地，hm^2/人。

人均生态足迹和人均生态承载力见表2.4-5。

表2.4-5 人均生态足迹和人均生态承载力

土地类型	人均生态足迹			土地类型	人均生态承载力			
	人均面积/(hm^2/人)	均衡因子	均衡面积/(hm^2/人)		人均面积/(hm^2/人)	均衡因子	产量因子	均衡面积/(hm^2/人)
耕地	a_1	b_1	$=a_1b_1$	耕地	A_1	b_1	C_1	$=A_1b_1C_1$
林地	a_2	b_2	$=a_2b_2$	林地	A_2	b_2	C_2	$=A_2b_2C_2$
草地	a_3	b_3	$=a_3b_3$	草地	A_3	b_3	C_3	$=A_3b_3C_3$

续表 2.4-5

<table>
<tr><th rowspan="2">土地类型</th><th colspan="3">人均生态足迹</th><th rowspan="2">土地类型</th><th colspan="4">人均生态承载力</th></tr>
<tr><th>人均面积/(hm^2/人)</th><th>均衡因子</th><th>均衡面积/(hm^2/人)</th><th>人均面积/(hm^2/人)</th><th>均衡因子</th><th>产量因子</th><th>均衡面积/(hm^2/人)</th></tr>
<tr><td>水域</td><td>a_4</td><td>b_4</td><td>$=a_4b_4$</td><td>水域</td><td>A_4</td><td>b_4</td><td>C_4</td><td>$=A_4b_4C_4$</td></tr>
<tr><td>建筑用地</td><td>a_5</td><td>b_5</td><td>$=a_5b_5$</td><td>建筑用地</td><td>A_5</td><td>b_5</td><td>C_5</td><td>$=A_5b_5C_5$</td></tr>
<tr><td>化石燃料用地</td><td>a_6</td><td>b_6</td><td>$=a_6b_6$</td><td>化石燃料用地</td><td>A_6</td><td>b_6</td><td>C_6</td><td>$=A_6b_6C_6$</td></tr>
<tr><td colspan="3" rowspan="3">人均生态足迹/(hm^2/人)</td><td rowspan="3">$\Sigma(ab)$</td><td colspan="4">人均生态承载力</td><td>$\Sigma(AbC)$</td></tr>
<tr><td colspan="4">生态多样性保护性面积</td><td>$\Sigma(AbC)\times12\%$</td></tr>
<tr><td colspan="4">可利用的人均生态承载力</td><td>$\Sigma(AbC)\times88\%$</td></tr>
</table>

注:均衡因子和产量因子采用《中国生态足迹报告 2012》的相关数据。

通过生态承载力与生态足迹的差值表明流域生态状况。正值表明生态承载力大于生态足迹,为生态盈余,生态可持续;负值表明生态足迹大于生态承载力,为生态赤字,生态不可持续。

第 3 章　三峡库区流域特征

3.1　自然环境

3.1.1　地质构造特征

晋宁运动使作为川东鄂西地质构造基础的三峡库区及其周边前震旦系的地层广泛褶皱变质,大规模出现岩浆活动,大巴山脉横亘在三峡库区北部,云贵高原横亘在南部。

奉节县将三峡库区分为东、西两个片区。东部地区以夹杂红色碎屑岩和煤层的古生代和中生代碳酸盐岩层为主要地层;西部地区则由红色碎屑岩层构成,属于侏罗纪。局部裸露的三叠系嘉陵江灰岩,以及冲洪积、坡崩积、风化残积层、古滑坡层、古崩塌堆积层等零星分布在三峡库区长江两岸。

3.1.2　地形地貌特征

三峡库区位于我国地势第二级阶梯的东边,地貌区划为板内隆升蚀余中低山地,自北至南由大巴山—荆山、巫山、大娄山、武陵山等山脉组成。总体地势西高东低,东接鄂西山地,西为四川盆地,南有大娄山及武陵山,北有秦岭大巴山,地形复杂,大部分地方山高谷深,海拔 33.6~3 005 m,相差 2 971.4 m。库区以山地丘陵为主,其中,山地占 74%,丘陵占 21.7%,河谷平坝地仅占 4.3%。

西段为川东低山丘陵区,由侏罗纪砂岩和泥岩构成,位于四川盆地东部。区内地貌主要有呈系列平行排列的北东狭长的中低山,有宽阔的台状山地,地势相对低洼、缓和。地势呈向下倾斜的四川盆地中部,海拔普遍在 800~1 000 m。东段以川鄂山地为主,由震旦系到三叠系的碳酸盐岩构成。峡谷各段地貌特征因岩石成分不同,所处地质构造也有差异。以碳酸盐岩构成的中山峡谷区为主的长江三峡河段,山顶海拔通常在 1 200~2 000 m,山巅地貌较为平坦,其中残留着大片古老的剥夷面。谷形以谷地为主,其间穿插着宽阔的河段。河岸的坡度比较大,秭归盆地地层中的砂岩、泥岩因长江冲刷剥蚀,形成山顶高程在 600~1 000 m、临江山顶 300~400 m、谷坡坡度 30°~40°的低山地貌。河谷范围更广一些。在黄陵背斜低山丘陵地区,以花岗岩和闪长岩为主构成低山丘陵山地。这些岩石极易风化、剥蚀、侵蚀,因而形成低山丘陵地貌。峰顶高程在 600~1 000 m,相对高度差在 100~300 m。岸坡坡度 15°~35°,沟谷切割密度大,但长度不大,进深也不深。

3.1.3　气候特征

三峡库区是亚热带季风气候,四季分明,冬暖春早,夏热伏旱,秋雨连绵,温差大、云雾多。库区年均气温 17~19 ℃,无霜期 300~340 d,1 月平均气温 3.6~7.3 ℃,积温 5 000~

6 000 ℃,一年四季气温均比周围地区高,具有明显的四川盆地气候特色。

江两岸年平均气温达 18 ℃;边缘山地年平均气温 10~14 ℃,年均气温垂直梯度变率为 0.63 ℃/100 m,库区年均降雨量 1 000~1 250 mm,降雨量由长江河谷向两岸谷坡逐渐增大,年均降雨量垂直梯度变率为 55 mm/100 m。5~9 月,库区暴雨集中,形成区间洪水,但 7~8 月伏旱出现频率达 73%。库区年均风速在 1.5~2.0 m/s,风力小,风向固定;年均雾日 33.5 d,分布不均,平均相对湿度在 69%~83%,季节性变化明显,秋冬季相对湿度普遍较高,春季低。年日照时数 1 300~1 500 h。

3.1.4 水文特征

长江、嘉陵江、乌江、涪江、綦江、御临河、龙溪河、赖溪河、芙蓉江、安居河、大宁河、小江、任河等主要河流分布在该区域,纵横交错、河网密布。绝大部分河流属长江干流、嘉陵江水系、乌江水系,长江干流从重庆市中部向东贯穿库区 679.3 km 流程。辖区水源充足,平均每年可达 5 000 亿 m^3 以上,为库区工农业生产、人民群众生活提供了保障。库区除长江外,流域面积大于 50 km^2 的河流有 550 多条,总长度近 16 000 km。河道海拔落差达 2000 多 m。长江三峡干流年流量平均达到每秒 13 820 m^3,其他中小河流干流年流量平均也超过每秒 30 m^3。三峡库区水能理论蕴藏量大,但实际开发量不足。

3.1.5 土壤特征

三峡库区由于复杂的地质构造和自然气候条件,土壤类型很丰富,成土母质主要有花岗岩、石灰岩、泥质沙质页岩、石英砂岩、紫色砂页岩、硅质页岩和河流冲积土,在此基础上形成的土壤为水稻土、新积土、紫色土、黄壤、黄棕壤、石灰(岩)土、山地草甸土等 9 个土类 24 个亚类。

三峡库区土壤类型分布,黄壤占 30.29%,总面积 755.1 km^2,在三峡库区面积最大,分布在海拔 500~1 400 m 的低中山地带;紫色土面积 503.8 km^2,占 20.21%,主要分布在川东平行岭谷地带;黄棕壤面积 442.7 km^2,占 17.76%;石灰土面积 301.6 km^2,占 12.10%;水稻土约 209.9 km^2,占 9.42%,主要分布在涪陵长江河谷至中山地带,万州平行岭谷区、开县三里河沿岸阶地平坝、云阳长江沿岸的新冲积坝、宜昌地区的东部低山丘陵地区。受生物气候垂直自然带制约,库区土壤分布垂直分异特征显著。

3.1.6 生物多样性特征

3.1.6.1 植被特征

三峡库区以物种多样性和生态系统多样性为优势,地质结构复杂多样,地貌类型多样,气候条件复杂,保存着众多的名木。库区森林覆盖率约 23%,但不到 5%的森林植被分布在沿河两岸,在很大程度上降低了生物多样性水平。

库区高等植物有 208 科,1 428 属,6 088 种(其中,蕨类植物 400 种,裸子植物 88 种,被子植物 5 600 种),约为全国高等植物总数的 21%,其中列入《中国珍稀濒危保护植物名称》的有 47 种,属国家一级保护的 4 种,属国家二级保护的 21 种,属国家三级保护的 22 种,特产于库区的 36 种,共 83 种。其中,桫椤、水杉、秃杉、银杉、珙桐等,水杉、银杉属国家一级保护,这里最早发现,银杏、鹅掌楸、金佛山兰、香果树、木瓜红、连香树、台湾杉、钟萼木等属国家二级保护,黄杉、穗花杉、白桂木等属国家三级保护。目前,库区现有百年以上古树 4 150 株,共 135 种,珍稀濒危植物 51 种,占全国总数的 13.1%。

库区植被以谷类、油料、经济作物为主要栽培对象,该地区主要种植粮食、油料和蔬菜作物,如水稻、玉米、小麦、洋芋、红苕、杂粮、油菜和榨菜等,而苎麻是该地区经济作物中最主要的一种。

库区植被垂直分布差异明显,分界线不明显,800 m 以下是常绿阔叶林带,1 300~1 700 m 是针阔混交林带,2 200 m 以上是亚高山冷杉林带,海拔 3 000 m 以上山脊,分布着箭竹,并有杜鹃混生。

3.1.6.2 动物资源特征

在三峡库区有 800 多种动物在这里繁衍生息,国家一级保护动物金丝猴、梅花鹿,二级保护动物鹰、毛冠鹿,三级保护动物猿、岩羊、灵猫、云豹、猕猴等,还有名贵水产大鲵、江团等 10 多种。饲养的动物有猪、牛、羊、鸡、鸭、兔等多达 40 余种。

三峡库区拥有丰富的动物资源,其中不少为濒危保护动物物种。三峡库区兽类中属于我国特有物种的有 16 种,占我国特有兽类物种的 21.92%,是三峡库区兽类物种多样性方面的鲜明特征。

库区鸟类共 331 种,分属 17 目 48 科,鸟类中国家一级保护动物 3 种,二级保护动物 35 种,省级保护动物 58 种,属于我国特产种类的有普通竹鸡、白冠长尾雉、白腹锦鸡、红腹锦鸡、白头鹎等。库区由于特殊的地理位置,成为候鸟、旅鸟南北迁徙的中转站。在 33 种鸟类中,留鸟 148 种、冬候鸟 57 种、夏候鸟 83 种、旅鸟 43 种。三峡库区繁殖鸟类包括夏候鸟和留鸟,计 225 种。在我国的 9 种物种地理分布型中,库区鸟类占 7 种,表明了库区作为鸟类迁徙通道在物种多样性构成方面的突出作用。

库区两栖类共 32 种,分属 2 目 9 科。爬行类 35 种,分属 2 目 11 科。其中仅两栖类中的大鲵为国家二级保护物种。库区干、支流有鱼类 140 种,其中 47 种为上游特有种,经济鱼类 30 余种,河鲇、长吻鮠、圆口铜鱼、鲤鱼、草鱼和铜鱼为主要捕捞对象,占鱼产量的 95%。

3.1.7 土地利用现状

三峡库区人均土地面积与全国平均水平相比,数量偏少,且辖区山地较多,人地矛盾突出,存在旱坡地多,坡地开垦严重。相关数据分析指出,三峡库区土地利用类型总共包括 8 大类、31 小类。其中面积最大的土地利用类型为有林地,其次依次为旱地、水田、灌木林地、其他林地、草地、城镇村工矿用地、河流、水库坑塘、滩地、未利用地。

3.2 社会经济概况

3.2.1 人口及分布

三峡库区由于本区生态环境本底相当脆弱,加之人口压力大、整体经济发展水平低、不合理的土地利用结构与方式及城镇扩展和工程建设等社会经济活动,加剧了库区水土流失。

2018 年,三峡库区年末户籍人口 2 172.93 万人,比 2017 年增加 12.67 万人,同比增长 0.59%。其中重庆库区 2 018.27 万人,增长 0.66%;湖北库区 154.66 万人,减少 0.3%。库区年末常住人口 2 102.59 万人,比 2017 年增加 18.18 万人,同比增长 0.87%。其中重庆库区 1 953.35 万人,增长 0.92%;湖北库区 149.24 万人,增长 0.3%。

3.2.2 经济发展

庞大的水电厂工程不断抬高库区水位,导致当地农民失去原有耕地,生计面临威胁,原三峡库区可耕地大部分集中在三峡大坝下游的沟谷平原。三峡移民总量为 120.44 万人,其中三峡库区移民重庆所占比重为 86.2%。全区移民 103.91 万人。在三峡移民工程中,不少群众原地安置,致使原本就十分脆弱的库区生态环境因过度垦荒而恶化。如果不注意水土保持工作,将会使库区生态环境负担进一步加重,从而使人为水土流失现象严重。

近些年,库区大力发展经济,开拓增收路径。湖北三峡库区地处山区,是我国七大连片贫困区之一,经济基础薄弱,历史和自然的原因造成了本区域“一产弱,二产虚,三产缺”的经济发展格局。

3.3 生态系统特殊性

3.3.1 生态环境特殊性

垂直地带性是指随着海拔高度的变化,山地自然景观及其构成要素构成的规律性。一般情况下,气温会随着山势升高而降低,降水和空气湿度会随着海拔的升高而逐渐升高,在一定高度以下的地区,气温会降低。受温湿条件制约的植被、土壤等也发生变化,由下往上组合成纵向山形自然带谱排列。通常只要有足够的相对高度,垂直区域的分野就会显现在山体上。垂直地带性是受大范围地域差异性规律限制的一种中等尺度的地域差异性规律。

三峡库区是我国长江流域非常重要的山水地区,也是这里的山水之美,与库区和谐社会建设和可持续发展有着密切的关系。三峡水库水位升降,直接影响库区居民生产、生活和经济社会,是库区生态环境质量的重要组成部分。保护影响三峡旅游资源美学价值的三峡库区消落带景观生态系统,其意义十分重大。高覆盖度的库区植被使这里成为最适宜人居的地区,也是经济社会发展最兴盛的地区。

3.3.2 生态脆弱性

生态系统的复杂性决定了生态脆弱性研究手段、内容和尺度的复杂性,涉及包括生态学和地理学在内的多学科、多领域。不同学科对生态脆弱性的理解既有联系也各有侧重,生态学家多从生态系统的角度进行研究,强调系统内部演替和外部干扰所引起的脆弱性,物种变化是主要的研究尺度。生态脆弱性包括自然脆弱性和人类活动所引起的脆弱性。

三峡库区是长江上游的重要组成部分，事关当地与下游的安全。

3.3.3 多样性与内部异质性

三峡库区多样性表现为物种多样性、遗传多样性、生态系统多样性与景观多样性，表现在三峡库区有着丰富的物种多样性与遗传多样性。三峡库区的物种多样性十分丰富，遗传多样性和基因多样性是生物多样性的重要组成部分，是一个复杂而多样性的生境与生态系统。三峡库区地处亚热带丘陵山地，多样而适宜的生境环境蕴藏着丰富的动植物资源，同时由于其特有的生态屏障作用，许多地史时期的古老物种和珍稀物种得以保存下来。因此，三峡库区是一个重要的物种库和基因库。

3.3.4 生态系统过渡性

三峡工程建设及由此而引发的各种建设与开发活动使该地区的生态处于一种过渡性，库区多样性下降、生态环境退化是人地关系长期失调的结果，其中人为作用为主导因素。人类的工农业生产活动对自然的强烈干预和破坏，是三峡库区生物多样性减少的主导诱发机制。森林锐减、水土流失、土壤瘠薄、环境污染等一系列生态退化问题，结果必将是生态背景的改变和生境质量的下降。另外，三峡工程的建设在一定程度上会加大库区的开发强度，激化人地矛盾，也不可避免地对生境产生直接或间接的影响和破坏。三峡工程对生物多样性的影响，主要不在于蓄水对物种的消灭，而在于对原有生境的破坏和移民迁建、工地建设与开发活动对生物适生生境的影响。库区生境的变化趋势主要表现在：陆地范围减少，水域面积增加；自然生态系统减少，人为生态系统增加；陆生生境发生逆向演替，生境质量下降。

3.3.5 水土流失敏感性

由于工程的建设，泥沙对库容的影响，水土流失在三峡库区表现得尤为突出而敏感。三峡库区属西南土石山区，其水土流失类型以水力侵蚀和重力侵蚀为主，并以滑坡、泥石流等复合侵蚀形式广泛分布。按国家水土流失类型划分标准划分，水土流失会表现为特别突然和剧烈的崩塌、滑坡、泥石流和泻流。统计显示，三峡库区塌方 400 多处，储量在 100 万 m^3 以上的有 36 处，多数处于不稳定状态。三峡库区泥石流沟共 271 条，分坡面泥石流和沟谷泥石流两种类型，目前已全部抢通。向坡上薄层堆积的地层，常出现前者。泥石流会产生很多山沟，有的山沟里还挟带着直接流入长江的大量泥石。长江上游三峡水库以上地区塌方 20 多万处，泥石流 4 200 多处。近几年每年流入三峡库区的泥沙高达 5 026 亿 t。

3.4 三峡库区土壤侵蚀

三峡库区流域面积 57 387.32 km^2，2015 年，三峡库区土壤侵蚀面积为 25 937.87 km^2，占库区总面积的 44.78%。其中轻度侵蚀面积最大，为 7 639.70 km^2，占库区总面积的 13.19%，强烈侵蚀面积最小，仅占 6.32%。从侵蚀强度来看，按照面积从大到小的顺序，库区侵蚀强度依次为轻度侵蚀、剧烈侵蚀、中度侵蚀、极强烈侵蚀及强烈侵蚀，占库区总面积比例依次为13.19%、9.06%、8.73%、7.43%及6.32%。库区土壤侵蚀十分严重，强烈及以上程度面积为13 213.92 km^2，占库区土壤侵蚀面积的50.93%。根据库区土壤侵蚀的空间分布，长江及其支流沿岸主要出现强烈及以上程度的侵蚀。

第4章　三峡库区典型流域系统治理研究

4.1　典型流域选取与“三水共治”系统治理体系

4.1.1　典型流域选取

自2010年10月三峡水库试验性蓄水成功达到正常蓄水位175 m以来，库区的支流由之前的天然河流变为水库型河流。

《三峡后续工作规划》确定了与三峡水库水质保护密切相关的40条重要支流，作为恢复生态系统结构和功能、消减库区入库面源污染负荷、保护三峡水库水质的重要载体，涉及湖北省、重庆市的20个县(区)，流域面积约4.08万km^2，占库区总面积的70.34%。其中，湖北库区8条，重庆库区32条。

2014年，国务院批准的《三峡后续工作规划优化完善意见》提出，以三峡库区流域人口较密集、排污总量较大、水体富营养化程度较高的支流为重点，整合三峡后续工作多项规划内容，开展重要支流生态环境综合治理示范工程建设，统筹实施流域内的相关内容，形成生态环境综合保护体系。

从库区支流规划措施的实施情况、三峡库区生态环境监测系统成果、支流一河一策方案等资料来看，支流在水资源、水环境、水生态及河湖管理方面还存在一定问题。在支流生态环境整治项目中，实施的措施较为分散，对于山水林田湖草作为生命共同体的内在机制和规律认识不够，与落实系统治理理念和要求还有较大差距。同时，三峡后续工作规划修编指出，三峡库区“三水共治”的措施需要加强。

由于重要支流流域面积大，问题复杂，三峡后续工作投资有限，为了保障治理效果和投资效益，有必要对重要支流从功能重要性、利益相关性、水库关联性、治理紧迫性等方面，选择典型流域进行系统治理研究。

三峡库区40条重要支流中，受三峡水库蓄水或支流修建水位调节坝影响，支流部分地势平缓区域形成一些典型湖盆型流域，如支流河口形成湖泊的奉节县草堂河、秭归县童庄河等，在支流中部形成湖泊湿地的巫山县大宁河大昌湖、巴东县神农溪平阳坝湿地等，修建水位调节坝形成湖泊的开州区汉丰湖、万州区天仙湖等，这些湖盆型流域相对比较封闭、人口比较密集、开发利用强度较大、支流回水区水体富营养化、水华现象时有发生，是三峡库区重要支流中生态环境问题比较集中、相对复杂、较为突出的代表性流域。

根据长江三峡工程生态与环境监测公报，2008—2017年库区的38条主要支流77个断面处于富营养状态的比例在20%~37%变化，总体呈现上升趋势。2017—2019年发生水华的支流维持在10条左右，其中包括童庄河、神农溪、大宁河、小江等典型湖盆型流域。

三峡库区重要支流及水质信息见表4.1-1。

表 4.1-1　三峡库区重要支流及水质信息

序号	河流名称	流域面积/km^2	水质目标	水质现状	超标因子	水华情况	区(县)
1	童庄河	255	Ⅲ	Ⅳ	总磷、高锰酸盐指数、氨氮	2018 年发生	秭归
2	神农溪	786	Ⅲ	Ⅲ－Ⅳ	总磷	2018 年发生	巴东
3	瀼渡河	269	Ⅲ	Ⅳ－Ⅴ	总磷、氨氮	2008 年发生	万州
4	汝溪河	435	Ⅲ	Ⅴ	总磷	2018 年发生	忠县
5	梅溪河	1 894	Ⅱ	Ⅳ	总磷	2018 年发生	奉节
6	渠溪河	902	Ⅲ	Ⅴ	总磷	2018 年发生	涪陵
7	香溪河	2 294	Ⅲ	Ⅳ	总磷	多次发生	秭归
8	苎溪河	233	Ⅲ	劣Ⅴ	总磷、高锰酸盐指数、氨氮	2018 年发生	万州
9	大宁河	4 264	Ⅲ	Ⅳ	总磷	2018 年发生	巫山
10	小江	4 877	Ⅲ	Ⅴ	总磷	2018 年发生	开州、云阳
11	涞滩河	123	Ⅲ	劣Ⅴ			涪陵
12	花溪河	263		Ⅳ－劣Ⅴ	COD、氨氮		巴南
13	珍溪河	83		Ⅴ	总磷		涪陵
14	鱼溪河	128		Ⅳ－Ⅴ	总磷、总氮		巴南
15	碧溪河	197	Ⅲ	Ⅳ－Ⅴ	总磷、氨氮		奉节
16	汤溪河	1 739	Ⅱ－Ⅲ	Ⅳ	总磷		巫溪、云阳
17	大溪河	1 474	Ⅱ	Ⅲ			奉节
18	池溪河	398		Ⅴ	总磷		丰都
19	青干河	759	Ⅲ	Ⅲ			秭归
20	御临河	928	Ⅲ	Ⅳ	COD、总磷		渝北
21	龙河	2 713	Ⅲ	Ⅳ	总磷		丰都
22	梨香溪	779		Ⅳ	总磷、溶解氧		涪陵
23	龙溪河	934		Ⅴ	总磷		长寿
24	石桥河	183	Ⅲ	Ⅲ－Ⅳ			万州
25	璧南河	150	Ⅱ－Ⅲ	Ⅲ－Ⅳ			江津
26	百岁溪	153	—	—			秭归
27	官渡河	334	—	—			巫山
28	白水溪	104	—				天台
29	綦江	1 655	Ⅲ	Ⅴ			江津
30	大溪河	201	Ⅲ	Ⅲ			九龙坡
31	三溪河	269	—				秭归
32	五布河	777	—				巴南
33	九畹溪	494	Ⅲ	Ⅲ			秭归

续表 4.1-1

序号	河流名称	流域面积/km²	水质目标	水质现状	超标因子	水华情况	区(县)
34	甘井河	695	Ⅱ	Ⅱ			忠县
35	驴子溪	239	Ⅲ				江津
36	箭滩河	352	—				巴南
37	长岭河	116	—				巴南
38	磨刀溪	2 258	Ⅲ	Ⅲ			云阳

此外，巴东县神农溪为国家5A级景区、“引江补汉”工程的比选源头之一，巫山县大宁河为南水北调中线补水比选水源，开州区小江为南水北调西线调水必选水源，维持其良好水质状况具有重要意义。

综合考虑以上因素，本次选取秭归县童庄河、巴东县神农溪(平阳坝湿地)、巫山县大宁河(大昌湖)、奉节县草堂河(草堂湖)、开州区汉丰湖等5个典型湖盆型流域为对象，开展现状调查及问题诊断，提出“三水”共治系统治理思路、工作路径和解决方案。

4.1.2 流域系统治理与“三水”共治

4.1.2.1 流域系统治理体系

流域是多层次、多目标的结构整体，是复杂的生态经济系统，包含大量单元，各个单元之间存在着错综复杂的联系。从20世纪80年代流域综合治理概念提出以来，流域综合治理理论和方法不断演变和发展，随着水文地理和生态学等学科的不断发展及水资源管理的实践探索，人们逐步认识到，以流域为单元对水资源及与水关系密切的其他自然资源，如土地、植被等实行综合管理，可以使流域整体功能得以充分发挥。党的十八大以来，习近平总书记多次就治水兴水发表重要讲话，提出了“节水优先、空间均衡、系统治理、两手发力”的治水思路和山水林田湖草系统治理理念。经梳理，流域系统治理主要涉及水安全、水生态、水资源、水景观、水文化、水经济、水管理等内容的“1+N”体系。流域系统治理技术体系见图4.1-1。

4.1.2.2 “三水”共治

“三水”共治是三峡库区典型流域系统综合治理最核心的部分，按照山水林田湖草系统治理理念，遵循生态学原理和系统论方法，与三峡后续工作规划及规划优化完善意见、湖北省和重庆市主体功能区划、区县相关规划的目标和任务衔接，考虑典型流域空间布局和功能，根据典型流域特征、现状，从水资源、水环境、水生态三个维度，设计典型流域“三水”共治系统治理体系。

水资源包括水资源配置、防洪保安、饮水安全等3个方面。

水环境包括点源污染控制、面源污染控制、内源污染控制、流动源污染控制等4个方面。

水生态包括水域岸线保护和利用、消落区保护与修复、水生态系统修复、生态基流、水

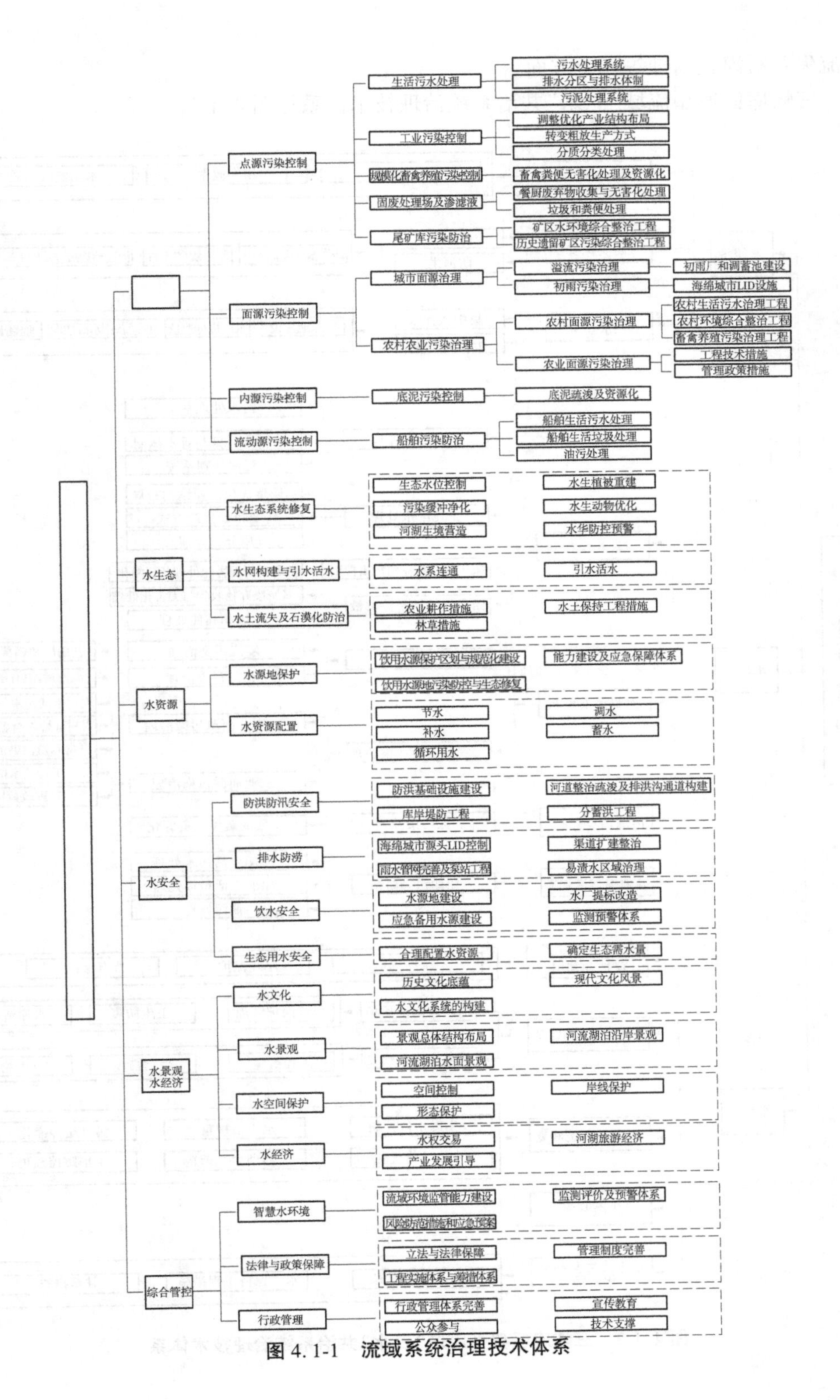

图 4.1-1 流域系统治理技术体系

土流失及石漠化治理等 5 个方面。

三峡库区典型流域“三水”共治系统治理技术体系见图 4. 1-2。

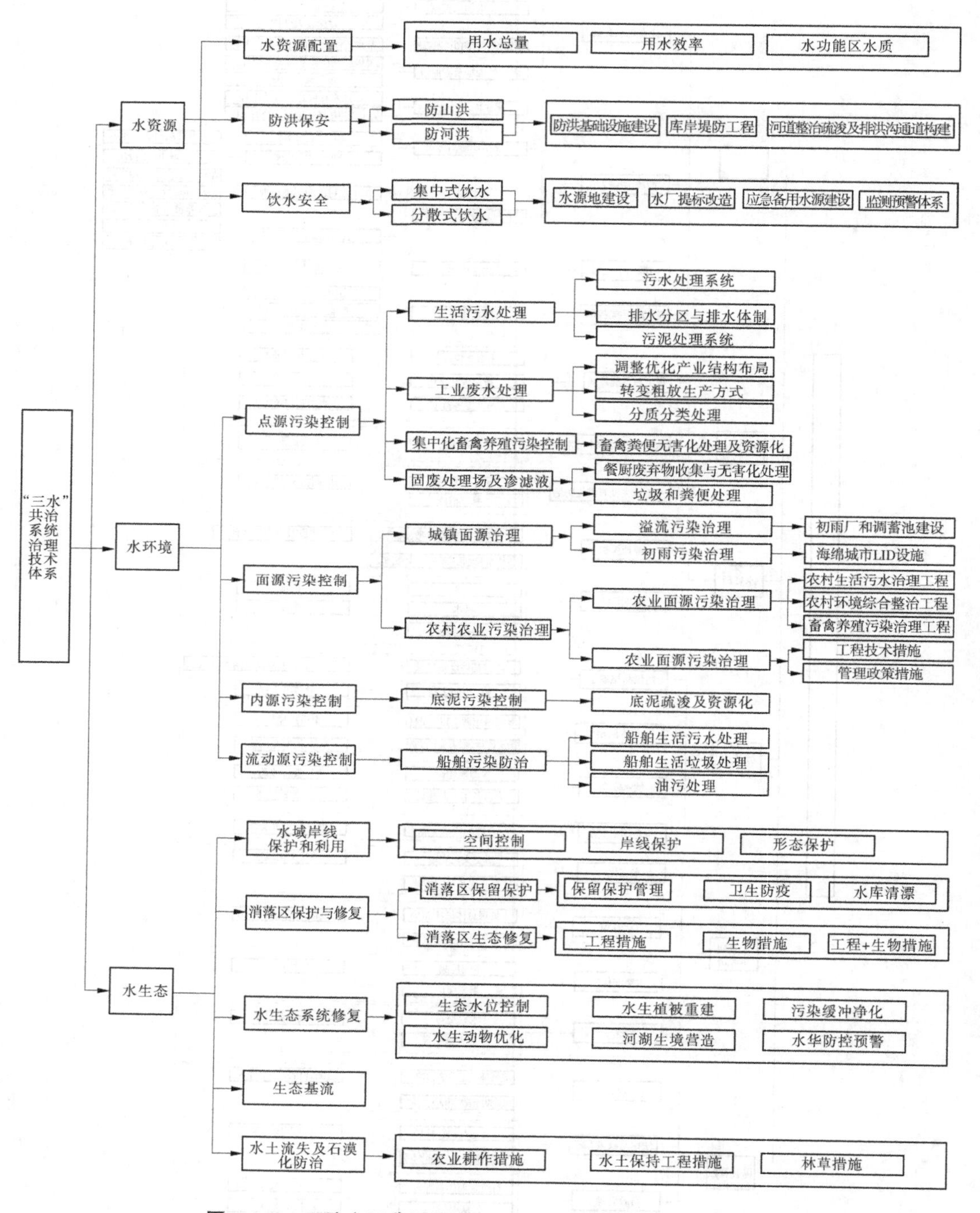

图 4. 1-2　三峡库区典型流域“三水”共治系统治理技术体系

4.2 典型流域生态环境质量现状

4.2.1 童庄河流域

4.2.1.1 流域概况

(1)地理区位

童庄河流域位于秭归县南部、长江西陵峡南岸、三峡工程坝上库首,其发源于郭家坝镇云台荒北麓罗家坪村桃树埫,由南向北流经祝家坪、唐家堡、福禄溪、文家店、八角庙、桐树湾、郭家坝、观音阁、头道河至郭家坝集镇注入长江,河口距三峡大坝42 km。童庄河属于典型山区河流,流域面积248 km^2,全部位于郭家坝镇境内,紧邻九畹溪风景旅游区,主要支流有小河子溪、金溪、玄武洞河、龙潭河。流域所在的郭家坝镇是秭归县县域副中心城镇及宜昌市新型城镇化试点乡镇。

童庄河干流与支流龙潭河交汇河段上游区域形成了典型湖盆区域(见图4.2-1),涉及郭家坝镇的烟灯堡、桐树湾、王家岭、牛岭、楚王井、郭家坝、邓家坡等7个村,是流域人口集中居住区和柑橘产业种植集中发展区。

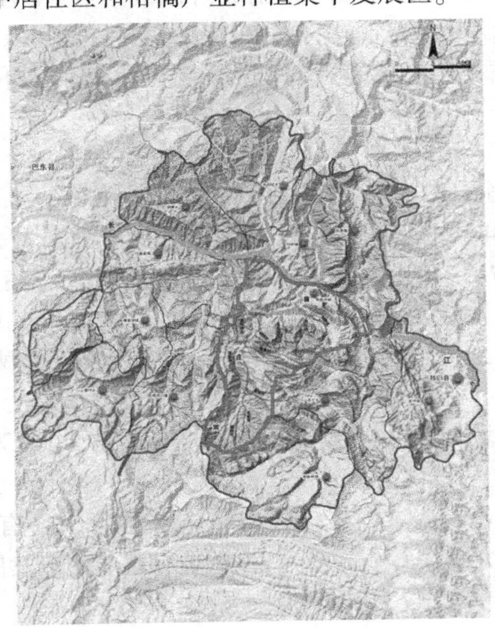

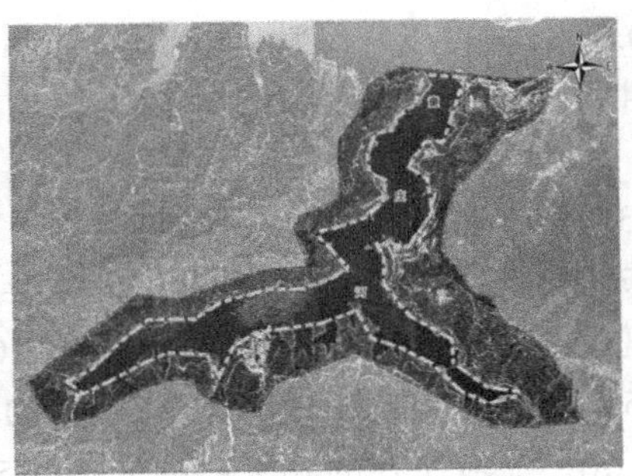

图4.2-1 秭归县童庄河流域及湖盆区域

(2)自然概况

①地形地貌。流域地处扬子准地台上扬子台坪鄂中褶断区秭归台褶束东部与八面山褶皱带恩施台褶束复合部位。流域内沉积地层出露齐全,以二叠系(P)—侏罗系(J)为主,上游背斜核部出露寒武系—志留系,常有泥质软岩或煤系夹层等不良工程地质岩组。流域内可见第四系更新统松散堆积层,冲洪积漂石及砂砾卵石分布在河床,积块石层多分

布在基岩斜坡,崩塌块石分布在陡坡下斜坡地带,滑坡堆积体多分布在谷坡中下部地带。童庄河位于秭归盆地南东缘三峡中低山峡谷区,河谷宽、窄交替。峡谷段沟谷深切,岸坡陡峻;宽谷段岸坡宽缓,漫滩发育,大片平地少,分散河谷阶地、槽冲小坝、梯田坡地为主要居住、耕作区。

②水文气象。童庄河河道全长 36.9 km,河床平均宽 50 m,平均水深 0.6 m;年平均径流量 2.08 亿 m^3,年平均流量 6.36 m^3/s,洪水期最大流量 1 000 m^3/s,枯水期最小流量 2 m^3/s;河道总落差 1 410 m,平均坡降 22‰,为常流河,无冰冻期。

流域属亚热带季风气候区,降雨受高程控制,雨量充沛,雨季为 4—7 月,在降雨分布上具有地段与时段相对集中的特点,其暴雨期较长,常形成局部暴雨中心,容易引发山洪。每年夏初进入汛期,5—9 月为洪水多发季节,年最大洪水在 4—10 月,10 月至翌年 4 月为枯水期。流域近 5 年年均降雨量为 1 290.5 mm。流域呈扇形,加之河床坡降陡,洪水集流时间短、汇流快。

③土壤植被。流域土壤类型主要为石灰土(44.41%)、黄棕壤(21.57%)、黄壤(19.22%)、紫色土(14.36%)、白浆化棕壤(0.43%)。石灰土多分布在低山丘陵区,黄壤是流域水平地带性土壤,紫色土多分布在河谷地带。

2019 年秭归县森林覆盖率 80%。根据遥感图像计算,流域内植被指数 NDVI 介于 0.4~0.798,林种以常绿针、阔叶林及落叶阔叶林为主,主要分布在中、高海拔地区。农产品以柑橘、茶叶、板栗等经济作物为主,柑橘、茶叶实现规模种植,形成产业化、商品化生产管理。

(3)社会经济

秭归县辖区面积 2 427 km^2。2019 年全县总人口 36.86 万人,其中农村人口 27.93 万人,占总人口的 75.78%;全县生产总值 164.49 亿元,一、二、三产业增加值分别为 28.50 亿元、59.98 亿元、76.01 亿元,三产比为 17.33∶36.46∶46.21。农村居民人均可支配收入 11 596 元。流域所在的郭家坝镇总人口 5.1 万人,占秭归县总人口的 13.75%。其中,农业人口 4.49 万人,占流域总人口的 88%。2019 年 4 月,湖北省政府正式发文批准秭归县退出贫困县序列。

童庄河流域是宜昌市市定柑橘生产区域,共有柑橘村 16 个,柑橘年产量 3 000 万 kg;茶叶种植面积 1.08 万亩,产量 12 万 kg 以上;核桃 1.8 万亩,产量达 7.5 万 kg;此外,还有熊家岭羊肚菌、庙垭中药材等一批特色产业。流域内工业仅有华新水泥(秭归)有限公司,为秭归县支柱产业。流域紧邻西陵峡、九畹溪等旅游景点,旅游业在逐步配套发展。

(4)相关上位规划

①湖北省主体功能区划。《湖北省主体功能区划》将童庄河流域划为三峡库区水土保持生态功能区。主要生态服务功能为最大的水利枢纽工程库区,长江中下游地区重要的防洪库容区。

②三峡后续工作规划。截至 2019 年,童庄河实施了三峡后续工作规划 6 类项目 18 个,核定总投资 28 035 万元,下达专项资金 13 844 万元。其中,污染防治与水质保护项目 4 个,包括文化场镇、金溪口 2 座乡镇污水处理厂建设。肥料农药控源工程。水源地规范化建设及保护(郭家坝镇夹石冲集中水源地,包括水源地规范化建设、自动监测系统、河

岸生态护坡等）等；消落区生态环境保护项目 4 个，包括消落区卫生防疫、郭家坝镇生态修复和保留保护等；生态屏障区建设项目 6 个，包括水土保持（坡改梯）、生态林经济林建设及改造等植被恢复、农村移民安置村精准帮扶（11 个村/社区）；此外，还实施了水库清漂及船舶废弃物接收、郭家坝集镇综合帮扶等项目。

③地方相关规划。《秭归县城市总体规划（2012—2030）》将郭家坝镇纳入“郭家坝—屈原—归州”跨江联合组群，承担县域副中心综合服务职能，借助县域几何中心优势，弥补中心城区偏于一隅难以辐射全县的缺失，通过共建物流中心、旅游走廊和脐橙基地，联动三个城镇发展轴，带动其他乡镇发展。

4.2.1.2 水资源现状及评价

（1）水资源配置

宜昌市政府明确了秭归县 2015 年、2020 年和 2030 年“三条红线”控制指标，但秭归县未将控制指标分解到童庄河流域。

①用水总量。2019 年，秭归县用水总量控制目标为 0.912 亿 m^3，实际用水总量为 0.636 亿 m^3，未超出“三条红线”控制要求。

②用水效率。根据宜昌市水资源公报，秭归县实际万元工业增加值用水量比 2015 年下降百分比为-17.65%，未达到“三条红线”30%的目标要求。

“十三五”期间，秭归县按照“库库相连、库池相通、管网配套、田间建池、节水灌溉”建设模式，在全县海拔 700 m 以下集中连片区域发展高效节水生态灌区。结合秭归实际，不断完善水肥一体化技术在该县柑橘种植中的应用，在水土地资源条件相对优越的区域积极发展低压管灌、喷灌、微灌等高效节水灌水方式。农田灌溉水有效利用系数满足“三条红线”控制目标。

流域范围内生活耗水主要为文化场镇社区生活用水，有推广节水型生活器具，但污水处厂中水回用、居住小区再生水利用技术尚未有条件开展。

③水功能区水质。流域一级水功能区 1 个，二级水功能区 1 个，2019 年水功能区全年水质达标 100%，满足“三条红线”控制要求。

水资源承载状况评价结果显示，童庄河流域水资源承载力不超载。

童庄河流域水功能区划明细见表 4.2-1。

表 4.2-1　童庄河流域水功能区划明细

一级水功能区	二级水功能区	起始断面	终止断面	水功能区类型	长度/km	水质目标	水质类别	评价结论（全指标）
童庄河秭归县开发利用区		郭家坝镇罗家坪村	郭家坝镇头道河村	开发利用区	33.7	Ⅱ	Ⅱ	达标
童庄河秭归县开发利用区	郭家坝饮用水源区	郭家坝镇罗家坪村	童庄河长江入河口	开发利用区	33.7	Ⅱ	Ⅱ	达标

秭归县水资源“三条红线”2019 年控制指标及完成情况见表 4.2-2。

表 4.2-2　秭归县水资源"三条红线"2019 年控制指标及完成情况

指标	用水总量/亿 m^3	万元工业增加值用水量比 2015 年下降百分比/%	农田灌溉水有效利用系数	水功能区水质达标率/%
控制指标	0.912	30	0.535	92.9
完成指标	0.636	-17.65	0.535	达标

(2)防洪保安

童庄河属典型山区河流,河道两岸多为高山,沿线场镇或农村居民居住相对分散,文化场镇段河道已实施了整治,其余河段多为自然状态。部分河段护岸受上游来水影响,坍塌损坏,主要涉及王家岭村河段。

(3)饮水安全

流域范围内无水库,有山坪塘及灌溉水池,可供水量 200 万 m^3,主要作为零星分散居民生活、灌溉用水来源。

①集中式饮水。流域内有集中式饮用水源地 2 处,分别为夹石冲饮用水源地、文化金溪口饮用水源地。供水范围覆盖流域集镇、场镇及周边人口,供水工艺为生物慢滤,基本能够满足居民日常需求。水源地水质每季度监测 1 次,水源地建设较为规范。2019 年度水质检测结果显示,2 处水源地水质均达到《地表水环境质量标准》(GB 3838—2002)Ⅲ类标准,达标率 100%,满足人饮水质要求。

②分散式饮水。农村饮水水源主要为山坪塘、山泉水。2019 年底,流域基本实现了现行评价标准下的农村饮水安全全覆盖,农村集中供水率、自来水普及率分别达到 93.72%、91.06%。同时,长效管护机制的建立和完善仍有差距。

4.2.1.3　水环境现状及评价

(1)水质现状

①现有监测断面水质现状。流域现有水质监测断面 1 个,即文化断面,监测频次为 1 次/月,现状水质为Ⅱ类。根据《秭归县 2019 年度环境质量状况公报》,支流回水区氮、磷含量较高,总体处于中营养—轻度富营养水平,局部水域部分时段富营养化水平较高。

2018 年度三峡工程运行安全综合监测结果显示,蓄水期童庄河流域水质总体以Ⅳ类为主,影响评价结果的主要是总磷(超标 0.84 倍)、高锰酸盐指数(超标 0.195 倍)。

②水质检测情况。现场水质检测结果显示:9 月,透明度在 90~110 cm,水温为 28 ℃,pH 值在 8.4~8.5,溶解氧在 6.0~7.8 mg/L,高锰酸盐指数 3.6~10.9 mg/L,叶绿素 a 在 10.4~11.2 μg/L,总氮在 1.80~2.54 mg/L,总磷在 0.03~0.05 mg/L,氨氮在 0.1~0.3 mg/L。10 月,透明度在 90~130 cm,水温在 21.2~22.4 ℃,pH 值在 8.0~8.2,溶解氧在 5.6~8.7 mg/L,高锰酸盐指数 1.5~18.8 mg/L,叶绿素 a 在 5.8~9.3 μg/L,总氮在 2.10~2.78 mg/L,总磷在 0.30~0.88 mg/L,氨氮在 0.1~0.9 mg/L。童庄河流域 9 月和 10 月总氮、总磷和氨氮含量见图 4.2-2。

童庄河流域 9 月和 10 月水质状况、营养状态,分别见表 4.2-3、表 4.2-4。单因子评价结果显示,流域各因子在Ⅰ~Ⅲ类,满足功能区Ⅲ水质目标要求;流域综合营养状态指数 9

月为 51.59,10 月为 59.31,处于轻度富营养状态。

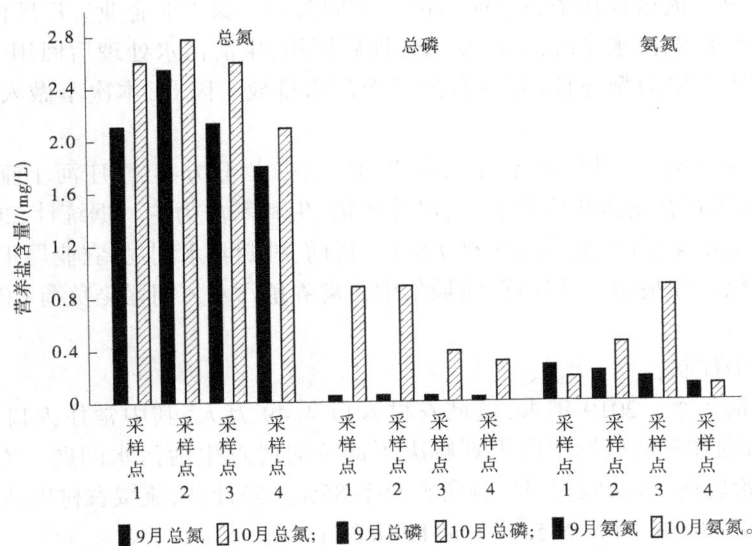

图 4.2-2　童庄河流域 9 月和 10 月总氮、总磷和氨氮含量

表 4.2-3　童庄河流域 9 月和 10 月水质状况

功能区目标	时间	溶解氧	总氮	总磷	氨氮	高锰酸盐指数	河流水质指数
Ⅲ	9月	Ⅰ	Ⅱ	Ⅰ	Ⅱ	Ⅲ	2.263 5
	10月	Ⅰ	Ⅱ	Ⅱ	Ⅰ	Ⅲ	3.825 7

表 4.2-4　童庄河流域 9 月和 10 月营养状态

9 月		10 月	
TLI 值	营养状态	TLI 值	营养状态
51.59	轻度富营养	59.31	轻度富营养

(2)污染源调查

①点源污染。

1)城镇生活污水。郭家坝集镇建有生活污水处理厂 1 座,设计规模 2 000 t/d,处理工艺为氧化沟,2017 年实施了提标升级改造,排放标准一级 A,尾水排入长江,集镇污水收集率 95%,污泥无害化处理率 90%以上。流域内建有文化场镇、金溪口 2 座污水处理站,设计规模分别为 150 t/d、300 t/d,2019 年设施运行负荷分别为 60%、90%,排放标准一级 A,排污口设置进行了论证,均落实了运行维护管理责任单位,实施了在线监测。经计算,流域城镇生活污水入河污染负荷 COD 2.18 t/a、NH_3-N 0.22 t/a、TP 0.02 t/a。

2)城镇生活垃圾。郭家坝镇开展环境整治及农村生活垃圾治理工作,集镇及近郊村实行市场化集中处理,已基本形成了“村收集—乡镇转运—县处理”的垃圾收集运输体系,垃圾收集处理率 92%以上。经计算,流域城镇生活垃圾入河污染负荷 COD 0.09 t/a、

TP 0.000 4 t/a。

3)工业污染。流域存在华新水泥(秭归)有限公司1家工业企业。厂区内建立了“清污分流、雨污分流”制排水系统,生产废水处理后回用,生活污水处理后回用于厂区绿化,其矿区生产用水主要为循环使用,只有少量冷却水排放。因此,本次不做入河污染负荷计算。

4)集中畜禽养殖。秭归县出台了畜禽养殖“三区”划分方案,童庄河干流全部划定为禁养区,其他区域存在畜禽集中养殖场,以养殖猪、牛和家禽为主。据统计,200头生猪当量以上集中养殖场4家(生猪当量1 600头)。目前,秭归县水利局、农业局正在联合进行集中畜禽养殖核查和整治。经计算,流域集中畜禽养殖污水入河污染负荷COD 1.05 t/a、NH_3-N 0.06 t/a。

②面源污染控制

1)农村生活污水。2019年末,流域农村人口4.49万人,其中常住人口3.37万人。11个村(社区)通过三峡后续工作规划解决了部分居民点生活污水问题。农村“厕所革命”2018年开始启动,目前农村卫生厕所普及率85%。经计算,流域农村生活污水入河污染负荷COD 69.98 t/a、NH_3-N 5.72 t/a、TP 0.82 t/a。

2)农村生活垃圾。秭归县制定了《秭归县农村垃圾无害化处理操作指南(试行)》,90%的农村生活垃圾收集到就近中转站或移动压缩点进行集中压缩,远郊村实行就地消化处理。经计算,流域农村生活垃圾入河污染负荷COD 1.96 t/a、TP 0.01 t/a。

3)农业种植。2019年,流域种植面积10.04万亩,柑橘、茶叶分别为80%、16%,耕地零散。三峡后续工作规划肥料农药控源工程实施,有效降低了农药化肥施用量,但2019年化肥平均施用量39.25 kg/亩,高出全国平均水平21.9 kg/亩,远高出国际公认安全标准8 kg/亩,重点是柑橘种植区化肥农药施用。经计算,流域农业种植入河污染负荷为COD 20.08 t/a、NH_3-N 4.02 t/a、TP 3.01 t/a。正在实施的长江经济带农业面源污染治理项目预期实现化肥农药减量20%以上,总氮和总磷排放量均减少60%,COD减少70%以上。同时,合理施药施肥技术推广难度大,化肥N、P利用率低。

4)城镇地表径流。流域不涉及城镇地表径流污染。

5)水土流失径流。流域是水土流失重点治理区,根据秭归县水土保持规划报告,流域水土流失面积148.13 km^2,土壤年均侵蚀模数2 715 t/(km^2·a)。经计算,流域水土流失径流入河污染负荷为COD 2.84 t/a、NH_3-N 0.06 t/a、TP 0.18 t/a。

童庄河流域入河污染负荷见图4.2-3。

综上所述,童庄河流域污染总负荷COD 91.18 t/a、NH_3-N 10.08 t/a、TP 4.04 t/a。COD、NH_3-N贡献最大的是农村生活污水,贡献率分别为71.28%、56.70%;TP贡献最大的是农业种植,贡献率为74.47%。《宜昌城市环境总体规划》分解到郭家坝镇COD、NH_3-N、TP环境容量分别为4 263.15 t/a、200.44 t/a、40.09 t/a,通过对比,童庄河流域污染负荷未超载。

4.2.1.4 水生态现状及评价

(1)水域岸线保护及利用

2019年12月,秭归县人民政府以秭政函〔2019〕60号对童庄河管理线和保护线划定

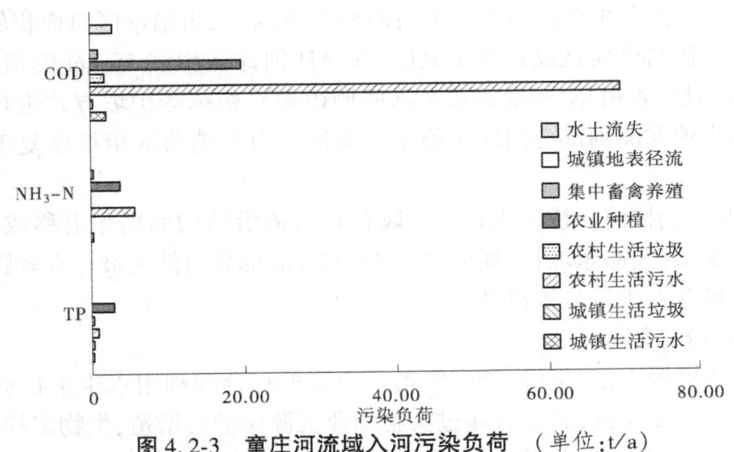

图 4.2-3　童庄河流域入河污染负荷　（单位:t/a）

成果进行了批复,岸线保护和开发利用总体有序。岸线利用主要集中在下游城镇河段,利用形式主要包括港口码头、取水口、排水口、桥梁等。据调查,秭归县对非法码头、非法采砂进行了专项整治,成效显著,沿线没有违规采砂场。

童庄河流域岸线利用现状见表 4.2-5。

表 4.2-5　童庄河流域岸线利用现状

岸线名称	岸别	起讫点	现状利用	用途
狮子包岸线	右岸	童庄河口至其下游 600 m	已利用	客运、工作船
李家咀岸线	右岸	童庄河口上游 1 800 m 至河口上游 1 500 m	已利用	渡口、工作船
头道河岸线	右岸	牛岭坡至庙岭	已利用	散货
牛岭岸线	右岸	华新码头上游 1 000~1 500 m	未利用	综合货运
观音阁岸线	右岸	童庄河右岸观音阁	部分利用	综合货运

（2）消落区保护利用

①消落区基本情况。以坝前 145 m 高程回水线为下限,坝前 175 m 高程土地征用线为上限,流域消落区面积 1.07 km^2、岸线长度 18.5 km。

以岸段为单元,综合分析消落区出露时间及特点、坡度、土壤类型、分布特征等,流域消落区平均坡度以 15°~30°陡坡型和 5°~15°平坝型分布最为广泛。其中,陡坡型消落区岸段 2 个,岸线长度 14.50 km,消落区面积 0.65 km^2,占比分别为 78.38%和 60.75%;平坝型消落区岸段 1 个,岸线长度 4 km,消落区面积 0.42 km^2,占比分别为 21.62%和 39.25%。

流域消落区植被类型分为灌丛、灌草丛、草丛、其他非植被（主要为人工边坡及裸地）共 5 种,其中草丛面积最大,占消落区总面积一半以上;其次为灌草丛、灌丛。

②消落区保护及修复。根据《三峡水库消落区调查报告》,童庄河保留保护区岸线长度 11 km,占岸线总长的 59.46%;面积 0.705 km^2,占消落区总面积的 66.20%;生态修复

区岸线长度 7.5 km，占岸线总长的 40.54%；面积 0.36 km^2，占消落区总面积的 33.80%。

秭归县联合中国科学院武汉植物研究所，在童庄河库区岸线 55 km 的消落区采用植树、植草（疏花水柏枝、香根草、暗绿蒿等水陆两栖植物）、植绿等护坡方式进行生态修复；童庄河干流及其支流龙潭河部分河段实施了三峡库区重点消落区植被恢复工程，取得了较好效果。

同时，流域左岸桐树湾大桥至入长江口段存在岩体沿结构面坍塌滑移或土体滑移风险；烟灯堡村、郭家坝村、邓家坡村、擂鼓台村 18.12 km 部分自然边坡存在较强烈再造；坡度较缓的农村区域存在少量夏季耕种。

（3）水生态系统修复

流域水生生物资源丰富，是鲤、鲫产卵场。为养护和合理利用水生生物资源、维护三峡库区流域水生生物多样性，湖北省通过实施渔业资源保护与增殖、生物多样性与濒危物种保护、水域生态保护与修复等，推进完成了渔业资源和水生生境调查，进一步加强了种质资源保护区建设。通过三峡后续工作的实施，支流水华防控预警系统已建立。

（4）生态基流

流域建有引水式电站 12 座，因常年拦水发电，导致部分河段断流。2018 年起，秭归县专门进行了小水电问题核查及生态流量泄放核定工作，12 家电站通过改造全部开展了生态流量正常泄放。2019 年，秭归县推进生态流量泄放远程监控，对水电站取水口的生态流量泄放实施了实时监控，生态基流基本能够得到保障，水系连通整体较好。

（5）水土流失及石漠化防治

根据秭归县水土保持规划报告，流域水土流失面积 148.13 km^2，水土流失率 47.33%。其中，轻度侵蚀面积 113.52 km^2，占 76.64%；中度侵蚀面积 23.87 km^2，占 16.11%；强度及以上侵蚀面积 5.64 km^2，占 3.81%；极强及以上侵蚀面积 5.1 km^2，占 3.44%。

流域属于西南岩溶区石漠化重点区，石漠化率 27%，其中中度以上石漠化占比 59%。2016 年度开展岩溶地区石漠化综合治理工程，对郭家坝镇西坡村、白云山村、荒口坪村石漠化进行治理，主要对位于潜在、中度、重度石漠化地区的灌木林地、有林地进行封禁管护，辅助以相应的补植、改造、培育等正向干预措施，促进现有植被生态系统良性演替，减轻现有林区水土流失。

童庄河流域水土流失与石漠化分布见图 4.2-4。

4.2.1.5 小结

（1）水资源

①水资源配置方面。2019 年秭归县全县用水总量 0.636 亿 m^3，用水总量小于指标的 0.9 倍，达标率大于达标要求的 80%，污染物入河量大于限排量的 0.9 倍，水资源承载能力不超载；农田灌溉水有效利用系数 0.535；工业用水重复利用率 95%以上。存在的主要问题：一是万元工业增加值用水量比 2015 年下降-17.65%，未达到“三条红线”控制要求；二是污水处理厂中水回用、居住小区再生水利用技术尚未有条件开展。

②防洪保安方面。部分河段护岸受上游来水影响，坍塌损坏，主要涉及王家岭村河段。

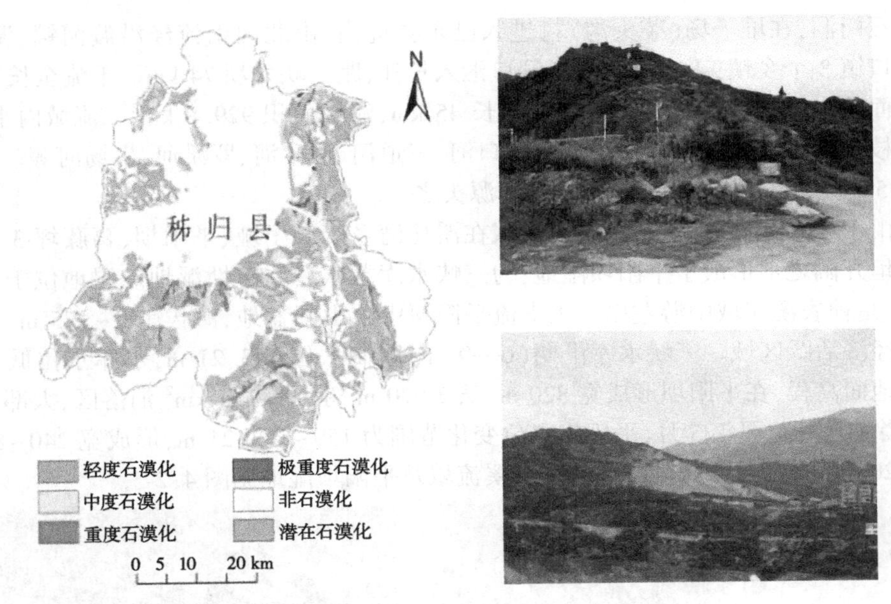

图 4.2-4 童庄河流域水土流失与石漠化分布

③饮水安全方面。流域范围内场镇及周边供水通过水厂集中供水，农村集中供水率、自来水普及率分别达到 93.72%、91.06%，满足《农村饮用水安全卫生评价指标体系》、《生活饮用水卫生标准》(GB 5749—2006)相关要求。

(2)水环境

流域现状水质监测断面及现场水质检测结果显示，水质总体为Ⅱ～Ⅲ类，支流回水区氮、磷含量较高，总体处于中营养—轻度富营养水平，局部水域部分时段富营养化水平较高。根据污染源解析结果，童庄河流域污染总负荷 COD 98.18 t/a、NH_3-N 10.08 t/a、TP 4.04 t/a。从污染物来源看，COD、NH_3-N 贡献最大的是农村生活污水，贡献率分别为 71.28%、56.70%；TP 贡献最大的是农业+种植，贡献率为 74.47%。通过对比流域水环境容量，童庄河流域污染总负荷未超载。

(3)水生态

流域干流河道管理线和保护线已划定，岸线保护和开发利用总体有序。通过三峡后续工作规划的实施，消落区生态环境、水生生境及水生生物多样性逐步改善；12 家电站通过改造，全部开展了生态流量正常泄放。存在的主要问题：一是流域左岸桐树湾大桥至入长江口段存在岩体沿结构面坍塌滑移或土体滑移风险，烟灯堡村、郭家坝村、邓家坡村、擂鼓台村 18.12 km 部分自然边坡存在较强烈再造；二是坡度较缓的农村区域存在少量夏季耕种；三是流域水土流失率 47.33%、石漠化率 27%，需加强治理。

4.2.2 神农溪流域

4.2.2.1 流域概况

(1)地理区位

神农溪流域位于巴东县正北侧，为长江左岸的一级支流，发源于神农架林区南麓下谷坪的石门洞，在堆子场（芋头沟）村进入巴东县境内，由北向南流经沿渡河镇、溪丘湾乡、官渡口镇3个乡镇，于官渡口镇西瀼口汇入长江，距三峡大坝74 km。干流全长60.6 km，流域面积1 047 km²，其中巴东县境内长45 km，流域面积929.8 km²。流域内水系发达，呈树枝状展布，主要支流有孟家河、泉口河、三道河、红砂河、罗溪河、牛场河等。神农溪为国家5A级景区、引江补汉工程的必选源头之一。

由于三峡水库蓄退水，神农溪流域在溪丘湾乡的狮子垭、平阳坝、葛藤坪3个村的低山平坦开阔之地形成了平阳坝湿地，为三峡水库蓄水后季节性湿地。湿地位于巴东高铁新区，是神农溪流域中游左岸一级支流平阳河中游山间盆地，海拔150~175 m，是神农溪流域经济活跃区域。三峡水库汛期（6—9月）限制水位143.21 m，水库水位低于平阳坝湿地地面高程，在平阳坝形成宽820 m、长2 670 m树叶形1.4 km²消落区，大部分区域变成滩涂；10月至翌年5月，平阳坝水位变化范围为159~173.21 m，形成宽240~850 m、长约2 200 m的宽阔水面。巴东县神农溪流域及平阳坝湿地见图4.2-5。

图4.2-5　巴东县神农溪流域及平阳坝湿地

（2）自然概况

①地形地貌。流域地处大巴山与巫山交接部位，属川鄂褶皱碳酸盐岩、碎屑岩中低山峡谷区，以中低山峡谷地貌为主，其总体地势受长江控制，北高南低。区内地层主要为震旦纪—侏罗纪地层，岩性主要为碳酸盐岩、碎屑岩、碳酸盐岩夹碎屑岩和第四系松散堆积物。其中，震旦系下统、志留系至泥盆系及三叠系中统至侏罗系之碎屑岩地层常有泥质软岩或煤系夹层等不良工程地质岩组。

②水文气象。流域在巴东县境内干流长45 km，多年平均流量17.9 m³/s，年平均径流总量5.65亿m³，河床纵坡较陡，岸线蜿蜒，平均坡降8.6‰，天然落差324 m，流域上游

为高山，中下游为低山丘陵，河床多呈 U 形，河宽 20~80 m。平阳坝湿地所在的平阳河，其中平阳坝大桥下游为峡谷段，长约 760 m，河谷库水面宽 40~60 m，河床高程 150~159 m，平均纵坡 1.2%，岸坡陡峻，岩石裸露。平阳坝大桥上游地形开阔，呈山间盆地，左岸地形平缓，地表坡度 5°~10°，发育高漫滩，右岸多为基岩出露，地形相对较陡，地表坡度 20°~35°，河床高程 159~180 m，平均纵坡 0.7%。

流域属亚热带大陆性季风湿润气候区，具有明显的垂直分布差异，多年平均气温 15.6 ℃，降水量年内分配不均(1 100~1 850 mm)，多年平均降雨量 1 400 mm，汛期 4—10 月降雨量约占年降雨量的 85%，主汛期 5—9 月降雨量约占年降雨量的 69%，年蒸发量为 1 323 mm，多年平均径流深 1 082 mm。平阳坝湿地属低山丘陵、河谷地带，属于亚热带低山河谷湿润性气候，季节性变化不显著，昼夜温度变化较小，作物生长周期较长，年均气温 7.7~17.5 ℃，年均降水量 1 300 mm，雨水充沛。

③土壤植被。流域土地类型以农耕地为主，土壤类型主要有黄棕壤(33.02%)、石灰(岩)土(24.95%)、紫色土(22.51%)、黄壤(4.63%)、暗棕壤(1.21%)。平阳坝湿地两岸植被茂盛，湖水清澈，水质优良，适宜鱼、虾、虫类繁殖生长，珍稀动植物资源众多。受降水量、用水量影响，干旱、半干旱季节，平阳坝湿地四周出现较大范围消落区，即构成水库的“荒漠”。

2019 年巴东县森林覆盖率为 61%。根据遥感图像计算，神农溪流域内植被指数 NDVI 介于 0.35~0.7，林种以巴东木莲、亚洲巴山松王为主，主要分布在巴峡山谷间。森林资源丰富，境内已知各类植物约 160 科 734 属，近 2 000 种。

(3)社会经济

①经济社会。巴东县辖区面积 3 351.6 km^2。2019 年全县总人口 48.8 万人，其中农村人口 29.1 万人，占总人口的 59.7%；全县生产总值 127.46 亿元，一、二、三产业增加值分别为 22.65 亿元、31.49 亿元、73.32 亿元，三次产业结构比 17.8∶24.7∶57.5；城镇常住居民人均可支配收入 30 183 元，农村常住居民人均可支配收入 11 471 元。神农溪流域主要有沿渡河、溪丘湾、官渡口 3 个乡镇，流域总人口 15.1 万人，占巴东县总人口的 31.07%。

②产业发展。流域盛产茶叶、柑橘、中药材，沿渡河镇是全县茶产业大镇，茶叶种植面积 4 万余亩；溪丘湾乡境内土质肥沃，水源充足，气候宜人，资源丰富，全乡已形成了万亩茶叶、万亩柑橘、十万头生猪等支柱产业。流域内无工业企业；流域涉及国家 5A 级 1 个，即神农溪纤夫文化景区，国家级自然保护区 2 个，即小神农架自然保护区和湖北巴东金丝猴自然保护区。

(4)相关上位规划

①湖北省主体功能区划。《湖北省主体功能区划》将神农溪流域划为长江三峡水库生态区、长江三峡敏感生态亚区。主要生态服务功能为水土保持、生物多样性保护。生态保护与建设重点是封山育林、育草，开展滑坡、泥石流等敏感区重点监测与防治；控制地区开发强度，减少对库区生态环境威胁；结合生物措施和工程措施，综合治理水土流失；加强污水治理和农业面源污染防治，减少对库区水质威胁；建立农林牧复合生态农业系统，发展有机、无公害食品产业；淹没区物种迁地保护。

②三峡后续工作规划。截至2019年，神农溪流域实施三峡后续工作规划6类项目34个，核定总投资46 740万元，下达专项资金35 107万元。其中，污染防治与水质保护项目7个，包括点源污染防治（新建污水处理设施3处、污水管网36.37 km，官渡口垃圾填埋场、标准化规模养殖污染治理）、面源污染防治（官渡口镇、沿渡河镇农村肥料农药控源）、水源地保护（涉及沿渡河镇及溪丘湾乡平阳坝集中式饮用水源地）等；消落区卫生防疫项目1个；生态屏障区建设项目6个，包括水土保持（官渡口镇）、植被恢复、农村居民点环境改善（涉及官渡口镇、沿渡河镇、溪丘湾乡21个村）；生态产业发展与扶持项目9个，包括经济开发区溪丘湾片区的基础设施建设；城镇移民小区综合帮扶项目2个（沿渡河镇、官渡口镇）。

③地方相关规划。《巴东县高铁新区控制性详细规划》提出，依托交通、资源、生态等优势，将平阳坝湿地所在的巴东高铁新区打造为鄂西生态文化旅游圈上重要的区域性旅游集散服务基地、国家级生态旅游示范区、全国知名的健康养生产业基地，建设世界生态动植物公园、金丝猴旅游产业园。规划形成“一带三核五组团”的空间结构。一带：平阳画廊景观带。三核：高铁旅游服务核、城市生活服务核、休闲旅游核。五组团：高铁旅游服务组团、巴土情怀乐活组团、田园野趣休闲组团、神龙湖岸活力组团、七彩田园观光组团。目前，高铁站和高铁新区建设正在进行，平阳坝消落区生态环境综合整治工程即将实施。

4.2.2.2 水资源现状及评价

（1）水资源配置

恩施州明确了巴东县2018—2020年度水资源管理“三条红线”控制指标，但巴东县未将控制指标分解到神农溪河流域。

①用水总量。2019年，巴东县用水总量控制目标分别为0.709亿m^3，实际用水总量为0.545亿m^3，未超出“三条红线”控制要求。

②用水效率。巴东县按照《湖北省节水行动实施方案》（2019年）要求，实施了“总量强度双控”“农业节水增效”“工业节水减排”“城镇节水降损”“科技创新引领”五大重点行动，实际万元工业增加值用水量比2015年下降百分比为60.49%，远超24%的目标；同时，农田灌溉水有效利用系数控制目标0.544，满足“三条红线”控制要求。

③水功能区水质。神农溪流域一级水功能区2个，为沿渡河保护区、沿渡河保留区，水功能区2019年全年水质达标率100%，满足“三条红线”控制要求。

水资源承载状况评价结果显示，神农溪流域水资源承载力不超载。

神农溪流域水功能区划见表4.2-6。

表4.2-6　神农溪流域水功能区划

一级水功能区	二级水功能区	起始断面	终止断面	水功能区等级	水功能区类型	长度/km	水质目标	水质类别	评价结论（全指标）
沿渡河保护区	—	神农架下谷坪	石板坪水文站		保护区	40	Ⅱ	Ⅰ	达标
沿渡河保留区	—	石板坪水文站	西壤口		保留区	21	Ⅱ	Ⅰ	达标

巴东县水资源“三条红线”2019 年控制指标及完成情况见表 4.2-7。

表 4.2-7 巴东县水资源“三条红线”2019 年控制指标及完成情况

指标	用水总量/亿 m^3	万元工业增加值用水量比2015 年下降百分比/%	农田灌溉水有效利用系数	水功能区水质达标率/%
控制指标	0.709	24	0.544	91.6
完成指标	0.545	60.49	0.544	达标

(2)防洪保安

结合防洪保安体系建设,流域集镇建成区及高铁新区实施了滨水库岸护坡,相关部门对流域内的地质灾害隐患进行了排查和治理,防洪安全基本得到保障,同时,集镇规划区周边河沟尚未得到治理,集镇建成区及农村区域防洪沟渠由于清理维护不及时,有堵塞、损毁现象。

(3)饮水安全

流域范围内有水库 4 座,均为小(2)型水库,分别为沿渡河镇杨柳水库、蛤蟆溪水库、四方寨水库及溪丘湾乡小龙河电站水库,总库容 150.29 万 m^3,主要功能为发电、农业灌溉及城镇饮用水源。

①集中式饮水。流域内有集中式饮用水源地 4 处,分别为沿渡河镇官田水源、沿渡河镇野马洞水源、溪丘湾乡峰子岩和马家坡;官渡口镇通过县城自来水公司管网延伸解决集镇供水。水源地水质每季度监测 1 次,根据 2019 年检测结果,4 处水源地现状水质良好,水质达标率 100%,满足人饮水质要求。

②分散式饮水。流域农村饮用水源主要为山坪塘、山泉水,水源规模小、类型多,普遍呈现出以分散供水为主、小型集中供水为辅的供水现状。按照“一管清水进农家”的要求,巴东县多渠道筹措资金,实施了中心村骨干水厂及集镇管网延伸工程、单村集中供水和分散供水工程、清洁水源工程 PPP 项目等,解决了流域大部分农村人畜饮水问题,自来水普及率达到 74%,供水水质合格率达到 60%以上。同时,农村分散式饮水设施需进一步提档升级。

4.2.2.3 水环境现状及评价

(1)水质现状

①现有监测断面水质现状。流域现有水质监测断面 4 个,即神农洞、罗坪、燕子阡和入长江口断面,监测频次为 1 次/月。根据《2019 年巴东县环境质量公报》,流域水质现状为Ⅱ类。

2018 年度三峡工程运行安全综合监测结果显示,蓄水期神农溪流域水质总体以Ⅳ类为主,影响评价结果的主要是总磷(超标 0.16 倍)。

②水质检测情况。现场水质检测结果显示,9 月,透明度在 20~40 cm,水温为 26.6 ℃,pH 值在 7.6~7.8,溶解氧在 7.6~8.7 mg/L,高锰酸盐指数 5.0~7.0 mg/L,叶绿素 a 在 6.1~8.3 μg/L,总氮在 0.95~1.28 mg/L,总磷为 0.01 mg/L,氨氮为 0.1 mg/L。10 月,透明度在 100~120 cm,水温在 21.6~24.2 ℃,pH 值在 8.1~8.5,溶解氧在 6.0~8.9 mg/

L，高锰酸盐指数4.0~6.7 mg/L，叶绿素a在4.2~7.1 μg/L，总氮在1.75~2.39 mg/L，总磷在0.02~0.57 mg/L，氨氮为0.1 mg/L。神农溪典型流域9月和10月总氮、总磷和氨氮含量见图4.2-6。

神农溪典型流域9月和10月水质状况、营养状态见表4.2-8、表4.2-9。单因子评价结果显示，流域各因子在Ⅰ~Ⅲ类，满足功能区Ⅲ水质目标要求；流域综合营养状态指数9月为47.96，10月为55.45，处于轻度富营养状态。

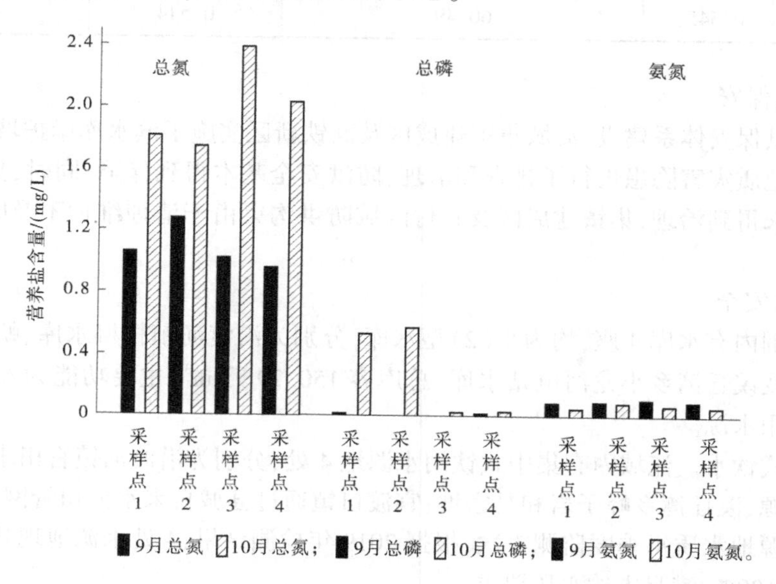

图4.2-6　神农溪典型流域9月和10月总氮、总磷和氨氮含量

表4.2-8　神农溪典型流域9月和10月水质状况

功能区目标	时间	溶解氧	总氮	总磷	氨氮	高锰酸盐指数	河流水质指数
Ⅲ	9月	Ⅰ	Ⅱ	Ⅰ	Ⅰ	Ⅲ	1.922 0
	10月	Ⅰ	Ⅱ	Ⅱ	Ⅰ	Ⅲ	2.567 0

表4.2-9　神农溪典型流域9月和10月营养状态

9月		10月	
TLI值	营养状态	TLI值	营养状态
47.96	轻度富营养	55.45	轻度富营养

（2）污染源调查

①点源污染

1）城镇生活污水。流域内3个集镇已实现生活污水处理设施全覆盖，污水处理率75%以上，污泥无害化处理率60%以上。神农溪污水处理厂尾水排入长江干流，沿渡河镇和溪丘湾乡污水处理厂尾水排入神农溪，其设计规模分别是2 000 m^3/d、1 500 m^3/d，2019

年设施运行负荷分别为50%、66.7%，排放标准为一级A。排污口设置均进行了论证，落实了运行维护管理责任单位，实施了在线监测。此外，城镇周边存在生活污水直排口15个，均为明渠排放，明渠有破损渗漏。经计算，流域城镇生活污水入河污染负荷为COD 27.03 t/a、NH_3-N 2.87 t/a、TP 0.33 t/a。

2)城镇生活垃圾。巴东县制定了城乡生活垃圾无害化处理收运管理实施方案，目前3个乡镇各建有1座垃圾处理场，乡镇生活垃圾无害化处理率大于70%。经计算，流域城镇生活垃圾入河污染负荷为COD 0.78 t/a、TP 0.003 t/a。

3)工业污染。流域无重要涉河工业污染。

4)集中畜禽养殖污染。巴东县已完成畜禽养殖"三区"划分，干流全部划为禁养区，适养区集中养殖场1家(生猪当量500头)。经计算，流域集中畜禽养殖污水入河污染负荷为COD 0.33 t/a、NH_3-N 0.02 t/a。

②面源污染

1)农村生活污水。2019年末流域农村人口共计13.77万人，其中常住人口按75%测算为10.33万人。三峡后续工作规划实施了21个村(社区)居民点环境改善项目，解决了其中部分居民点生活污水处理问题，农村卫生厕所普及率达80%，但生活污水大部分直排农田。经计算，流域农村生活污水入河污染负荷为COD 214.86 t/a、NH_3-N 17.55 t/a、TP 2.51 t/a。

2)农村生活垃圾。农村生活垃圾无害化处理率大于50%。经计算，流域农村生活垃圾入河污染负荷为COD 6.03 t/a、TP 0.02 t/a。

3)农业种植污染。流域种植面积7.92万亩，耕地零散，主要种植柑橘。2019年，巴东县农用化肥平均施用量为43.29 kg/亩，高出全国平均水平21.9 kg/亩，远高出国际公认安全标准8 kg/亩。经计算，流域农业种植入河污染负荷为COD 15.84 t/a、NH_3-N 3.17 t/a、TP 2.38 t/a。目前，正在全面落实"一控两减三基本"措施，大力推广农作物测土配方施肥、推进有机肥替代化肥来遏制农业面源污染，但农业耕作区合理施药施肥技术推广难度大，化肥N、P的利用率低。

4)城镇地表径流污染。流域内有集镇3座，涉及城镇地表初期雨水的污染。经计算，城镇地表径流的污染负荷为COD 197.04 t/a、NH_3-N 3.56 t/a。

5)水土流失径流污染。根据巴东县水土保持规划报告，神农溪流域水土流失面积为36.49 km^2，土壤年均侵蚀模数为3 124 t/(km^2·a)。经计算，流域水土流失径流入河污染负荷为COD 8.06 t/a、NH_3-N 0.18 t/a、TP 52 t/a。

神农溪流域入河污染负荷见图4.2-7。

综上所述，神农溪流域污染总负荷COD 469.97 t/a、NH_3-N 27.34 t/a、TP 5.76 t/a。COD、NH_3-N、TP贡献最大的均是农村生活污水，贡献率分别为45.72%、64.17%、43.52%。

4.2.2.4 水生态现状及评价

(1)水域岸线保护及利用

2019年9月，巴东县按照《恩施州河道岸线界限划定标准(试行)》，完成了神农溪(沿渡河)河道岸线界限划定工作。

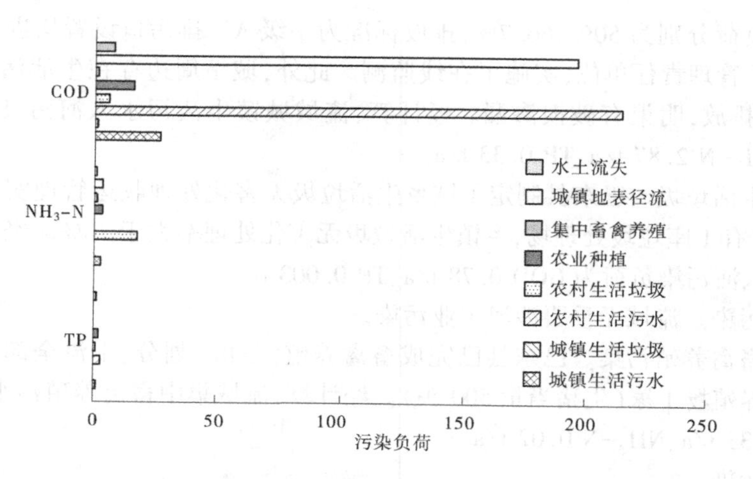

图 4.2-7　神农溪流域入河污染负荷　（单位:t/a）

《三峡水库岸线保护与利用控制专项规划》对沿渡河(神农溪)支流岸线进行了功能分区。神农溪库区段自入江口至沿渡河镇全部岸线划分为保护区,岸线全长 53.15 km,其中左岸 26.07 km,右岸 27.08 km。流域其余岸线利用以城镇建设利用为主,同时,巴东县对非法码头、非法采砂进行了专项整治,成效显著,已实施的岸线环境综合整治项目为城集镇安全提供了有力保障,较大程度改善了库区人居环境和基础设施条件。

(2)消落区保护利用

①消落区基本情况。神农溪流域消落区面积 2.98 km^2、岸线长度 111.71 km。其中,城镇消落区面积 0.47 km^2、岸线长度 5.31 km,占比分别为 15.77%和 4.75%;农村消落区面积 2.51 km^2、岸线长度 106.4 km,占比分别为 84.23%和 95.25%。

以岸段为单元,综合分析消落区出露时间及特点、坡度、土壤类型、分布特征等,流域陡坡型消落区岸段 4 个,库尾型消落区岸段 2 个,峡谷型消落区岸段 3 个。神农溪流域各类型消落区面积及岸线长度见表 4.2-10。

表 4.2-10　神农溪流域各类型消落区面积及岸线长度

消落区类型	陡坡型	平坝型	岛屿型	库尾型	峡谷型
岸段数/个	4	—	—	2	3
消落区面积/km^2	1.02	—	—	0.99	0.97
岸线长度/km	40.16	—	—	20.98	50.57

流域消落区土壤类型主要有水稻土、黄棕壤、新积土、石灰土、紫色土、棕壤、山地草甸土、黄褐土、粗骨土等,以紫色土和黄壤为主。灌丛、灌草丛、草丛、农作物、人工边坡、裸地占比分别为 3.55%、4.59%、76.18%、0.39%、2.43%、12.87%。

②消落区保护与修复。根据《三峡水库消落区调查报告》,神农溪流域保留保护区岸线长度 106.4 km,占岸线总长的 95.25%;面积 2.51 km^2,占消落区总面积的 84.23%。综合治理区岸线长度 5.31 km,占岸线总长的 4.75%;面积 0.47 km^2,占消落区总面积的

15.77%。神农溪流域消落区实施了岸线复绿库岸综合治理和消落区治理，累计完成护堤护岸 6 076 亩、岸线复绿 2 168.1 亩，生态修复成果初显。同时，平阳坝消落区还不同程度存在夏季耕种现象。

(3)水生态系统修复

神农溪流域为大鲵、巴鲵、棘腹蛙、棘胸蛙、细尾蛇鮈、中华裂腹鱼、多鳞铲颌鱼、小口白甲鱼、鳍等珍稀物种的产卵场。《巴东县人民政府关于长江流域巴东段全面禁捕的通告》中明确指出，神农溪干流两河口至入江口段纳入禁渔范围，在禁渔期和禁渔区内，禁止一切方式的捕捞作业，做到“江面无渔船、水中无网具、市场无江鱼”。根据 2016 年 5 月(低水位运行期)和 10 月(高水位运行期)神农溪上游至下游江段开展的浮游植物调查结果可知，两次采样共检测到浮游植物 7 门 62 属 97 种(变种)。水生生物资源总体丰富，物种多样性和完整性状况较好。

(4)生态基流

神农溪流域干流有 1 座水库电站和 1 座调节坝，对河流生态基流影响较小；支流有 10 座电站。水电站在实际建设中，未考虑设置过鱼设施，对保护鱼类生境连通不利。根据恩施州水利水产局、恩施州环保局发布的《关于加强水电站生态流量监督管理工作的通知》，巴东县水产局组建专班开展专项检查，摸清了全县水电站生态流量泄放情况，并督促生态流量不达标的水电站进行了整改，生态基流基本得到保障。

(5)水土流失及石漠化防治

根据巴东县水土保持规划，神农溪流域水土保持情况较好，流域涉及 3 个乡镇水土流失面积 36.49 km^2，占比 3.36%。其中，轻度侵蚀面积 20.4 km^2，占比 55.91%；中度侵蚀面积 15.71 km^2，占比 43.05%；强度及以上侵蚀面积 0.22 km^2，占比 0.60%；极强及以上侵蚀面积 0.16 km^2，占比 0.44%。流域目前水土流失表现比较明显的为沿河两岸坡耕地、小规模滑坡或泥石流及郑万高铁横跨沿渡河铁路桥两岸桥墩施工区开挖边坡及临时弃土区。流域属典型的喀斯特地貌，地形起伏破碎，属轻度石漠化地区。

神农溪流域水土流失与石漠化分布见图 4.2-8。

4.2.2.5 小结

(1)水资源

2019 年巴东县全县用水总量 0.545 亿 m^3，用水总量≤指标的 0.9 倍，水功能区达标率>达标要求的 91.6%，污染物入河量<限排量的 0.9 倍，水资源承载能力不超载；农田灌溉水有效利用系数 0.544。流域范围内集镇及周边供水通过水厂集中供水，水质达标率 100%，满足人饮水质要求；农村自来水普及率达到 74%，供水水质合格率达到 60%以上。存在的主要问题：一是污水处理厂中水回用、居住小区再生水利用尚未有条件开展；二是集镇规划区周边河沟尚未得到治理，集镇建成区及农村区域防洪沟渠由于清理维护不及时，有堵塞、损毁现象；三是需建设徐家咀水库及管网工程，解决 7.65 万人的饮水问题，同时，农村分散式饮水设施需进一步提档升级。

(2)水环境

流域现状监测断面及现场水质检测结果显示，水质总体为Ⅱ～Ⅲ类，支流回水区氮、磷含量较高，总体处于中营养水平。根据污染源解析结果，神农溪流域污染总负荷 COD

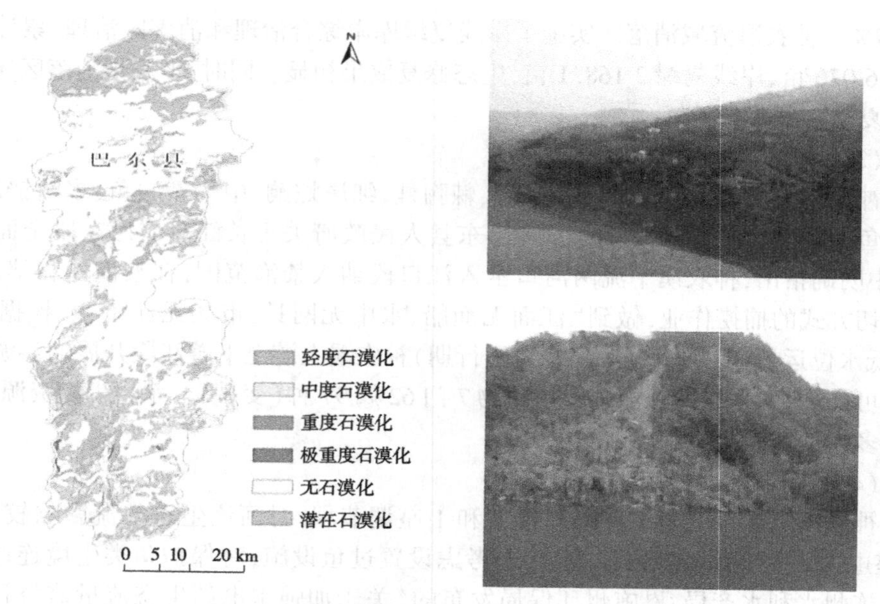

图 4.2-8 神农溪流域水土流失与石漠化分布

469.97 t/a、NH_3-N 27.34 t/a、TP 5.76 t/a。从来源看，流域 COD、NH_3-N、TP 贡献最大的均是农村生活污水，贡献率分别为 45.72%、64.17%、43.52%。通过对比流域水环境容量，神农溪流域污染负荷不超载。

(3)水生态

流域干流河道管理线和保护线已划定，岸线利用以城镇建设利用为主，已实施岸线环境综合整治项目，岸线保护和利用总体有序。通过三峡后续工作规划的实施，消落区生态环境、水生生境及水生生物多样性逐步改善；通过开展专项检查，11 座电站中不达标的水电站已进行了整改，生态基流基本得到保障。存在的主要问题：一是平阳坝消落区不同程度存在夏季耕种；二是流域轻度石漠化，需加强治理。

4.2.3 大宁河流域

4.2.3.1 流域概况

(1)地理区位

大宁河为长江左岸一级支流，发源于大巴山东段南麓巫溪与城口交界的光头山一带，自西向东至巫溪中梁乡龙头咀后称西溪河，再东流经西宁镇至两河口左入东溪河后称大宁河。大宁河穿庙峡入巫山县境内，于巫山县城东侧注入长江，河口距三峡大坝 123 km。流域全长 181 km，总面积 4 366 km^2，其中巫山县境内河长 55.3 km，总面积 1 293 km^2。面积大于 400 km^2 的支流 4 条：左岸的东溪河、洋溪河、马渡河、后溪河。面积为 100~400 km^2 的支流 4 条：左岸的汤家坝河，右岸的柏杨河、长溪河、桥头河。

三峡水库蓄水后，在巫山县大昌镇境内形成了大昌湖，大昌湖上至福田镇的水口村，下至手扒岩大桥，分为东西两湖。三峡水库蓄水至 175 m 水位后，大昌湖面积达到 17 km^2，为三峡库区第一大淡水湖、三峡库区面积最大的河流湿地，也是巫山主要旅游资源之一——小三峡旅游终点站和小小三峡旅游线路中转站。2019 年大昌湖成功申报为国家级湿地公园。

巫山县大宁河流域及大昌湖见图 4.2-9。

图 4.2-9　巫山县大宁河流域及大昌湖

(2)自然概况

①地形地貌。流域呈高中山峡谷地貌,地势总体上北高南低、东高西低,山脉连绵起伏,高程 500~2 600 m,属构造剥蚀中山-低山及侵蚀地貌区,地形向河谷或沟谷方向倾斜。流域内山脊大都有风化侵蚀的漏斗状溶洞,河谷总体上为深切峡谷,河流阶地零星分布,局部间有宽谷分布,漫滩发育。

②水文气象。流域河口流量 129 m^3/s,年均径流量 42.9 亿 m^3,平均比降约 10.5‰。上游河源至巫溪,比降 9‰;中游巫溪至大昌,比降 1.8‰;下游大昌至河口,比降 1.4‰。流域径流以降水补给为主,干流有大昌水文(水位)站,多年平均流量 83.7 m^3/s,河口多年平均流量 106 m^3/s。

流域属亚热带暖湿季风气候区,垂直变化显著。降水量随地势垂直梯度分布明显,高山地带多年平均年降水量大于 1 400 mm,河谷地带 1 000~1 200 mm。4—10 月为雨季,降水量约占全年降水量的 90%,其中 7 月降水量约占全年降水量的 16%。11 月至翌年 3 月为枯季,其中 1 月降水量最小,约占全年降水量的 1%。

③土壤植被。流域主要土壤类型有黄棕壤(25.94%)、石灰(岩)土(19.82%)、棕壤(18.7%)、黄壤(15.82%)、紫色土(11.01%)、黄褐土(9.61%)。土壤垂直地带性突出,紫色土多分布在靠近长江沿岸,黄棕壤集中分布在海拔 1 500~2 100 m 以上的中山地区,500~1 500 m 低、中山和丘陵地带为黄壤区域。从农业利用看,海拔 800 m 以上以旱地为主,800 m 以下以水田为主。

2019 年巫山县森林覆盖率为 59.4%。根据遥感图像计算,流域植被指数 NDVI 介于 0.38~0.83,整体呈现增加趋势,NDVI 正向变化的面积约占流域总面积的 96%。流域森林资源丰富,主要分布在流域上段,系中低山的亚热带常绿阔叶林区,共有森林植物 190 科 796 属 1 965 种,鸟类 143 种;有国家一级保护植物珙桐、红豆杉等多种珍稀树种。林产品以松、杉、柏木为主。

(3)社会经济

①经济社会。巫山县辖区面积 2 958 km^2。2019 年全县总人口 63.33 万人,其中农村人口 44.25 万人,占总人口的 69.87%;2019 年全县生产总值 172.97 亿元,一、二、三产业增加值分别为 29.17 亿元、50.83 亿元、92.97 亿元,三次产业结构比 16.9 : 29.4 : 53.7;城镇常住居民人均可支配收入 32 759 元,农村常住居民人均可支配收入 11 229 元。流域有龙溪、福田、大昌、双龙、金坪、巫峡、龙门、高塘等 8 个乡镇(街道),总人口 24.36 万人,占巫山县总人口的 38.47%。大昌湖周边包括灯盏窝社区、邓家岭社区、马家堡社区、西包岭社区、光明村、洋溪村、洋河村、双胜村、七里村、兴旺村等 18 个村(社区),人口密集,人口数量约占大昌镇人口总数的 75%。

②产业发展。巫山县初步构建了"28 万亩脆李、18 万亩柑橘、20 万亩中药材、15 万亩核桃、5 万亩烤烟、32 万只山羊"的"1+3+2"现代山地特色农业主导产业体系,粮经比优化调整至 3:7。巫山县大宁河流域以脆李、晚熟脐橙等特色农产品为主要种植对象,河流沿线建设脆李种植示范线,脆李种植面积 22 万亩、柑橘种植面积 15 万亩、干果 15 万亩,并大力发展双孢菇产业和野生蔬菜种植、蚕桑、麻竹、烤烟等。旅游资源得天独厚,拥有国家 5A 级景区小三峡。

(4)相关上位规划

①重庆市生态功能区划(修编)。根据《重庆市生态功能区划(修编)》,大宁河流域属于三峡库区(腹地)平行岭谷低山-丘陵生态区、三峡水库水质保护生态亚区、巫山-奉节水体保护-水源涵养生态功能区,主要生态服务功能为保护三峡水库水质,土壤保持、水土涵养。

②三峡后续工作规划及优化完善意见。截至 2019 年,巫山县大宁河流域实施了三峡后续工作规划 7 类项目 99 个,核定总投资 266 740 万元,下达专项资金 85 824 万元。其中,污染防治与水质保护项目 18 个,包括水源地保护等(双龙镇、巫峡镇、龙井乡、福田镇等)、点源污染防治(乡镇污水处理设施 4 座、配套污水管网 30 km 等)、农业面源污染防治(巫峡镇)内容;消落区生态环境保护项目 7 个,包括消落区卫生防疫、保留保护及库岸环境综合整治(整治库岸 25.89 km);生态屏障区建设项目 14 个,主要实施了坡改梯(156.34 hm^2)、植被恢复(23 万亩)、农村居民点环境改善(新建输水管网 8.87 km、污水管网 1.6 km);水生态修复与生物多样性保护项目 3 个,包括增殖放流(放流 500 万尾鱼)、水库清漂(干流清漂范围 97 km);生态产业发展与扶持项目 14 个,包括生态农业园、移民生态工业园基础设施建设、旅游产业发展与扶持;城镇移民小区综合帮扶项目 8 个,主要实施了房屋居住安全隐患处理(屋面维修)、道路和供水等基础设施配套、污水和垃圾等环保设施完善、社区公共服务设施完善等;农村移民安置区精准帮扶项目 35 个(村),主要实施了农村饮水安全(新建蓄水池 7 500 m^3、管网 21 553.2 m)、水利工程(排

洪沟整治 2 880 m)等。

③地方相关规划。目前,巫山县正结合自然风光和大昌古镇人文内涵,将大昌湖打造成一个集体育、旅游于一体的休闲度假胜地。同时,建立旅游工艺品生产基地,通过旅游带动当地经济发展,促进移民安稳致富。

4.2.3.2 水资源现状及评价

(1)水资源配置

重庆市人民政府明确了巫山县 2019—2020 年度水资源管理“三条红线”控制指标,但巫山县未将控制指标分解到大宁河流域。巫山县大宁河流域水功能区划明细见表 4.2-11。

表 4.2-11 巫山县大宁河流域水功能区划明细

一级水功能区	二级水功能区	起始断面	终止断面	水功能区等级	水功能区类型	长度/km	水质目标	水质类别	评价结论(全指标)
大宁河巫山保护区		巫山县大昌镇	巫峡镇龙门村	省级	保护区	34	Ⅱ	Ⅱ	达标
大宁河巫山保留区		巫峡镇龙门村	河口上游龙门桥	省级	保留区	17	Ⅱ	Ⅱ	达标
大宁河巫山开发利用区		龙门桥	宁河口	县级	开发利用区	3.5	Ⅲ	Ⅲ	达标
大宁河巫山开发利用区	工业、景观用水区	龙门桥	大宁河口	县级	工业、景观用水区	3.5	Ⅲ	Ⅲ	达标

①用水总量。2019 年巫山县用水总量控制目标为 0.725 亿 m^3,实际用水总量为 0.609 亿 m^3,未超出“三条红线”控制要求。

②用水效率。巫山县水资源“三条红线”2019 年控制指标及完成情况见表 4.2-12。

表 4.2-12 巫山县水资源“三条红线”2019 年控制指标及完成情况

指标	用水总量/亿 m^3	万元工业增加值用水量比2015 年下降百分比/%	农田灌溉水有效利用系数	水功能区水质达标率/%
控制指标	0.725	16	0.526	86
完成指标	0.609	34.78	0.526	达标

2019 年巫山县实际万元工业增加值用水量比 2015 年下降百分比为 34.78%,满足

"三条红线"16%的控制目标。

通过建设高标准农田灌溉项目、中型灌区建设、小(2)型水库除险加固工程和山坪塘整治工程等,逐步解决了农田灌溉问题,农田灌溉水有效利用系数 0.526,满足"三条红线"控制要求。

流域范围内生活耗水主要为城镇生活用水。中水回用、居住小区再生水利用尚未有条件开展。

③水功能区水质。大宁河流域一级水功能区 3 个,二级水功能区 1 个。2019 年水功能区全年水质达标率 100%,满足"三条红线"控制要求。

水资源承载状况评价结果显示,流域水资源承载力不超载。

(2)防洪保安

巫山县大宁河流域范围内城镇基本上实施了库岸综合整治,同时,大昌镇部分岸段、高铁片区正在实施消落区综合整治;农村集中居住区和集镇建成区均建有排洪设施,防洪保安基本有保障。

(3)饮水安全

流域范围内水库 6 座,均为小(2)型水库,总库容 247.72 万 m^3,分别为大宁河干流双龙镇钱家水库、巫峡镇和福田镇八一水库,福田河福田镇燎原水库、双凤水库、丰洞水库、岩口子水库;山坪塘 500 余口,可供水量 400 万 m^3,主要作为重点小微型水利设施提供灌溉用水。

①集中式饮水。流域内集中式饮用水源地 11 处,通过自来水厂供应流域城集镇及周边区域农村的 24.36 万城镇及周边居民。水源地每季度监测 1 次,根据巫山县 2019 年检测结果,11 处水源地现状水质良好,水质达标率 100%,能够满足人饮水质要求。

②分散式饮水。大宁河流域大部分农村地区为山地、丘陵,虽有丰富的过境水,但仍属中度缺水地区。饮水水源主要为山坪塘、山泉水,水源规模小、类型多,农村集中供水率 90%、自来水普及率 90%。目前,双龙镇巴雾、下湾,大昌镇宁河、马渡、兴胜、洋溪、七里、龙塘,巫峡镇七星、桂花,龙门街道龙水、龙江、黎早等 3 个乡镇 15 个村水源点冬季水量减少;双龙镇巴雾、天鹅,大昌镇宁河、马渡、兴胜、光明、兴旺、洋溪、七里、双胜、龙塘、龙早,巫峡镇东岗、跳石、白水、平安,龙溪镇龙溪、马岭、向狮,福田镇水口等 5 个乡镇 20 个村供水工程由于设计规模小并未配备消毒设施;双龙镇下湾,大昌镇长胜村,巫峡镇西坪、跳石,龙门街道龙水、龙江、黎早等 4 个乡镇 8 个村存在水费收缴机制不健全或水费回收率低、运行维护经费不足等问题。

4.2.3.3 水环境现状及评价

(1)水质现状

①现状监测断面水质。大宁河流域现有水质监测断面 3 个,即双龙、大昌、花台断面,监测频次为每月 1 次,现状水质为Ⅲ类。

三峡工程运行安全综合监测 2018 年度评价结果表明,大宁河流域水质总体以Ⅳ类为主,影响评价结果的主要是总磷(超标 0.56 倍)。

②水质检测情况。现场水质检测结果显示,9 月,透明度在 72~100 cm,水温在 30~31 ℃,pH 值在 8.5~8.7,溶解氧在 7.2~8.9 mg/L,高锰酸盐指数 1.1~8.9 mg/L,叶绿素

a 在 8.3~12.7 μg/L，总氮在 0.36~1.56 mg/L，总磷在 0.01~0.02 mg/L，氨氮在 0.04~0.1 mg/L。10 月，透明度在 100~130 cm，水温在 21.6~22.8 ℃，pH 值在 8.4~8.6，溶解氧在 7.8~8.5 mg/L，高锰酸盐指数 1.5~12.0 mg/L，叶绿素 a 在 7.8~10.9 μg/L，总氮在 1.02~1.73 mg/L，总磷在 0.19~0.35 mg/L，氨氮在 0.04~0.1 mg/L。巫山县大宁河流域 9 月和 10 月总氮、总磷和氨氮含量见图 4.2-10。

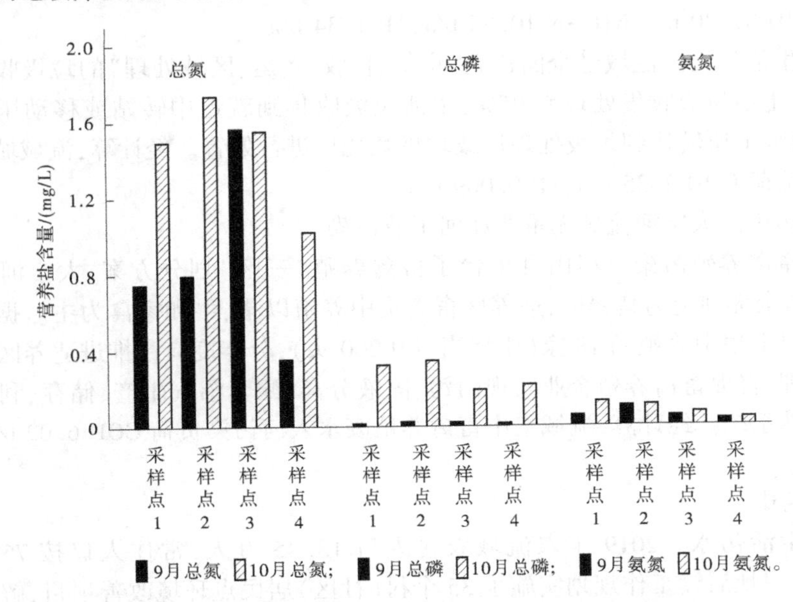

图 4.2-10　巫山县大宁河流域 9 月和 10 月总氮、总磷和氨氮含量

巫山县大宁河流域 9 月和 10 月水质状况、营养状态分别见表 4.2-13、表 4.2-14。

单因子评价结果显示，大宁河流域各因子在Ⅰ~Ⅲ类，满足功能区Ⅲ水质目标要求；流域综合营养状态指数 9 月为 45.73，10 月为 54.61，处于轻-中度富营养状态。

表 4.2-13　巫山县大宁河流域 9 月和 10 月水质状况

功能区目标	时间	溶解氧	总氮	总磷	氨氮	高锰酸盐指数	河流水质指数
Ⅲ	9 月	Ⅰ	Ⅰ	Ⅰ	Ⅰ	Ⅲ	1.736 0
	10 月	Ⅱ	Ⅱ	Ⅲ	Ⅲ	Ⅲ	2.302 6

表 4.2-14　巫山县大宁河流域 9 月和 10 月营养状态

9 月		10 月	
TLI 值	营养状态	TLI 值	营养状态
45.73	中营养	54.61	轻度富营养

(2)污染源调查

①点源污染

1)城镇生活污水。流域内城镇已实现生活污水处理设施全覆盖，2019 年城乡生活污水集中处理率分别为94%、83%,污泥无害化处理率60%以上。巫峡、龙门、高塘3个乡镇(街道)经县城污水处理厂处理后排入长江,流域其余5座污水处理厂设计规模600~2 000 m^3/d,运行负荷25.6%~63%,排放标准一级B,均落实了运维管理单位,实施在线监测,排污口均进行了论证。此外,集镇周边分布有13个生活直排口,以明渠方式直排入河,雨污合流,明渠存在破损或堵塞,有漫流及渗漏现象。经计算,流域城镇生活污水入河污染负荷COD 81.30 t/a、NH_3-N 10.55 t/a、TP 1.34 t/a。

2)城镇生活垃圾。流域已全面建立"户集、村收、乡运、区域处理"的垃圾收集运输处理模式,城镇生活垃圾收集处理率95%,生活垃圾收集到就近中转站或移动压缩点进行集中压缩,由环卫所转运到垃圾处理厂或垃圾焚烧厂进行处置。经计算,流域城镇生活垃圾入河污染负荷COD 2.35 t/a、TP 0.009 t/a。

3)工业污染。大宁河流域无重要涉河工业污染。

4)集中畜禽养殖污染。巫山县出台了畜禽养殖"三区"划分方案,大宁河水域及其200 m范围内全部划定为禁养区,适养区畜禽集中养殖以猪、牛和家禽为主。据统计,200头生猪当量以上集中养殖场18家(生猪当量9 200头),分年度有序推进适养区内的畜禽养殖污染治理,督促畜禽养殖企业实现雨污、固液分离,配套沼气生产、储存、利用系统和沼液还田消纳系统。经计算,流域集中畜禽养殖废水入河污染负荷COD 6.02 t/a、NH_3-N 0.37 t/a。

②面源污染

1)农村生活污水。2019年末流域农村人口13.45万人,常住人口按75%测算为10.09万人。三峡后续工作规划实施了35个村(社区)居民点环境改善项目,解决了部分居民点生活污水处理问题,但大部分直排果园或沟渠。农村卫生厕所普及率77%。经计算,流域农村生活污水入河污染负荷COD 209.99 t/a、NH_3-N 17.15 t/a、TP 2.45 t/a。

2)农村生活垃圾。按照"户集、村收、乡运、区域处理"模式,流域行政村生活垃圾有效治理比例95%以上。经计算,流域农村生活垃圾入河污染负荷COD 5.89 t/a、TP 0.02 t/a。

3)农业种植。2019年流域种植面积14.67万亩,柑橘、脆李种植面积80%以上,化肥平均施用量31.74 kg/亩,高出全国平均水平21.9 kg/亩,远高出国际公认安全标准8 kg/亩,重点是柑橘、脆李种植区化肥农药施用。经计算,流域农业种植入河污染负荷COD 29.34 t/a、NH_3-N 5.87 t/a、TP 4.40 t/a。拟实施的大宁河流域农业面源污染综合治理等项目将有效削减入河污染负荷。

4)城镇地表径流污染。巫山县大宁河流域内有集镇8座,涉及城镇地表初期雨水的污染。经计算,城镇地表径流的污染负荷COD 228.67 t/a、NH_3-N 4.28 t/a。

5)水土流失径流污染。根据巫山县水土保持规划报告,流域水土流失面积378.19 km^2,土壤年均侵蚀模数3 613.06 t/(km^2·a)。经计算,流域水土流失径流入河污染负荷COD 96.63 t/a、NH_3-N 2.20 t/a、TP 6.29 t/a。

巫山县大宁河流域入河污染负荷见图4.2-11。

综上所述,巫山县大宁河流域污染负荷COD 660.19 t/a、NH_3-N 40.41 t/a、TP 14.51 t/a。COD贡献最大的是城镇地表径流,NH_3-N贡献最大的是农村生活污水,TP贡献最大的是水土流失径流，贡献率分别为 34. 64%、42. 43%、43. 32%。根据《重庆市水资源承载能力预警评价报告》，2020 年流域 COD、NH_3-N 限制排放量分别为 2 014. 8 t/a、147. 7 t/a，通过对比，大宁河流域污染负荷不超载。

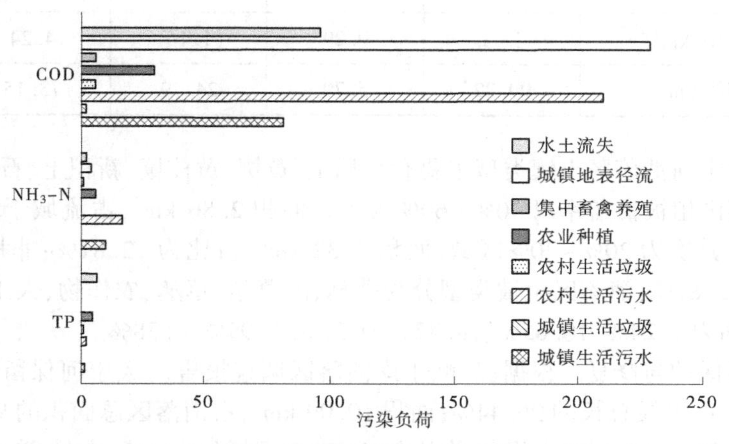

图 4. 2-11　巫山县大宁河流域入河污染负荷　（单位：t/a）

4. 2. 3. 4　水生态现状及评价

（1）水域岸线保护及利用

2019 年，巫山县完成巫山县大宁河流域河道管理范围划界工作。《三峡水库岸线保护与利用控制专项规划》对大宁河岸线进行了功能分区。大宁河大昌镇下游至出口为岸线保护区，上游大昌旅游客运作业区和大昌作业区为岸线开发利用区，其余为岸线保留区。岸线保护区、保留区和开发利用区长度分别占大宁河库区段岸线总长度的 57. 03%、39. 41%和 3. 56%。

据调查统计，大宁河库区段共布置 4 项岸线环境综合整治工程，分别为巫山县两江四岸消落区生态环境综合治理工程、巫山县江东片区库岸综合整治工程-巫峡镇岸线环境综合整治工程、双龙镇岸线环境综合整治工程、大昌镇（涂家坝段、东坝段）岸线环境综合整治工程，总长 20 km。其中，双龙镇岸线环境综合整治工程、大昌镇（涂家坝段）岸线环境综合整治工程位于大宁河岸线保护区，大昌镇（东坝段）岸线环境综合整治工程位于大宁河岸线保留区。

（2）消落区保护利用

①消落区基本情况。以坝前 145 m 高程回水线为下限，坝前 175 m 高程土地征用线为上限，巫山县大宁河流域消落区面积 10. 75 km^2、岸线长度 236. 51 km。其中，城镇消落区面积 0. 66 km^2、岸线长度 8. 52 km，占比分别为 6. 14%和 3. 60%；农村消落区面积 10. 09 km^2、岸线长度 227. 99 km，占比分别为 95. 86%和 96. 40%。

以岸段为单元，综合分析消落区出露时间、坡度、土壤类型、分布特征等自然特点，流域消落区陡坡型岸段 19 个、平坝型岸段 1 个、岛屿型岸段 4 个、库尾型岸段 2 个、峡谷型岸段 6 个。巫山县大宁河流域各类型消落区面积及岸线长度见表 4. 2-15。

表 4.2-15　巫山县大宁河流域各类型消落区面积及岸线长度

消落区类型	陡坡型	平坝型	岛屿型	库尾型	峡谷型
岸段数/个	19	1	4	2	6
消落区面积/km^2	4.11	0.29	1.16	4.24	0.95
岸线长度/km	99.22	5.79	24.79	73.15	33.56

巫山县大宁河消落区土壤类型主要有水稻土、黄壤、黄棕壤、新积土、石灰土、紫色土、棕壤等。消落区植被覆盖率以40%~60%为主，面积 2.86 km^2，占流域干流消落区总面积的26.48%；其次为20%~40%区域，面积3.32 km^2，占比为22.81%；非植被覆盖3.32 km^2，占比为22.81%；消落区植被类型分为灌丛、灌草丛、草丛、农作物、人工边坡、裸地共6种，占比分别为2.24%、10.65%、78.42%、0.31%、3.99%、4.38%。

②消落区保护与修复。根据《三峡水库消落区调查报告》，大宁河保留保护区岸线长度227.99 km，占岸线总长的96.44%；面积10.09 km^2，占消落区总面积的93.86%。综合治理区岸线长度 8.52 km，占岸线总长的 3.56%；面积 0.66 km^2，占消落区总面积的6.14%。

流域消落区岸线利用以城镇建设利用为主，利用形式主要包括港口码头、取水口、排水口、道路、桥梁、过江管道和公园建设等。在消落区治理方面，巫山县曾与中国科学院、中国林业科学研究院等单位合作，开展了消落区治理试验。同时，现场调研发现，流域消落区岸线利用与保护缺乏统筹管理和区域协同；双龙集镇、早阳、江东、南陵片区、龙溪集镇、福田镇天宫村等约23.55 km岸线需要治理；坡度较缓农村区域存在不同程度的夏季耕种现象。

(3)水生态系统修复

大宁河流域，是大鲵、中华倒刺鲃、鳅科鱼类、裂腹鱼类、白甲鱼、黄颡鱼等鱼类产卵场，并于2013年增殖放流长吻鮠、中华倒刺鲃、胭脂鱼、岩原鲤、鲢鱼、鳙鱼、草鱼等。浮游动物和浮游生物种类较多，水生生物资源丰富。

(4)生态基流

巫山县大宁河流域干流有跨(穿)河建筑物17处，为桥梁工程；蓄水工程共3处；大宁河水电开发程度较高，分布34座引水式电站，总装机容量23.8万kW。水电站在实际建设中，未考虑设置过鱼设施，对保护鱼类生境连通不利。巫山县专门进行了小水电问题核查，生态基流基本能够得到保障，河湖水系连通性整体较好。

(5)水土流失及石漠化防治

根据巫山县水土保持规划，流域水土流失面积378.19 km^2，占比47.97%。其中，轻度侵蚀面积131.67 km^2，占比34.82%；中度侵蚀面积105.36 km^2，占比27.86%；强度及以上侵蚀面积67.15 km^2，占比17.75%；极强及以上侵蚀面积74.01 km^2，占比19.57%。

巫山县处于重庆地区石漠化较高敏感性分布区，高度敏感面积占比50.67%，整体为轻度、中度石漠化区。截至2019年，巫山县实施造林22.9万亩，完成55个关闭矿山生态修复，综合治理石漠化56 km^2。

巫山县大宁河流域水土流域与石漠化分布见图 4.2-12。

图 4.2-12 巫山县大宁河流域水土流失与石漠化分布

4.2.3.5 小结

(1)水资源

2019 年巫山县全县用水总量 0.609 亿 m^3,用水总量<指标的 0.9 倍,水功能区达标率>达标要求的 86%,污染物入河量<限排量的 0.9 倍,水资源承载能力不超载;农田灌溉水有效利用系数 0.526。流域范围内集镇及周边供水通过水厂集中供水,水质达标率100%;农村分散式供水率、自来水普及率均达到 90%。存在的主要问题:一是生活节水还需加强;二是污水处理厂中水回用、居住小区再生水利用尚未有条件开展;三是 3 个乡镇15 个村水源点冬季水量减少,5 个乡镇 20 个村供水工程由于设计规模小并未配备消毒设施,4 个乡镇 8 个村水费收缴机制不健全或水费回收率低、运行维护经费不足。

(2)水环境

流域现状监测断面及现场水质检测结果显示,水质总体为Ⅱ~Ⅲ类,大宁河总体处于中营养水平,回水段多次出现水华现象。根据污染源解析结果,巫山县大宁河流域入河污染负荷 COD 660.19 t/a、NH_3-N 40.41 t/a、TP 14.51 t/a。COD 贡献最大的是城镇地表径流,NH_3-N 贡献最大的是农村生活污水,TP 贡献最大的是水土流失径流,贡献率分别为34.64%、42.43%、43.32%。对比流域水环境污染物限制排放量,大宁河流域入河污染负荷不超载。

(3)水生态

巫山县大宁河流域干流河道管理线和保护线已划定,岸线保护和开发利用总体有序,沿线没有违规采砂场。消落区生态环境、水生生境及水生生物多样性逐步改善;34 座电站通过改造,全部开展了生态流量正常泄放。存在的主要问题:一是流域双龙集镇、早阳、江东、南陵片区、龙溪集镇、福田镇天宫村等约 23.55 km 岸线需要治理;二是坡度较缓的农村区域存在少量耕种；三是流域 8 个乡镇(街道)为重庆市水土流失重点治理区，水土流失率 47.97%、石漠化高度敏感区占比 50.67%，需加强治理。

4.2.4 草堂河流域

4.2.4.1 流域概况

(1)地理区位

草堂河属长江一级支流，发源于奉节与巫溪二县交界处山冈，南流过岩湾，西南过汾河镇，转东南与石马河汇合后于白帝城东注入长江，河口距三峡大坝 153.5 km。干流全长 33.3 km，流域面积 394.8 km^2，主要支流有汾河、石马河。

因三峡水库蓄水，草堂河在白帝城至草堂镇七里村回水末端形成草堂湖，区域总面积 22 km^2。草堂湖地势呈南高北低，地形起伏较大，临近水面部分地势平缓，高程为 136~721 m；大部分区域坡度小于 45%，坡度小于 25%的区域主要集中在南北部，坡度小于 15%的区域主要集中在中部水域范围附近，水域西部地区坡度较缓；三峡水库水位 175 m 时，草堂湖湖面面积 6.78 km^2，岸线长度 34.19 km；水位 145 m 时，草堂湖湖面面积 4.38 km^2，岸线长度 26.46 km，消落区面积 2.40 km^2。

草堂河流域及草堂湖见图 4.2-13。

图 4.2-13 草堂河流域及草堂湖

(2)自然概况

①地形地貌。流域地形特点为北高南低，北部最高处高程 1 558 m，自北向南地势逐渐变缓，河谷变宽，入长江口白帝城河床高程约 88 m。流域地形地貌受区域地质构造和岩性控制，山势走向与构造基本一致，呈北东—南西向展布。碳酸盐岩层分布区岩溶发育，形成岭脊状及台原状的岩溶中山，砂岩、泥岩分布区多形成低山及低中山。流域内支

流水系发育，总体呈树枝状，局部呈羽毛状和格子状。流域中上游落差大，切割深，河谷狭窄；下游段河谷较宽，两岸阶地发育。流域内河道曲折，河床多由砂石、卵石或细沙组成，沿河两岸地形多呈不对称发育，间隔发育有漫滩、阶地及冲沟，岸坡切割起伏，呈沟、脊(梁)斜坡地形。

②水文气象。流域干流全长 33.3 km，直线河长 22.6 km，弯曲系数 1.47，平均比降 6.65‰，流域面积 394.8 km^2，河口多年平均流量 7.51 m^3/s，年径流量 2.369 亿 m^3，时程分配不均，常在枯季和干旱时期出现断流，径流主要来源于降雨，径流的年内变化与降雨一致。每年 3 月下旬开始，随着降雨增加，径流也相应增大，4 月为汛前过渡期，5—9 月进入主汛期，径流量显著增加，但流域常发生伏旱，伏旱期径流显著减少，10 月为汛后过渡期，降雨减少，径流也逐渐减少，11 月至翌年 2 月很少降雨，径流主要由地下水补给，1—2 月是径流的最枯时期。

流域属亚热带湿润季风气候区，多年平均气温 19.1 ℃，年降水量 721.6～1 636.3 mm，多年平均年降水量 1 151.2 mm，多集中于 5—9 月，约占全年降水量的 70%，12 月至翌年 2 月降水较少，≥10 mm 的雨日 33.9 d，≥25 mm 的雨日 13.1 d；多年平均相对湿度 71%，多年平均年蒸发量 1 319.2 mm，多年平均风速 2.0 m/s，多年平均日照时数 1 515.3 h，多年平均霜日数 13.1 d。

③土壤植被。流域土壤多为岩成土(碳酸盐岩和紫色岩)。土壤类型分 5 个土类，分别为水稻土、冲积土、紫色土、黄壤和石灰岩土，石灰岩土类最多(42.44%)，紫色土次之(15.05%)，水稻土最少(1.59%)。农耕地土壤以壤土为主，黏土次之，砂土和砾土较少。土壤养分含量普遍偏低，有机质含量平均为 1%～3%。

2019 年奉节县森林覆盖率 57%。根据遥感图像计算，草堂河流域内植被指数 NDVI 介于 0.42～0.76，整体呈现增加趋势。流域属于中亚热带常绿阔叶林区，分属川东盆地偏湿性常绿阔叶林亚带的盆边东南部中山植物区、七曜山南部植物小区(东北部)和盆边北部中山植物区、大巴山植物小区(东部)。植物资源垂直地带性差异明显，以樟科、山茶科、木兰科、金缕梅科、大戟科为主。

(3)社会经济

①社会经济。奉节县辖区面积 4 098 km^2。2019 年全县总人口 105.72 万人，其中农村人口 77.67 万人，占总人口的 73.47%；全县生产总值 303.42 亿元，一、二、三产业增加值分别为 50.96 亿元、118.77 亿元、133.69 亿元，三次产业结构比 16.8∶39.1∶44.1；城镇常住居民可支配收入 30 466 元，农村常住居民人均可支配收入 12 339 元。

草堂河流域范围内有白帝、草堂、汾河、岩湾 4 个乡镇，总人口 11.33 万人，占奉节县总人口的 10.71%，农村居民人均可支配收入 13 100 元，城镇居民人均可支配收入 27 000 元。流域是奉节县主要的后靠移民安置区，包括移民乡镇 2 个、移民安置村 6 个，移民 1 803 户 6 485 人。

②产业发展情况。草堂河流域是奉节县脐橙主产区，驰名全国的“奉节脐橙”的原产地。流域两岸海拔 600 m 以下区域，种植脐橙 1 500 多万株，建园 20 余万亩，产量达 20 万 t，销售收入达 10 亿元，占全县农业产值的 30% 以上。脐橙产量高、品质优，被评为“中华

名果”“中国脐都”。草堂移民生态工业园位于草堂河流域石马河伍家咀至天官庙一段，是三峡库区多产联动发展促进移民安稳致富的示范区，是奉节县的城市功能组团，是奉节经济发展启动实施的重点和核心，占地面积4.6 km^2，主要发展中药材加工、脐橙深加工、特色林农产品加工、眼镜产业等。位于瞿塘峡口、长江北岸的白帝城，是全国著名的历史人文旅游景区、新三峡最富活力和最具潜力的旅游胜地。2019年，白帝城景区共接待国内外游客100余万人次，门票收入达4 300万元以上，间接经济效益达亿元。

(4)相关上位规划

①重庆市生态功能区划(修编)。《重庆市生态功能区划(修编)》将草堂河流域划为三峡库区(腹地)平行岭谷低山-丘陵生态区、三峡水库水质保护生态亚区、巫山-奉节水体保护-水源涵养生态功能区。主要生态服务功能为保护三峡水库水质、土壤保持、水土涵养。生态保护与建设重点是生态环境保护建设优先，限制开发区重点是农村面源和城镇生活污水垃圾污染防治，保持水土、涵养水源，进行地质灾害、石漠化和三峡水库消落区生态环境综合整治;适度点状开发，发展生态旅游业。

②三峡后续工作规划。截至2019年，草堂河流域实施了三峡后续工作规划6类项目38个，核定总投资101 896万元，下达专项资金87 154万元。其中，污染防治与水质保护项目6个，核定总投资4 812万元，下达专项资金4 157万元，主要实施了乡镇污水处理厂建设及管网配套等点源污染防治(新建污水处理设施3座、规模5 600 m^3/d，配套管网11 km)、面源污染防治(铺设排污管网9.232 km)等;消落区生态环境保护项目4个，主要实施了消落区卫生防疫、保留保护和库岸环境综合整治(草堂石马河河道防洪治理、草堂湖孙家湾消落区治理，整治河道4.54 km);生态屏障区建设项目9个，主要实施植被恢复(植被恢复22万亩)和农村居民点环境改善;库区水生态修复与生物多样性保护项目2个，主要实施了增殖放流(放流572万尾)、水库清漂;生态产业发展与扶持项目12个，主要实施了生态农业园建设、草堂生态工业园基础设施和配套环保设施建设、旅游产业发展与扶持;城镇移民小区综合帮扶项目1个，主要实施了白帝镇房屋居住安全隐患处理、道路和供水等基础设施配套、污水和垃圾等环保设施完善、社区公共服务设施完善等。

③地方相关规划。《奉节县水利发展“十三五”规划》提出，基本建成水资源合理配置和高效利用体系及水资源保护和江河健康保障体系;全市重要江河水功能区水质达标率明显提高;水资源保护监督管理能力明显提高;重点区域水土流失得到有效治理。

《重庆市奉节县工业园产业发展规划(2008—2020)》提出，以草堂镇为中心，规划建设奉节工业园区草堂组团，主要发展农副产品加工、旅游产品加工等产业。

4.2.4.2 水资源现状及评价

(1)水资源配置

奉节县尚未将“三条红线”控制指标分解到草堂河流域。

①用水总量。2019年，奉节县用水总量控制目标1.135亿 m^3，实际用水总量1.084亿 m^3，未超出“三条红线”控制要求。

②用水效率。2019年奉节县万元工业增加值用水量比2015年下降百分比控制目标为23%，根据2019年水资源公报，奉节县实际万元工业增加值用水量比2015年下降百分

比-13.92%,未达到“三条红线”控制要求。流域正常运营的重要涉河工业共4家(非高耗水企业),草堂工业园区工业用水重复利用率低于70%。

2011年以来,奉节县得益于全国小型农田水利重点县项目建设,在草堂、白帝等乡镇实施山坪塘整治、渠道整修、水池新建等设施建设,建立了全面的灌溉管网体系,积极探索开展农业水价改革,成功建立了一套科学有效的灌溉水费收取管理模式,从源头上解决了田间地头3万余亩脐橙的灌溉难题。奉节县农田灌溉水有效利用系数0.537,满足“三条红线”控制要求。

流域范围内生活耗水主要为乡镇生活用水,但中水回用、小区再生水利用尚未有条件开展。

③水功能区水质。流域一级水功能区2个,二级水功能区2个,2019年水功能区全年水质达标率100%,满足“三条红线”控制要求。

水资源承载状况评价结果显示,草堂河流域水资源承载力不超载。

草堂河流域水环境功能区划见表4.2-16。

奉节县水资源“三条红线”2019年控制指标及完成情况见表4.2-17。

表4.2-16 草堂河流域水环境功能区划

一级水功能区	二级水功能区	起始断面	终止断面	水功能区等级	水功能区类型	长度/km	水质目标	水质类别	评价结论(全指标)
草堂河源头保护区		么坪子	岩湾乡大公村		保护区	5	Ⅱ	Ⅱ	达标
草堂河竹柿坪开发利用区	农业、工业、景观娱乐用水区	大公村	三峡蓄水175 m界谢家包		开发利用区	22	Ⅲ	Ⅲ	达标
石马河源头保护区		徐家坡	滴水岩	省级	保护区	5	Ⅱ	Ⅰ	达标
石马河草堂开发利用区	农业、工业、景观娱乐用水区	滴水岩	三峡蓄水175 m界	省级	开发利用区	14	Ⅲ	Ⅲ	达标

表 4.2-17　奉节县水资源"三条红线"2019 年控制指标及完成情况

指标	用水总量/亿 m^3	万元工业增加值用水量比 2015 年下降百分比/%	农田灌溉水有效利用系数	水功能区水质达标率/%
控制指标	1.135	23	0.537	87
完成指标	1.084	-13.92	0.537 3	达标

(2)防洪保安

流域近年开展防洪工程建设,已基本形成河道综合治理工程及防洪非工程措施相结合的防洪减灾体系。草堂河流域防洪措施主要为防洪护岸工程,已建防洪护岸仅石马河草堂镇堤防工程 1 处,工程位于草堂镇柑子社区居委会,总长 9.48 km,其中左岸 4.54 km,右岸 4.94 km,设计防洪标准为 20 年一遇。支流甘子沟、竹坪溪等地泥石流爆发较为频繁,是长江流域环境变化最快的泥石流灾害典型河流。山洪灾害防治方面,奉节县先后开展了山洪灾害县级非工程措施项目和山洪灾害防治项目建设,包括水雨情监测系统、预警系统、县级预警平台、群测群防体系等。

(3)饮水安全

流域范围内有水库 6 座,总库容 210.56 万 m^3。其中,小(1)型水库 1 座,草堂镇晏家漕水库;小(2)型水库 5 座,包括白帝镇茶盘水库、流泉沟水库、梅家水库、瓦窑坪水库,岩湾乡五星水库。流域内现有山坪塘 100 余口,作为山区小微型水利设施灌溉用水。

①集中式饮水。流域共有集中式饮用水源地 13 处,覆盖流域 4 个集镇及周边人口 11.33 万人,水量基本满足居民日常饮水需求。水源地水质按照要求每季度监测 1 次。2019 年检测结果显示,13 处水源地现状水质良好,水质达标率 100%,满足人饮水质要求。

草堂河流域集中式饮用水源地见表 4.2-18。

表 4.2-18　草堂河流域集中式饮用水源地

乡镇	水源地
白帝镇	鸡山村供水工程水源地(梅家水库)、香山溪香山村供水工程水源地(流泉沟水库)、永信溪坪上村供水工程水源地、庙娅溪庙娅村供水工程水源地(庙娅溪)、土房子溪前进村供水工程水源地(流泉沟水库)、牛家湾溪大湾村供水工程水源地、杜家溪杜家湾供水工程水源地(杜家溪)、紫阳溪紫阳村供水工程水源地
汾河镇	草堂煤矿地下水白水池水厂源地、四眼洞汾河水厂饮用水源地、狗癞子沟落阳村饮水安全工程水源地、泉坪山塘泉坪水厂水源地、天池溪饮水安全工程

②分散式饮水。流域农村饮水水源主要为山坪塘、山泉水,水源规模小、类型多,普遍呈现出以分散供水为主、小型集中供水为辅的供水现状。奉节县围绕让农村饮水"取水近、保障全、水量足、水质好"的目标,聚焦饮水安全巩固提升,部分村(社区)成立供水协会,自来水普及率达 90%以上。同时,根据白帝镇八阵村 4 社 42 项饮水水质常规检测结果显示,浊度和大肠杆菌指标超标,主要原因是水质净化消毒设施缺乏,水池未加盖。

4.2.4.3 水环境现状及评价

(1)水质现状

①现状监测断面水质。流域现有水质监测断面 2 个,即草堂大桥断面、黄莲村断面,监测频次为 1 次/月。根据《奉节县地表水环境质量状况报告(2018 年第四季)》,各监测断面水质均达到或优于《地表水环境质量标准》(GB 3838—2002)Ⅲ类标准。

三峡工程运行安全综合监测 2018 年度评价结果显示,草堂河流域水质总体以Ⅳ类为主,影响评价结果的主要是总磷(超标 0.22 倍)。

②水质检测情况。现场水质检测结果显示,9 月,透明度在 20~45 cm,水温在 27.2~31.6 ℃,pH 值在 7.9~8.9,溶解氧在 6.4~8.6 mg/L,高锰酸盐指数 2.0~8.3 mg/L,叶绿素 a 在 5.5~5.6 μg/L,总氮在 1.10~3.36 mg/L,总磷在 0.12~0.23 mg/L,氨氮在 0.04~1.5 mg/L。10 月,透明度在 70~120 cm,水温在 22~23.6 ℃,pH 值在 8.1~8.3,溶解氧在 5.2~7.6 mg/L,高锰酸盐指数 1.5~8.1 mg/L,叶绿素 a 在 4.3~6.8 μg/L,总氮在 1.52~2.36 mg/L,总磷在 0.30~0.77 mg/L,氨氮在 0.2~1.3 mg/L。

草堂河流域 9 月和 10 月总氮、总磷和氨氮含量见图 4.2-14。

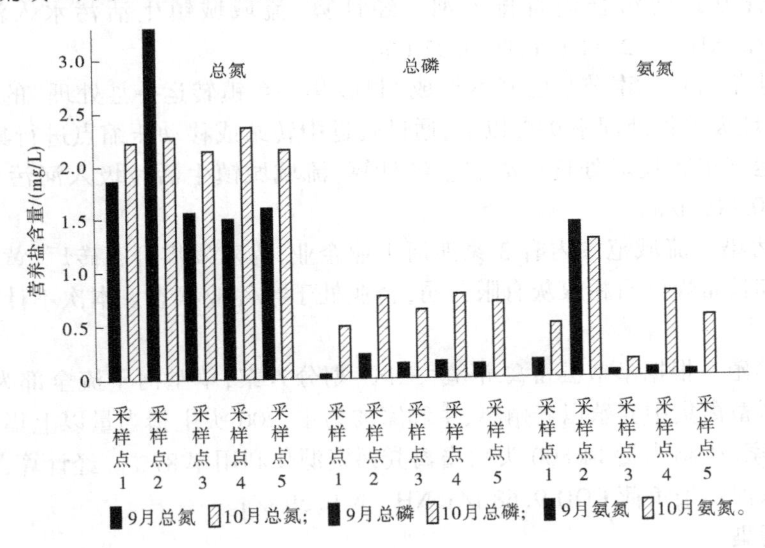

图 4.2-14 草堂河流域 9 月和 10 月总氮、总磷和氨氮含量

草堂河流域 9 月和 10 月水质状况、营养状态分别见表 4.2-19、表 4.2-20。

表 4.2-19 草堂河流域 9 月和 10 月水质状况

功能区目标	时间	溶解氧	总氮	总磷	氨氮	高锰酸盐指数	河流水质指数
Ⅲ	9 月	Ⅱ	Ⅱ	Ⅱ	Ⅱ	Ⅲ	2.652 0
	10 月	Ⅰ	Ⅱ	Ⅲ	Ⅱ	Ⅲ	3.643 1

表 4.2-20　草堂河流域 9 月和 10 月营养状态

9月		10月	
TLI 值	营养状态	TLI 值	营养状态
56.80	轻度富营养	58.91	中度富营养

单因子评价结果显示,流域各因子在Ⅰ~Ⅲ类,满足功能区Ⅲ水质目标要求;流域综合营养状态指数 9 月为 56.80。10 月为 58.91,处于中度富营养状态。

(2)污染源调查

①点源污染

1)城镇生活污水。流域范围内乡镇已实现生活污水处理设施全覆盖,污水集中处理率 85%,污泥无害化处理率达到 60%以上。流域共有污水处理设施 5 座,设计规模 200~5 000 m^3/d,设施运行负荷 30%~88.3%,尾水通过管道排入流域水体,排放标准一级 B 或一级 A,实施了在线监测,排污口设置进行了论证。此外,集镇周边还有 6 个生活直排口,以明渠或暗管方式雨污合流直排入河。经计算,流域城镇生活污水入河污染负荷 COD 16.24 t/a、NH_3-N 2.11 t/a、TP 0.27 t/a。

2)城镇生活垃圾。奉节县已基本形成"村收集—乡镇转运—县处理"的垃圾收集运输体系,乡镇垃圾收集处理率 93%以上,通过就近中转站或移动压缩点进行集中压缩,由县环卫所转运到华新垃圾处理厂处置。经计算,流域城镇生活垃圾入河污染负荷 COD 0.48 t/a、TP 0.002 t/a。

3)工业污染。流域范围内有 3 家涉河工业企业,为双发煤矸石砖厂、黄芒沟石灰开采有限公司和长希煤矸石粉煤灰有限公司,企业处于半停业状态。本次不计算其入河污染负荷。

4)畜禽养殖。根据奉节县畜禽养殖"三区"划分方案,草堂河干流全部为禁养区,限养区和适养区畜禽集中养殖以养殖猪、牛和家禽为主,200 头生猪当量以上集中养殖场草堂河流域 27 家(生猪当量 14 800 头),畜禽粪污资源化利用率 87%。经计算,流域集中畜禽养殖污水入河污染负荷 COD 9.68 t/a、NH_3-N 0.59 t/a。

②面源污染

1)农村生活污水。2019 年末流域农村人口共计 10.5 万人,其中常住人口按 75%测算为 7.88 万人。三峡后续工作规划实施了 4 个村(社区)居民点环境改善项目,解决了少数居民点生活污水处理问题,但大部分直排果园或沟渠。经计算,流域农村生活污水入河污染负荷 COD 163.91 t/a、NH_3-N 13.39 t/a、TP 1.91 t/a。

2)农村生活垃圾。在"村收集—乡镇转运—县处理"的垃圾收运基础上,设立村级"垃圾银行",垃圾收集处理率 90%以上。经计算,流域农村生活垃圾入河污染负荷 COD 4.6 t/a、TP 0.02 t/a。

3)农业种植。流域种植面积 10.93 万亩,柑橘种植面积 80%以上。2019 年奉节县农用化肥平均施用量为 36.15 kg/亩,高出全国平均水平 21.9 kg/亩及国际公认安全标准 8 kg/亩,重点是柑橘种植区,逐步推广实施测土配方施肥技术和化肥减量增效、绿色防控,但推广难度大,化肥 N、P 利用率依旧较低。经计算,流域农业种植入河污染负荷 COD 21.86 t/a、NH_3-N 4.37 t/a、TP 3.28 t/a。

4)城镇地表径流。流域内有集镇 4 座,涉及城镇地表初期雨水的污染。经计算,城镇地表径流污染负荷 COD 122.24 t/a、NH_3-N 2.24 t/a。

5)水土流失径流。草堂河流域为重庆市水土流失重点区域,根据奉节县水土保持规划报告,流域水土流失面积 304.77 km^2,土壤年均侵蚀模数 3 941 t/(km^2·a)。经计算,流域水土流失径流入河污染负荷 COD 84.94 t/a、NH_3-N 1.93 t/a、TP 5.53 t/a。

草堂河流域入河污染负荷见图 4.2-15。

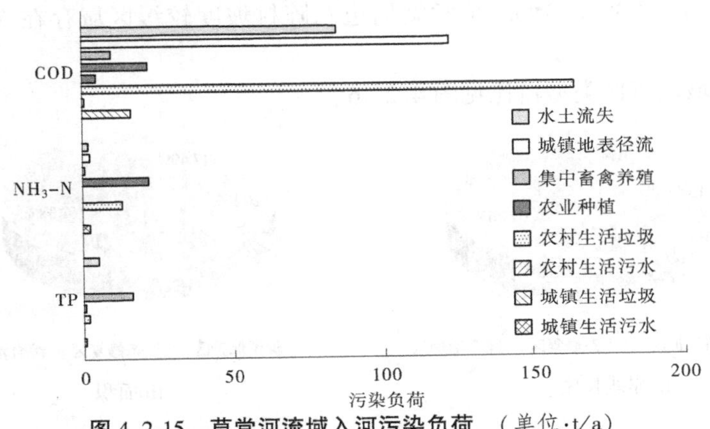

图 4.2-15 草堂河流域入河污染负荷 (单位:t/a)

4.2.4.4 水生态现状及评价

(1)水域岸线保护及利用

2019 年奉节县水利局委托第三方机构完成了草堂河划界,为保护河流、合理利用河道岸线提供了科学的依据。

流域岸线利用主要集中在城镇河段,岸线保护和开发利用总体有序。利用形式主要包括取水口、排水口、桥梁等。奉节县对非法码头、非法采砂进行了专项整治,成效显著,沿线没有违规开采的采砂场。目前,已实施岸线环境综合整治项目为库区城集镇安全提供了有力保障,改善了流域人居环境和基础设施条件,但仍有部分城镇存在地质安全隐患。

(2)消落区保护利用

①消落区基本情况。草堂河流域消落区面积 3.03 km^2、岸线长度 31.89 km。其中,城镇消落区面积 0.53 km^2、岸线长度 5.52 km,占比分别为 17.49%和 17.31%;农村消落区面积 2.5 km^2、岸线长度 26.37 km,占比分别为 82.51%和 82.69%。

以岸段为单元,综合分析消落区出露时间及特点、坡度、土壤类型、分布特征等,陡坡型消落区岸段 2 个,岸线长度 22.12 km、消落区面积 1.94 km^2,占比分别为 69.36%和 64.03%;库尾型消落区岸段 2 个,岸线长度 9.77 km、消落区面积 1.09 km^2,占比分别为 30.64%和 35.97%。

流域消落区主要土壤类型有水稻土、黄壤、黄棕壤、新积土、石灰土、紫色土、棕壤、山地草甸土、黄褐土、粗骨土等,以紫色土和黄壤为主。消落区植被类型分为灌丛、灌草丛、草丛、农作物、人工边坡、裸地共 6 种。其中,草丛面积最大,占消落区总面积一半以上;其次为灌草丛、灌丛;最少为农作物。

②消落区保护与修复。根据《三峡水库消落区调查报告》,草堂河保留保护区岸线长度 21.45 km,占岸线总长的 67.26%;面积 1.89 km^2,占消落区总面积的 62.38%。生态修复区岸线长度 4.92 km,占岸线总长的 15.43%;面积 0.61 km^2,占消落区总面积的 20.13%。综合治理区岸线长度 5.52 km,占岸线总长的 17.31%;面积 0.53 km^2,占消落区总面积的 17.49%。目前,石马河右岸草堂工业园及白帝集镇部分岸段已建护岸。同时,现场调研发现,流域岸线部分区段存在安全隐患。据统计,环草堂湖存在规模相对较大发育不良地质 12 处,涉及岸线长度约 22.0 km;草堂湖周边八阵村坡度较缓区域存在不同程度的耕种现象。

草堂河流域消落区类型占比见图 4.2-16。

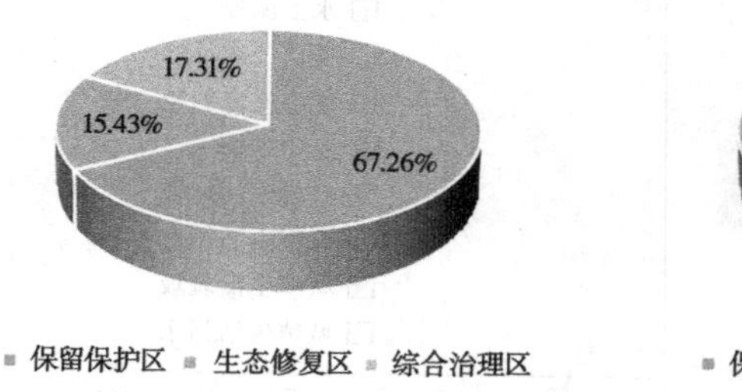

(a)岸线长度　　(b)面积

图 4.2-16　草堂河流域消落区类型占比

(3)水生态系统修复

流域有鱼类 33 种,增殖放流 9 个种类,包括珍稀鱼类胭脂鱼,特有鱼类岩原鲤、厚颌鲂和土著裂腹鱼,经济鱼类中华倒刺鲃、长吻鮠、鲢、鳙和草鱼等。石马河平均水位较浅,局部河段存在淤积,河湖水生生物多样性较差。

(4)生态基流

流域干流无水电站,支流石马河有 2 座径流式水电站,总装机容量 0.1 万 kW。但由于流域上游枯水期水量较小,石马河平均水位较浅,局部河段存在淤积,生态基流不能保证。目前,水电站正在开展整改工作,各电站按照要求设置下泄生态流量后,下游减水河段水量会明显增加,河道生态环境将会有所改善。

(5)水土流失及石漠化防治

根据奉节县水土保持规划报告,草堂河流域水土流失面积 304.77 km^2,占比 65.83%。其中,轻度侵蚀面积 107.95 km^2,占比 35.42%;中度侵蚀面积 122.5 km^2,占比 40.20%;强度及以上侵蚀面积 38.5 km^2,占比 12.63%;极强及以上侵蚀面积 35.82 km^2,占比 11.75%。奉节县为中、重度石漠化地区,石漠化率约 25%,潜在石漠化率约 14%,流失范围为中度石漠化集中区。

草堂河流域水土流失与石漠化分布见图 4.2-17。

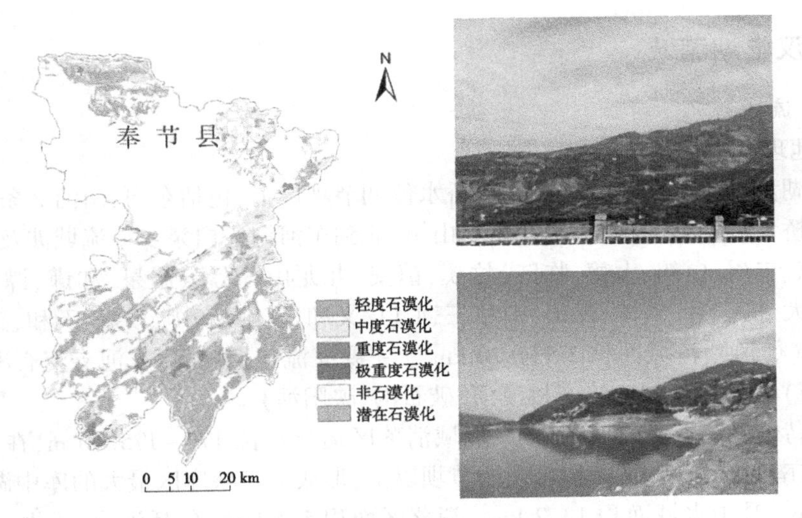

图 4.2-17　草堂河流域水土流失与石漠化分布

4.2.4.5　小结

(1)水资源

2019 年奉节县全县用水总量 1.084 亿 m^3,用水总量介于指标的 0.9~1 倍,水功能区达标率>达标要求的 87%,污染物入河量<限排量的 0.9 倍,水资源承载能力不超载;农田灌溉水有效利用系数 0.537;通过开展防洪工程建设,已基本形成河道综合治理工程及防洪非工程措施相结合的防洪减灾体系;场镇及周边集中式饮水水质达标率 100%,满足人饮水质要求;农村分散供水为主,小型集中供水为辅。存在的主要问题:一是万元工业增加值用水量比 2015 年下降-13.92%,未达到“三条红线”控制要求;二是污水处理厂中水回用、小区再生水利用尚未有条件开展;三是支流甘子沟、竹坪溪等地泥石流爆发较为频繁;四是大部分分散供水水源无隔离加盖,水质净化消毒设施缺乏,无定期水质监测。

(2)水环境

流域现状监测断面及现场水质检测结果显示,水质总体为Ⅱ~Ⅲ类,草堂河处于轻—中度富营养水平,局部水域部分时段富营养化水平较高。流域入河污染总负荷 COD 423.96 t/a、NH_3-N 42.12 t/a、TP 24.12 t/a,COD 贡献最大的是农村生活污水,贡献率为 38.66%;NH_3-N、TP 贡献最大的均是农业种植,贡献率分别为 51.89%、67.97%。对比流域水环境容量,草堂河流域污染总负荷未超载。

(3)水生态

流域干流河道管理线和保护线已划定,已实施岸线环境综合整治项目为流域城集镇安全提供了保障;消落区生态环境、水生生境及水生生物多样性逐步改善;2 座电站通过改造,按照要求设置下泄生态流量,河道生态环境将会有所改善。存在的主要问题:一是流域岸线部分区段存在安全隐患,据统计,环草堂湖存在规模相对较大发育不良地质 12 处,涉及岸线长度约 22.0 km;二是草堂湖周边八阵村坡度较缓区域存在不同程度的耕种现象;三是流域水土流失率 65.83%、石漠化率 25%,4 个乡镇为重庆市水土流失重点治理区,需进一步加强水土流失治理。

4.2.5 汉丰湖流域

4.2.5.1 流域概况

(1)地理区位

汉丰湖流域位于开州区小江乌杨桥水位调节坝以上,包括东河、南河2条河流。流域东起乌杨桥水位调节坝,西南至开州巫山镇,北到东河源头白泉乡。流域涉及云枫、汉丰、文峰、镇东、丰乐、白鹤、大德、临江、竹溪、镇安、九龙山、郭家、温泉、和谦、谭家、关面、白泉、河堰、大进、满月、铁桥、巫山、中和、三汇口、义和、南雅、麻柳、敦好、天和、高桥、紫水等31个乡镇(街道),流域面积2 534.70 km^2。主要支流包括东河(东河支流有满月河、盐井坝河、后河)、南河(南河支流有桃溪河、破石沟、映阳河)。

由于乌杨调节坝的建设,汉丰湖流域消落区运行水位170~175.10 m,在开州中心城区、东河与南河交汇处、乌杨桥水位调节坝以上,形成了三峡库区最大的库中湖汉丰湖,面积18.6 km^2,其中水域面积13.2 km^2,消落区面积5.4 km^2,包括汉丰、云枫、文峰、镇东、丰乐、镇安、白鹤、大德等8个乡镇(街道),人口37.09万人,占流域人口数量的28.75%,是汉丰湖流域生态敏感区域;同时,汉丰湖核心区也是开州区三峡库区移民安置重点区域,移民安置人口占开州区移民总人口的86.18%。

汉丰湖流域及汉丰湖见图4.2-18。

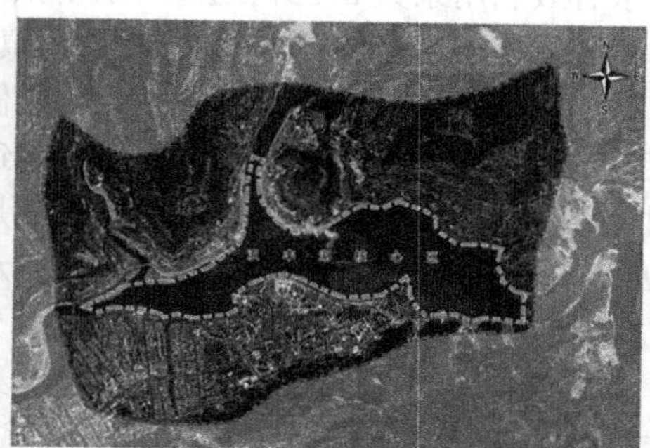

图4.2-18 汉丰湖流域及汉丰湖

(2)自然概况

①地形地貌。流域河谷地貌开阔,大致呈U字形,库岸断续分布Ⅰ级阶地及河漫滩,冲沟较发育。南河总体流向由西南流向东北,右岸为顺向坡,岸边地形坡角10°~25°,临江岸坡山顶高程239~303 m;左岸为逆向坡,地形坡角15°~45°,临江岸坡山顶高程307~507 m。在水库区内水面宽60~150 m,河床高程157.4~166.5 m。东河总体由东北流向西南,在其河口段转为流向东南,为横向谷。两岸地形坡角15°~45°,左岸临江岸坡山顶高程大于300 m,右岸临江岸坡山顶高程250~400 m。

②水文气象。东河自北向南折向东,再自北向南流,全长106 km,流域面积约1 469 km^2,河道平均比降20.3‰,于县城附近的老关咀处与南河汇合。参照邻近区域雨量站的资料,引用东华站产汇流参数,经推算东河100年一遇洪峰流量4 560 m^3/s,50年一遇洪峰流量3 930 m^3/s,20年一遇洪峰流量3 110 m^3/s,10年一遇洪峰流量2 480 m^3/s。

南河自西南向东北流,在县城附近的老关咀处与东河汇合,全长91 km,流域面积约1 710 km^2,河道平均比降3.1‰。南河无水位、流量测验资料,移用邻近流域的余家站产汇流参数,推理计算50年一遇洪峰流量4 630 m^3/s,20年一遇洪峰流量3 600 m^3/s,10年一遇洪峰流量2 810 m^3/s。桃溪河为南河的一级支流,发源于大进镇北关村,大致呈南北走向,在镇安汇入南河,全长65 km,流域面积约592 km^2,河道平均比降11.6‰。

③土壤植被。汉丰湖流域主要有紫色土、暗黄棕壤、渗育水稻土、黄壤、石灰(岩)土等土类。林地以石灰岩土、山地黄棕壤和棕壤为主,占林地总面积的56.41%;农耕地则以紫色土为主,占耕地总面积的72.92%。

2019年开州区森林覆盖率53.8%。根据遥感图像计算,汉丰湖流域内植被指数NDVI介于0.4~0.8,整体呈逐年增加趋势。流域属亚热带阔叶林区,林地总面积1 537.02 km^2,占比52.69%。其中,有林地862.16 km^2,灌木林地547.53 km^2,疏林地83.88 km^2,果、茶园21.99 km^2,其他林地21.46 km^2,占比分别是29.55%、18.77%、2.88%、0.75%、0.74%。

(3)社会经济

①经济社会。开州区辖区面积3 963 km^2。2019年全区总人口168.6万人,其中农村人口104.97万人,占总人口的62.26%;全区生产总值505.96亿元,一、二、三产业增加值分别为72.24亿元、210.57亿元、222.78亿元,三次产业结构比14.3∶41.6∶44.1;城镇常住居民人均可支配收入33 761元,农村常住居民人均可支配收入14 881元。汉丰湖流域涉及31个乡镇(街道),总人口129万人,占开州区总人口的76.54%。流域沿岸城集镇众多、移民众多,人口分布密集。

②产业发展。农业产业为植物油料、蔬菜、柑橘、特色水果、中药材、茶叶等特色产业,茶园基地近3万亩,产量1 000余t,“举子红”“巴渠雪芽”为主要品牌,木香种植面积达2.8万亩,柑橘种植面积36.5万亩,产量达到22万t。工业产业为能源工业、建材工业、食品工业、轻纺服装工业、化工工业五大支柱产业。流域内涉及雪宝山国家森林公园、汉丰湖国家水利风景区两处旅游景点。

(4)相关上位规划

①重庆市生态功能区划(修编)。汉丰湖流域属于三峡库区(腹地)平行岭谷低山-丘

陵生态区、三峡水库水质保护生态亚区、三峡库区(腹地)水质保护-水土保持生态功能区,主要生态服务功能为水土保持、三峡水库水质保护。生态保护与建设重点是加强水污染防治和农村面源污染防治,大力进行生态屏障区建设,消落区生态环境综合整治,地质灾害和干旱洪涝灾害防治;发展生态经济。

②三峡后续工作规划及规划优化完善意见。截至2019年,汉丰湖流域实施三峡后续工作规划7类项目170个,核定总投资264 329万元,下达专项资金230 289万元。其中,污染防治与水质保护项目63个,主要实施了点源污染防治(新建城镇污水设施32处,污水管网287 km)、面源污染防治(污水管网79.14 km)、水源地保护(涉及水源地11个)等;消落区生态环境保护项目20个,主要实施了消落区卫生防疫、植被恢复和湿地多样性保护的生态保护措施和库岸环境综合整治的工程治理措施;生态屏障区建设项目14个,主要实施了坡改梯、植被恢复(植被恢复169万亩,治理水土流失面积6.28 km^2);库区水生态修复与生物多样性保护项目7个,主要实施了增殖放流(放流3 240万尾)、水库清漂等;生态产业发展与扶持项目7个,主要实施了生态农业园建设、移民生态工业园建设与扶持、旅游产业发展与扶持;城镇移民小区综合帮扶项目41个,主要实施了房屋居住安全隐患处理、道路和供水等基础设施配套、污水和垃圾等环保设施完善;农村移民安置区精准帮扶项目18个,主要实施了农村饮水安全、水利工程、农村道路、公共服务、人居环境等。

③地方相关规划。为保护与开发好开州汉丰湖,开州区委区政府确定了“打好生态牌,建设汉丰湖”的战略举措,启动了以汉丰湖为核心的库岸治理、滨湖公园、环湖路网、环湖经济圈、环湖生态屏障5个圈层的规划。根据《开州区城乡总体规划(2015—2035)》,城市建设用地范围包括环湖片区及厚坝、竹溪、白鹤、赵家、临港和长沙组团,环湖片区(丰乐组团)北侧、竹溪组团西侧及北侧、白鹤组团北侧为城市发展备用地范围。

4.2.5.2 水资源现状及评价

(1)水资源配置

开州区尚未将“三条红线”控制指标分解到汉丰湖流域。

①用水总量。截至2019年,开州区用水总量控制目标3.19亿 m^3,实际用水总量2.946亿 m^3,未超出“三条红线”控制要求。

②用水效率。2019年开州区万元工业增加值用水量比2015年下降百分比控制目标为29%。根据水资源公报数据,2019年开州区实际万元工业增加值用水量比2015年下降百分比为37.74%,满足“三条红线”控制要求。流域不存在高耗水企业,工业用水重复利用率低于70%。

通过加强以“五小”工程为重点的小型农田水利设施建设,汉丰湖流域农田灌溉有效水利用系数得到提高,2019年时为0.499,满足“三条红线”控制要求。

开州区积极开展创建节水型单位和水平衡测试,推广节水型生活器具,进行节水宣传等,但中水回用、居住小区再生水利用尚未开展。

③水功能区水质。汉丰湖流域一级水功能区5个,二级水功能区1个;2019年水功能区全年水质达标率100%,满足“三条红线”控制要求。

水资源承载状况评价结果显示,汉丰湖流域水资源承载力不超载。

汉丰湖流域水环境功能区划见表4.2-21。

表 4.2-21 汉丰湖流域水环境功能区划

一级水功能区	二级水功能区	起始断面	终止断面	水功能区等级	水功能区类型	长度/km	水质目标	水质类别	评价结论(全指标)
小江开州区源头水保护区		小江源头	白泉乡白里一级电站取水口	省级	保护区	16	Ⅱ	Ⅱ	达标
小江开州区保留区		白泉乡白里一级电站取水口	白鹤街道大胜村	省级	保留区	83	Ⅱ	Ⅱ	达标
小江开州区开发利用区		白鹤街道石伞坝	水位调节坝	市级	工业用水区	13	Ⅱ	Ⅲ	达标
小江开州区开发利用区	工业、汉丰湖景观娱乐用水区	白鹤街道石伞坝	水位调节坝	市级	工业用水区	13	Ⅱ	Ⅲ	达标
南河开州区源头水保护区		南河源头	巫山镇	市级		45	Ⅱ	Ⅲ	达标
南河开州区开发利用区		竹溪镇	开州入河口			30	Ⅱ	Ⅲ	达标
南河开州区保留区		巫山镇	竹溪镇			15	Ⅱ	Ⅲ	达标

开州区水资源“三条红线”2019 年控制指标及完成情况见表 4.2-22。

表 4.2-22 开州区水资源“三条红线”2019 年控制指标及完成情况

指标	用水总量/亿 m^3	万元工业增加值用水量比 2015 年下降百分比/%	农田灌溉水有效利用系数	水功能区水质达标率/%
控制指标	3.19	29	0.499	89
完成指标	2.946	37.74	0.499	达标

(2)防洪保安

实施城镇岸线环境综合整治，流域防洪安全基本保障。同时，流域范围内的丰乐街道、镇东街道、南河左右岸竹溪镇—镇安镇段、大进镇、铁桥镇、南门镇、东部新区、九龙山镇等约 62 km 需要治理。

(3)饮水安全

汉丰湖流域建成水库 132 座，其中大(2)型水库 1 座、中型水库 3 座、小(1)型水库 14 座、小(2)型水库 103 座，总库容 25 245.08 万 m^3。汉丰湖流域内现有山坪塘 500 余口，作为山区重点小微型水利设施，提供分散居民生活、灌溉用水。

①集中式饮水。流域范围内共有集中式饮用水源地10处，覆盖流域31个城镇及周边129万人日常饮水需求。水源地水质每季度监测1次。根据2019年检测结果，10处水源地现状水质良好，城区、乡镇集中式饮用水源地水质达标率分别为100%、92%，满足人饮水质要求。

②分散式饮水。农村供水以分散供水为主、小型集中供水为辅，水量基本有保障。但净化消毒设施配置不完善（千人以上），少数农户有备用水源（水窖或蓄水池等），导致用水意愿不高，水费收缴困难，供水工程难以正常运行。

4.2.5.3 水环境现状及评价

（1）水质现状

①现状水质监测断面。流域现有水质监测断面2个，即东河津关、南河巫山断面，监测频次为每月1次。开州区检测数据显示，2个断面水质均满足《地表水环境质量标准》（GB 3838—2002）的Ⅲ类。

三峡工程运行安全综合监测2018年度评价结果表明，汉丰湖流域水质总体以Ⅳ类为主，影响评价结果的主要是总磷（超标0.02倍）。

②水质检测情况。现场水质检测结果显示，9月，透明度在68~100 cm，水温在32~33 ℃，pH值在8.1~8.5，溶解氧在6.8~8.5 mg/L，高锰酸盐指数3.4~7.6 mg/L，叶绿素a在5.2~8.2 μg/L，总氮在0.71~0.92 mg/L，总磷在0.05~0.10 mg/L，氨氮在0.2~0.6 mg/L。10月，透明度在70~120 cm，水温在22~26.6 ℃，pH值在8.3~8.9，溶解氧在7.0~8.7 mg/L，高锰酸盐指数4.0~6.7 mg/L，叶绿素a在4.3~6.2 μg/L，总氮在1.15~1.91 mg/L，总磷在0.21~0.75 mg/L，氨氮在0.3~0.7 mg/L。

汉丰湖流域9月和10月总氮、总磷和氨氮含量见图4.2-19。

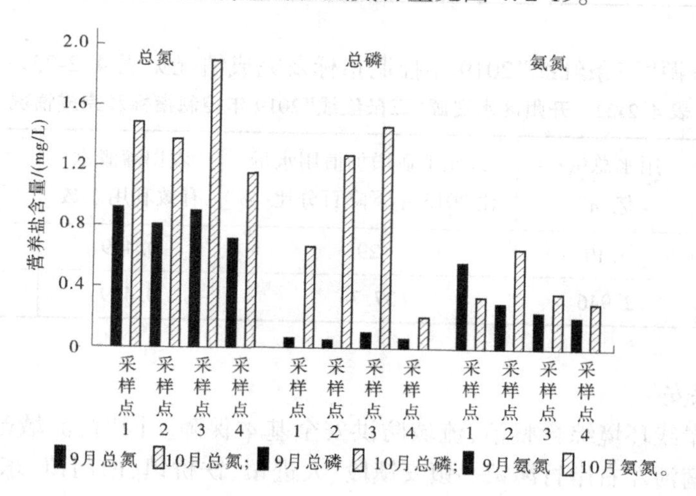

图4.2-19 汉丰湖流域9月和10月总氮、总磷和氨氮含量

汉丰湖流域9月和10月水质状况、营养状态见表4.2-23、表4.2-24。

单因子评价结果显示，流域各因子在Ⅰ~Ⅲ类，满足功能区Ⅲ水质目标要求；流域综合营养状态指数9月为49.67，10月为57.41，处于轻度富营养状态。

表 4.2-23　汉丰湖流域 9 月和 10 月水质状况

功能区目标	时间	溶解氧	总氮	总磷	氨氮	高锰酸盐指数	河流水质指数
Ⅲ	9 月	Ⅰ	Ⅰ	Ⅰ	Ⅱ	Ⅲ	2.189 8
	10 月	Ⅲ	Ⅲ	Ⅲ	Ⅱ	Ⅲ	3.312 1

表 4.2-24　汉丰湖流域 9 月和 10 月营养状态

9 月		10 月	
TLI 值	营养状态	TLI 值	营养状态
49.67	中营养	57.14	轻度富营养

(2)污染源调查

①点源污染

1)城镇生活污水。汉丰湖流域共建有污水处理设施 29 座,实现城镇生活污水处理设施全覆盖,污水处理率 96%,污泥无害化处理率 80%。29 座设施设计规模 450~2 500 m^3/d,设施运行负荷 44%~100%。除县城污水处理厂尾水排放于调节坝下游外,其他污水处理设施尾水通过管道排放排入流域内,排放标准为一级 B 或一级 A,均落实了运维管理单位,实施了在线监测,排污口设置进行了论证。此外,集镇周边还有 40 个居民生活直排口,需要纳入市政管网集中处理,或设置小型污水处理装置处理后排放;部分排污明渠雨污合流,存在破损或堵塞,有漫流及渗漏现象。经计算,流域城镇生活污水入河污染负荷 COD 507.02 t/a、NH_3-N 67.16 t/a、TP 8.43 t/a。

2)城镇生活垃圾。开州区狠抓城乡生活垃圾治理,建成垃圾焚烧发电厂,全面实施“户集中、村收集、乡转运、区处置”垃圾收集处理模式,城区、集镇垃圾收集处理率分别达 100%、98%。经计算,流域城镇生活垃圾入河污染负荷 COD 17.77 t/a、TP 0.07 t/a。

3)工业污染。汉丰湖流域内工业企业大部分已进入白鹤工业园区,废水通过白鹤污水处理厂,其他涉河工业企业有 4 家,分别是郭家镇双兴能源有限公司、和谦镇永盛鞋业、昌佶塑业和重庆鼎食食品公司,其废水进入所在乡镇污水处理厂。本次不重复计算其入河污染负荷。

4)集中畜禽养殖。根据开州区畜禽养殖“三区”划分方案,东河、南河干流全部划定为禁养区,其他区域存在畜禽集中养殖,以猪、牛和家禽为主。据统计,200 头生猪当量以上集中养殖场汉丰湖流域 93 家(生猪当量 31 700 头),畜禽粪污资源化利用率达 80%。经计算,流域集中畜禽养殖污水入河污染负荷 COD 20.73 t/a、NH_3-N 1.26 t/a。

②面源污染

1)农村生活污水。2019 年末流域农村人口共计 76.09 万人,其中常住人口按 75%测算为 57.07 万人。三峡后续工作规划实施了 30 个村(社区)居民点环境改善项目,解决了部分居民点生活污水处理问题,大部分采用一体化生化装置,所在地乡镇人民政府为责任主体,当地村委会具体负责运行维护管理,运维管理人员较少且不专业,运维经费缺乏。经计算，流域农村生活污水入河污染负荷 COD 1 187.24 t/a、NH_3-N 96.96 t/a、TP 13.85 t/a。

2）农村生活垃圾。流域建立“五有”农村生活垃圾收运处理体系，有稳定的村社保洁队伍、专业的镇街垃圾收运队伍、达标的村级垃圾收集容器、完善的垃圾转运设施设备、规范的垃圾处理设施，垃圾收集处理率 94%以上。经计算，流域农村生活垃圾入河污染负荷 COD 33.33 t/a、TP 0.13 t/a。

3）农业种植污染。流域种植面积 136.15 万亩，主要为传统农业种植。2019 年开州区农用化肥平均施用量为 37.76 kg/亩，高出全国平均水平 21.9 kg/亩及国际公认安全标准 8 kg/亩。2019 年，开州区开展测土配方施肥技术，平均肥料利用率提高 3.4%，绿色防控覆盖率为 11%，农药使用量减少 30%以上。经计算，流域农业种植入河污染负荷 COD 272.30 t/a、NH_3-N 54.46 t/a、TP 40.85 t/a。

4）城镇地表径流污染。流域内有县城 1 座、集镇 25 座，涉及城镇地表初期雨水的污染。经计算，城镇地表径流的污染负荷 COD 494.4 t/a、NH_3-N 10.36 t/a。

5）水土流失径流污染。根据开州区水土保持规划报告，汉丰湖流域水土流失面积 1 588.56 km^2，土壤年均侵蚀模数 3 982 t/(km^2·a)。经计算，流域水土流失径流入河污染负荷 COD 447.33 t/a、NH_3-N 10.18 t/a、TP 29.10 t/a。

汉丰湖流域入河污染负荷见图 4.2-20。

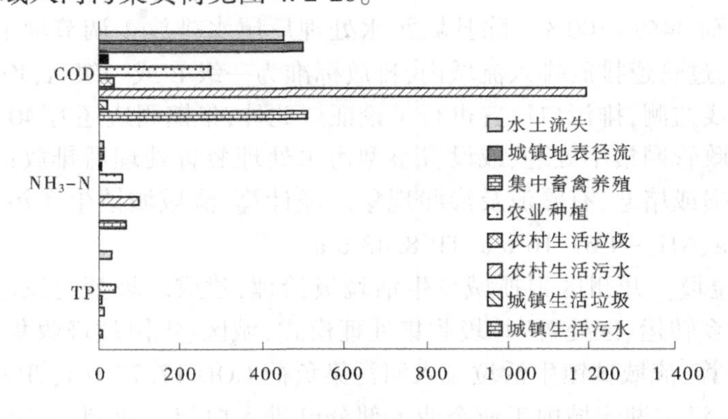

图 4.2-20　汉丰湖流域入河污染负荷　（单位：t/a）

综上所述，汉丰湖流域污染总负荷 COD 2 980.12 t/a、NH_3-N 240.38 t/a、TP 92.43 t/a。COD、NH_3-N 贡献最大的是农村生活污水，贡献率分别为 39.84%、40.33%；TP 贡献最大的均是农业种植，贡献率为 44.19%。根据《开县水功能区纳污能力核定和分阶段限排总量控制方案报告》，汉丰湖流域各水功能区 2020 年纳污能力 COD 1 048.38 t/a、NH_3-N 74.23 t/a，汉丰湖流域入河污染负荷超载。

4.2.5.4　水生态现状及评价

（1）水域岸线保护及利用

2019 年 12 月，开州区人民政府以开州府发〔2019〕33 号将开州区 2012 年至 2018 年以来 50 km^2 及以上的河道管理范围划界成果向社会进行公布，包括汉丰湖流域的东河、南河、桃溪河等。

《三峡水库岸线保护与利用控制专项规划》提出，除小江上游厚坝至渠口（澎溪河省级湿地自然保护区）、下游双江对岸云阳港区陈家溪作业区外，其余岸线由于沿江开发利用要求不迫切，故将其划分为保留区。据调查统计，汉丰湖流域共布置17项岸线环境综合整治工程，位于小江保留区岸线范围内，分别为开州区汉丰湖（新城段、老城段、镇东段、丰乐段）、余家坝等岸线环境综合整治工程，总长36.0 km。

汉丰湖流域岸线利用主要集中在城镇河段，岸线保护和开发利用总体有序，利用形式主要包括港口码头、取水口、排水口、滨江道路、桥梁、过江管道和滨江公园建设等。开州区对非法码头、非法采砂进行了专项整治，成效显著，沿线没有违规开采的采砂场；已实施的岸线环境综合整治为流域沿线城集镇安全提供了保障。

（2）消落区保护利用

①消落区基本情况。以坝前145 m高程回水线为下限，坝前175 m高程土地征用线为上限，流域消落区面积16.97 km^2、岸线长度144.47 km。其中，城镇消落区面积13.53 km^2、岸线长度100.17 km，占比分别为79.73%和69.34%；农村消落区面积3.44 km^2、岸线长度44.3 km，占比分别为20.27%和34.66%。

以岸段为单元，综合分析消落区出露时间及特点、坡度、土壤类型、分布特征等，平坝型消落区岸段22个，岸线长度94.81 km、消落区面积12.25 km^2，占比分别为65.63%和72.19%；库尾型消落区岸段8个，岸线长度49.66 km、消落区面积4.72 km^2，占比分别为34.37%和27.81%。

汉丰湖流域消落区植被类型中灌丛、灌草丛、草丛、农作物、人工边坡、裸地比例分别为3.16%、16.68%、58.79%、2.15%、10.58%、8.64%，以草丛、灌草丛为主，植物群落多数呈大面积的块状分布或者是沿河两岸呈较长的带状分布。

②消落区保护与修复。根据《三峡水库消落区调查报告》，汉丰湖流域保留保护区岸线长度113.02 km，占岸线总长的78.23%；面积11.85 km^2，占消落区总面积的70.04%。综合治理区岸线长度31.45 km，占岸线总长的21.77%；面积5.12 km^2，占消落区总面积的29.96%。

在消落区治理方面，开州区以重庆大学资源与环境学院袁兴中教授科研团队为技术依托，在汉丰湖库内消落区探索建立了景观基塘、多带缓冲、修复优化、协同共生四种消落区治理模式，治理消落区272.73万 km^2，形成了独具开州特色的消落区治理模式。同时，南河左右岸竹溪镇—镇安镇段、东河左右岸，边坡因侵蚀、再造形成塌岸风险；坡度较缓的农村区域存在不同程度的耕种现象。

（3）水生态系统修复

汉丰湖流域水生生物资源丰富，有鱼类7目，其中鲤形目鱼类在种类上居于明显优势，其次是鲶形目。汉丰湖流域是鲤、鲫、鲇、翘嘴鲌、黄颡鱼、中华倒刺鲃等鱼类的产卵场。自2012年起，在流域放流草鱼、鲢鳙鱼、胭脂鱼、岩原鲤大口鲶等经济鱼种1 500万尾。2019—2020年，珍稀特有鱼类488万尾。目前，东河、南河（含桃溪河、映阳河、大海溪、芦溪河）等支流为禁渔区域。2019年完成了三峡水库175 m蓄水期间东河丰乐、南河风箱坪大桥及石龙船大桥、澎溪河木桥等断面的水华预警、巡查和加密监测等。

(4)生态基流

汉丰湖流域电站 24 座,由于大多数电站始建于 20 世纪 80、90 年代,未考虑河流生态下泄工程措施及过鱼设施,在电站厂(电站机房)与坝(拦河取水坝)之间存在不同程度的减水河段。同时,东河喀斯特特殊的地质构造,部分河段还存在脱水河段,在一定程度上影响河流生态健康。目前,水电站正在开展整改工作,各电站按照要求设置下泄生态流量后,下游减水河段水量会明显增加,河道生态环境将会有所改善。

(5)水土流失及石漠化防治

根据开州区水土保持规划报告,流域水土流失面积 1 588.56 km^2,占比 52.56%。其中,轻度侵蚀面积 291.68 km^2,占比 18.36%;中度侵蚀面积 758.83 km^2,占比 47.77%;强度及以上侵蚀面积 254.9 km^2,占比 16.05%;极强及以上侵蚀面积 283.15 km^2,占比 17.82%。汉丰湖流域总体处于轻度、潜在石漠化地区。2019 年,开州区加强水土流失及石漠化防治,新增营造林 36.5 万亩,治理水土流失、石漠化 77 km^2,整治和新建河堤 38 km,保护和修复湿地 1 100 亩。

汉丰湖流域水土流失与石漠化分布见图 4.2-21。

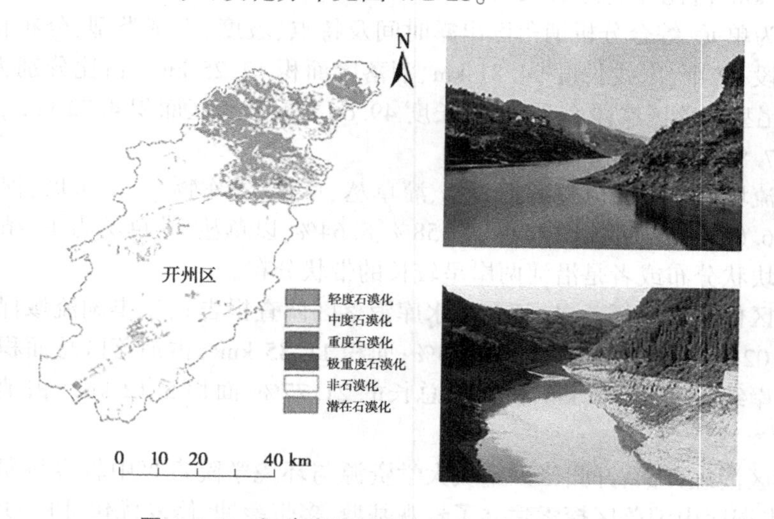

图 4.2-21 汉丰湖流域水土流失与石漠化分布

4.2.5.5 小结

(1)水资源

2019 年开州区全区用水总量 2.946 亿 m^3,用水总量介于指标的 0.9~1 倍,水功能区达标率>达标要求的 89%,污染物入河量>限排量的 1.2 倍,水资源承载能力严重超载;农田灌溉水有效利用系数 0.499。实施城镇岸线环境综合整治,流域防洪安全基本保障。流域范围内场镇及周边供水通过水厂集中供水,农村供水水量能够保证。存在的主要问题:一是生活节水需加强;二是污水处理厂中水回用、居住小区再生水利用尚未有条件开展;三是九龙山镇、满月乡需对现有集中式饮用水源地规范化建设或新建水源地;四是分散式水源净化消毒设施设备配置不完善;五是少数农户有备用水源,水费收缴困难,供水工程难以正常运行。

(2)水环境

流域现状监测断面及现场水质检测结果显示,水质总体为Ⅲ类,支流回水区氮、磷含量较高,总体处于中营养水平,局部水域部分时段富营养化水平较高。流域入河污染总负荷 COD 2 980.12 t/a、NH_3-N 240.38 t/a、TP 92.43 t/a。COD、NH_3-N 贡献最大的是农村生活污水,贡献率分别为 39.84%、40.33%;TP 贡献最大的是农业种植,贡献率为 44.19%。对比流域水体纳污能力,汉丰湖流域污染总负荷超载。

(3)水生态

流域干流河道管理线和保护线已划定,岸线保护和开发利用总体有序。消落区生态环境、水生生境及水生生物多样性逐步改善;24 座电站正在开展整改,按照要求设置下泄生态流量后,下游减水河段水量将明显增加。存在的主要问题:一是南河左右岸竹溪镇—镇安镇段、东河左右岸,边坡因侵蚀、再造形成塌岸风险;二是坡度较缓的农村区域存在少量耕种;三是流域总体处于轻度、潜在石漠化地区,水土流失率 52.56%,其中白泉乡、关面乡、满月乡 3 个乡镇为重庆市水土流失重点预防区;云枫、汉丰、文峰、镇东等 19 个乡镇(街道)为水土流失重点治理区,需加强治理。

4.2.6 典型流域问题成因分析

按照生态系统的整体性、系统性,统筹山水林田湖等自然生态各要素,综合考虑空间布局、山上山下、岸上水里,从"人—自然—社会"复合系统进行流域问题成因分析。

4.2.6.1 流域生态格局初步形成,人地矛盾和生态承载压力较大

童庄河、神农溪、大宁河、草堂河、汉丰湖 5 条典型流域初步形成了"一轴周期交替、两带粗放低效、多点零散分布"的生态格局。其中,"一轴"为流域的水域和消落区;"两带"指沿水域和消落区以上 300~600 m 范围内的经果林带和 600 m 以上的植被覆盖带;"多点"指在沿河"两带"中零散分布的工矿企业、旅游景区及城集镇和农村居民点等。

根据 ArcGIS 解译成果,5 条典型流域总面积 8 100 886 亩,其中,耕园地 2 242 392 亩、林地 5 028 387 亩、草地 498 805 亩、水域 157 498 亩、建设用地 158 997 亩、其他土地面积 14 807 亩,占比分别为 27.68%、62.07%、6.16%、1.94%、1.96%、0.18%(见表 4.2-25)。整体来看,5 条流域土地利用以林地为主,耕园地和建设用地比重较小,占比分别为 27.68%、1.96%,是典型的"山地-森林"生态系统小流域。根据流域人口统计,童庄河、神农溪、大宁河、草堂河、汉丰湖等典型流域的人口密度分别为 206 人/km^2、162 人/km^2、188 人/km^2、299 人/km^2、509 人/km^2;流域人均耕园地面积分别为 1.47 亩、1.03 亩、1.15 亩、0.96 亩、1.24 亩,均小于同期湖北省、重庆市及全国平均水平,人地矛盾较为突出。

根据生态足迹法,5 条典型流域在当前的经济发展和消费模式下,人均生态承载力均小于人均生态足迹,表现为生态赤字(见表 4.2-26)。5 条典型流域内人类活动对资源的消耗已经超过了其资源再生的速度,正面临着不可持续的发展局面;5 条典型流域内的人类活动过于密集,强度较大,对资源环境产生了巨大的压力。5 条典型流域生态承载力评价见图 4.2-22。根据生态足迹模型基本理论判断,生态承载力的不足只有通过消耗其自然生态系统得到补充。因此,5 条典型流域目前经济发展是在生态赤字状态下进行的,将使区域的生态环境进一步恶化。

表 4.2-25　三峡库区典型流域土地利用现状　　单位：面积，亩；占比，%

流域		耕园地	林地	草地	水域	建设用地	其他土地	合计
童庄河	面积	75 081	280 206	1 107	9 341	5 991	88	371 814
	占比	20.19	75.36	0.30	2.51	1.61	0.02	100
神农溪	面积	155 370	1 069 177	150 070	14 644	418	5 021	1 394 700
	占比	11.14	76.66	10.76	1.05	0.03	0.36	100
大宁河	面积	279 180	1 320 240	202 310	70 155	60 300	6 345	1 938 530
	占比	14.40	68.11	10.44	3.62	3.11	0.33	100
草堂河	面积	109 305	431 415	17 168	14 128	22 583	1 053	595 652
	占比	18.35	72.43	2.88	2.37	3.79	0.18	100
汉丰湖	面积	1 595 260	1 955 545	128 150	49 230	69 705	2 300	3 800 190
	占比	41.98	51.46	3.37	1.30	1.83	0.06	100
合计	面积	2 242 392	5 028 387	498 805	157 498	158 997	14 807	8 100 886
	占比	27.68	62.07	6.16	1.94	1.96	0.18	100

表 4.2-26　5 条典型流域生态足迹计算结果　　单位：hm^2/人

流域名称	人均生态足迹	人均生态承载力	人均生态赤字
童庄河	3.71	0.04	-3.67
神农溪	2.61	0.63	-1.98
大宁河	1.97	1.72	-0.25
汉丰湖	2.11	0.62	-1.49
草堂河	1.78	0.39	-1.39

4.2.6.2　流域产业结构逐步优化，第一产业依旧占主导地位

5 条典型流域处于三峡库区核心区域，在长江大保护和三峡淡水资源库保护背景下，流域以农业和旅游业为主，工业不发达。近年来，在乡村振兴大环境下，5 条流域所在区县依靠独特的丘陵和山区资源，进行了农业产业结构调整，摒弃之前的传统农业种植，坚持发展优质农业、品牌农业，做好“品种繁多、规模小、质量高、价格实惠”的现代化农业，促进高价值的柑橘、脆李等特色水果，生态茶业、绿色渔业等特色农业发展。5 条典型流域产业分布情况见表 4.2-27。

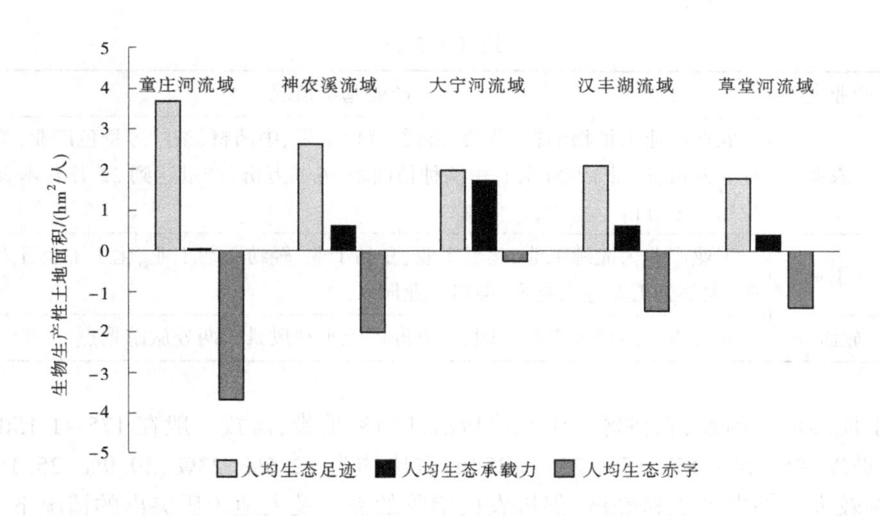

图 4.2-22　5 条典型流域生态承载力评价

表 4.2-27　5 条典型流域产业分布情况

流域	产业类型	产业基本情况
童庄河	农业	流域沿线中、低山区盛产柑橘、茶叶，是市定柑橘生产大镇，共有柑橘村 16 个，柑橘园 22 800 亩，产量 3 000 万 kg；茶园 5 020 亩，产量 12 万 kg
	工业	华新水泥(秭归)厂
	旅游业	流域紧邻西陵峡、九畹溪等旅游景点，旅游业起步阶段
神农溪	农业	流域中、低山区盛产茶叶、柑、橘，高山区盛产中药材。其中沿渡河镇是全县茶产业大镇，茶叶面积 40 000 万余亩
	工业	无工业企业
	旅游业	涉及国家 5A 级景区 1 个，即神农溪纤夫文化景区
大宁河	农业	大宁河沿线建成脆李、柑橘种植示范线，以脆李、晚熟脐橙等为主要种植对象，脆李种植面积 22 万亩、柑橘种植面积 15 万亩，并大力发展双孢菇产业和野生蔬菜、蚕桑、麻竹、烤烟等种植
	工业	无高耗水、高污染行业
	旅游业	涉及国家 5A 级景区 1 个，即巫山小三峡，是小三峡黄金旅游区和巫山北部旅游观光走廊的中心
草堂河	农业	盛产柑橘、猕猴桃、核桃，白帝镇和草堂镇是奉节县脐橙核心主产区，流域现有柑橘园 22 749 亩，其他经济作物主要为辣椒、中药材、高山贡茶等
	工业	涉及草堂生态工业园，该工业园以生物制药业、机械制造业、纺织服装及鞋帽制造为主，规模一般
	旅游业	涉及国家 4A 级景区 1 个，即夔门 · 白帝城 4A 级风景区

续表 4.2-27

流域	产业类型	产业基本情况
汉丰湖	农业	农业产业为植物油料、蔬菜、柑橘、特色水果、中药材、茶叶等特色产业,茶园基地近3万亩,产量1 000余t;柑橘种植面积36.5万亩,产量达到22万t;木香种植面积达2.8万亩
	工业	工业产业为能源工业、建材工业、食品工业、轻纺服装工业、化工工业五大支柱产业,大部分工业进入赵家、渠口工业园区
	旅游业	涉及雪宝山国家森林公园、汉丰湖国家水利风景区两处旅游景点

由于地形地貌因素,农耕区集中在流域沿江河谷地带,海拔一般在175~1 150 m。耕园地中,坡度≤5°、5°~15°、15°~25°、>25°的占比约为12.6%、23%、39.9%、25.1%,坡地所占比例较大。在发展农村经济、促进农民增收的需求及人地矛盾突出的情况下,大面积的坡地耕种造成流域沿线农业面源污染及水土流失。

4.2.6.3 流域高山峡谷地形复杂,水土流失与面源污染相互协同

三峡库区位于西南土石山区水土流失区,是长江流域水土流失严重地区之一,是国家级水土流失重点治理区和重点监督区。三峡水库生态屏障区经过多年的植被恢复和水土保持工作,水土流失治理取得了一定成效,5条典型流域森林覆盖率均超过50%,超出三峡后续工作规划目标标准,但区域水土流失依然严重。

5条典型流域均为山地地貌,坡度以缓坡和陡坡为主,除汉丰湖流域缓坡较多(坡度<15°的面积比例达24.8%)外,其他地区坡度<15°的面积比例均小于10%,以≥15°陡坡为主,面积占比75%以上。5条典型流域坡度分级面积占比统计见表4.2-28。

表 4.2-28 5条典型流域坡度分级面积占比统计

序号	流域名称	不同坡度的面积比例/%					
		<5°	5°~8°	8°~15°	15°~25°	25°~35°	>35°
1	童庄河	3.13	0.30	5.91	26.03	31.54	33.09
2	神农溪	3.52	0.33	5.59	26.71	31.17	32.69
3	大宁河	3.55	0.29	3.67	20.65	29.43	42.41
4	草堂河	3.02	0.33	7.12	35.52	33.08	20.93
5	汉丰湖流域	10.95	1.30	12.58	35.34	25.12	14.72

5条典型流域海拔在175~2 800 m。高海拔区(1 200 m以上)基本分布在流域北部和西部地区,属于河流上游地区,地貌类型以大、中起伏的高中山为主,生态系统为森林、农田和草地生态系统,森林类型以阔叶林、针叶林、灌木林和混交林为主,人口稀少、垦殖率低、植被较好、水土流失较轻。低海拔区(175~1 200 m)分布在流域南部和东部地区,是河流汇入长江的下游和河口地区,地貌类型以相对平缓的丘陵台地为主,尤其是海拔800 m以下人口稠密,土地利用结构复杂,人类生活耕作干扰活动频繁,水土流失严重,缺

少湿地和缓冲带,坡耕地水土流失导致土壤中大量的氮、磷、钾,以及残存农药中的有机磷、有机氮等直接进入库区水体,造成农业面源污染,影响水库水质。据调查统计,5 条典型流域所在区县 2019 年化肥施用量分别为秭归县 39.25 kg/亩、巴东县 43.29 kg/亩、巫山县 31.74 kg/亩、奉节县 36.15 kg/亩、开州区 37.76 kg/亩,高出全国平均水平 21.9 kg/亩,远高出国际公认安全标准 8 kg/亩;5 条典型流域水土流失率为 43.30%,其中,草堂河流域水土流失情况最为严重,流失率高达 65.83%,其次为汉丰湖流域 52.56%,大宁河流域 47.97%,童庄河流域 47.33%,神农溪流域水土保持情况较好,流失率 3.36%。水土流失类型主要为水力侵蚀,表现为面蚀和沟蚀;局部为重力侵蚀,表现为崩塌和滑坡,主要发生在坡耕地和荒山荒坡、疏残林地上。

4.2.6.4 流域农村居住多点零散分布,污水收集处理及安全饮水难度大

城集镇及农村居民点大部分沿河两岸傍路而建,呈散点带状分布。城集镇的集聚规模相对大一些,目前城镇污水处理设施已经实现全覆盖,2019 年污水收集率 80%~95%,设施运行负荷 20%~60%。农村人口依山散居,分布多为散点或小型组团,50 人以上居民点占比仅为 40%,分散式居住布局造成生活污水难以集中收集处理。此外,山地地貌的房屋之间高差较大,生活污水通过管网收集难度大、管网铺设成本高,农村改厨、改厕、改圈尚未全覆盖,卫生厕所普及率高于 65%,但污水收集接户难,不足 10%的农村生活污水收集后通过处理设施集中处理后还田利用,大部分就地排放。通过污染源解析,农村生活污水的污染物贡献率 COD、NH_3-N 分别为 39.63%、41.77%。

城集镇供水基本有保障。农村居民点由于居住条件的限制,基本形成小型集中供水工程为主、分散供水工程为补充的农村供水保障体系,基本实现饮水入户,饮水方便程度得到改善,但由于水源就地选择,水源类型多、规模小,保护性差,主要使用集雨水窖、水池蓄水,或取用河水、溪水、坑塘水、山泉水等,缺乏调节能力,存在季节性和时令性缺水问题,特别是大宁河流域和草堂河流域,水量保证率基本小于 90%,未达到稳定水源标准。此外,分散式饮用水源为开放式,临近自然村落、农田及牧区,缺乏保护措施,点多面广缺乏管护,60%以上水源地存在面源污染,且缺少净水设施及水质监测,供水可靠度低,饮水安全未达到省市及国家要求。

4.2.6.5 消落区生态屏障功能减弱,岸上污染物水中富集

三峡水库消落区是介于水域生态系统和陆域生态系统之间的一个重要湿地生态系统,作为水库水质安全的最后一道屏障,对来自库岸的污染特别是农业面源污染起到一定的拦截和过滤作用,地表径流挟带的氮、磷等相当一部分被植被消化吸收,避免进入库区水体。但三峡水库蓄水后,在三峡水库水位周期性反自然枯洪规律变化的条件下,消落区长期裸露,植被稀少,生态系统极其脆弱;在降水和库区水位变动的共同作用下,水土流失进一步加剧,地面植被和土壤结构被破坏,土壤理化性状变差,使营养元素流失,土壤保水保肥保墒和抗灾能力减弱,特别是库岸坡度大的地方更加严重,消落区作为连接岸上水里最后一道屏障的生态功能削减。根据《三峡水库消落区调查报告》,长江干流消落区植被覆盖率以 40%~60%为主,面积 27.96 km^2,占干流消落区总面积的 23.78%;其次为 20%~40%区域,面积 21.87 km^2,比例 18.60%;非植被覆盖面积 29.93 km^2,比例 25.45%。

各支流消落区植被覆盖率以 40%~80%为主,总体来看,高程较高区域的植被覆盖率

高于沿江两侧高程低的区域,农村区域的植被覆盖率高于城镇密集区。

此外,三峡水库蓄水造成回水顶托,水体流速变缓,自净能力下降,营养物质富集,存在水质下降和爆发水华的风险,特别是草堂河流域草堂湖、汉丰湖核心区等流域湖盆区域。消落区水陆系统共同作用。三峡水库消落区作为典型的内陆淡水河流湿地,包含季节性淹水、草甸、沼泽、开阔水体等类型,体现的积极生态功能和作用主要有以下几个方面:拦蓄陆岸水土流失带来的大量泥沙和非点源污染物质,减少水库淤积与污染。

4.3 典型流域水资源保护对策

4.3.1 水资源保护存在的主要问题

4.3.1.1 水资源管理有待加强

截至2019年,5条典型流域用水总量、农田灌溉水有效利用系数、水功能区水质达标率均满足“三条红线”控制要求,但在万元工业增加值用水量比2015年下降百分比方面,秭归县、奉节县未达到“三条红线”控制要求,水资源管理有待加强。

4.3.1.2 防洪保安仍需加强

5条典型流域属中亚热带暖湿季风气候区,河流为典型的山区性河流,流域洪水由暴雨形成。流域上游两岸多岩石陡壁,河道坡降较陡,河床多为砂卵石;流域中下游河谷地貌多以较宽缓河谷为主,河床逐年抬升,比降较缓。流域上游两岸小支流众多,比降大,流程短,洪水汇流时间短,遇暴雨拦截和阻滞洪水能力弱。按照《城市防洪设计规范规定》(GB/T 50805—2012)的标准,城镇建成区通过前缘库岸防治、滑坡治理、防洪堤修建、河道综合治理等工程项目的实施,河洪山洪问题已基本得到解决,流域县城防洪标准20年一遇、集镇5年一遇。同时,还存在城镇周边冲沟未完全治理,部分农村排洪沟由于山间垮塌、淤泥沉积而造成堵塞,雨季容易造成雨水漫出,冲积村间农田、房屋,造成生命财产安全损失等问题。童庄河、草堂河部分河段农村居住区域的堤岸安全防护需要加强;草堂河支流甘子沟、竹坪溪等地泥石流爆发较为频繁。

4.3.1.3 饮水安全需要进一步巩固提升

一是集中式饮水问题。神农溪流域需要徐家咀水库及管网工程,解决7.65万人的饮水问题;草堂河流域需要在草堂镇林政村新建小(2)型水库一座,解决供水区总人口16 286人及500亩灌溉面积及草堂生态工业园部分工业用水需求。汉丰湖流域九龙山镇中心水库饮用水水源地需修建隔离防护栏、生态拦截沟渠、沉砂池、界标、道路警示牌和宣传牌等,需新建1座上游小(1)型水库及供水管网,并新建梨坪水库;满月乡需新建马扎营水库。二是农村分散式饮水安全和供水需进一步保障。流域内农村分散居户用水直接从无任何设施或者仅有简易设施的沟渠、山塘、泉井等水源取水,部分高山地区特别是大宁河、草堂河流域存在干旱季节、节假日水量不足现象;部分供水管网覆盖不够、破损、未接通入户;农村水源地规范化建设及水质监测尚未实现全覆盖,且监测频次不够,示范工程水源水质检测结果显示,大肠杆菌和浊度超标;部分供水工程由于设计规模小并未配备消毒设施,水费收缴机制不健全或水费回收率低、运行维护经费不足。

4.3.2 典型流域水资源保护对策

4.3.2.1 治理措施

(1)农村饮水安全

重点解决农村饮水供水短缺、供水水质较差、水源地建设数量不足等问题,对已有水源地进行规范化建设和新建水源地,提出不同的安全饮水解决方案,保证水源水质达标、水量充足,保障农村饮水安全。

对流域内已建饮用水源地,采取界碑、交通警示牌、标识牌、宣传牌、隔离防护网等措施对水源地保护区进行规范化建设,并加强监测;对水源水质状况不理想的,有条件的布设净水厂进行水质处理,用地条件有限的增加蓄水、混凝、沉淀、消毒等净水处理设施或一体化净水设备,完善供水管网,实施水质整治工程。

对周边用水需求较大且有建设条件的农村,新建饮用水源地,因地制宜采用集中和分散2种方式。集中饮水采取新建管网延伸供水和联片集中供水,分散饮水采取新建单户或联户供水工程。

(2)防洪保安

针对流域干支流上游枯水期断流、汛期洪水陡涨陡落、部分弯曲河段易水毁等问题,从工程、非工程措施两个方面进行防洪保安建设。

以规划的白帝镇、草堂镇20年一遇,岩湾乡、汾河镇10年一遇防洪标准为目标,重点在三峡水库回水以上的流域集镇、农村集中居民点和优质农田集中片区河段及易受洪灾冲毁的堤防和重点险工、险段,按照生态治理理念,实施生态型堤防、消能、拦沙、清淤疏浚等工程治理措施。同时,加强完善防洪指挥及防洪预案系统、防灾减灾保障等非工程措施的建设。

(3)农业灌溉节水

针对流域内农业供水保障能力低下、生产节水灌溉比例低、灌溉输水损失严重、灌溉水利用程度不高等问题,实施农业灌溉节水措施。

以提高灌溉水利用效率为核心,因地制宜发展高效节水灌溉,重点在流域内汾河镇、岩湾乡及白帝镇重点种植区域实施高效节水灌溉工程示范,配套小型蓄水工程、新建渠道及渠系改造工程等工程措施,进行农业灌溉节水示范应用。

4.3.2.2 重点项目

根据《重庆市奉节县长江北岸片区水资源配置规划》,2025年,草堂河流域多年平均总需水量2 941万 m^3,配置水量2 469万 m^3,其中,城乡生活配置水量525万 m^3,二、三产业配置水量989万 m^3,农业灌溉配置水量955万 m^3;2030年,草堂河流域多年平均总需水量3 038万 m^3,配置水量2 555万 m^3,其中,城乡生活配置水量547万 m^3,二、三产业配置水量1 016万 m^3,农业灌溉配置水量992万 m^3。结合草堂河流域水资源问题现状,拟布置农村饮水巩固提升、提防整治、高效节水灌溉示范等3个方面重点项目。

(1)农村饮水安全

①草堂河流域农村饮水巩固提升工程。在草堂镇柑子社区、七里社区和欧营、石马、林政等5个村新建1处水源、5座净水厂,在白帝镇黄连村新建1座净水厂,采用混凝、过

滤、消毒工艺,实施农村饮水巩固提升工程。

②白帝镇坪上村提水工程。在白帝镇坪上村新建饮水提升泵站1座、蓄水池1座。

③草堂镇天坪村土地垭大山坪塘整治工程。整治天坪村土地垭大山坪塘,修建蓄水池、快滤池、慢滤池、消毒池、清水池等构筑物,完善供水管网1 700 m,解决天坪村饮水问题。

④奉节县林政水库建设工程。在草堂镇林政村新建小(2)型水库一座,库容30.6万m^3,项目由枢纽工程、调水工程和输水工程三部分组成。其中,店子坪水厂规模为2 000 m^3/d,输水管15 km,解决供水区总人口16 286人及500亩灌溉面积,以及奉节县三峡库区移民生态工业园部分工业的用水需求。

(2)防洪保安

针对草堂河上游易受洪灾冲毁的堤防和重点险工、险段新建堤防加固工程,对影响行洪、排洪的河道进行疏浚,总计1.81 km,包括汾河镇段坪村0.32 km、汾河镇花栎村0.44 km、汾河镇天池村0.45 km、汾河镇东溪村0.60 km。

(3)农业灌溉节水

①汾河镇高效节水灌溉示范项目。拟在汾河镇曹家村、大坪村建设2处高效节水灌溉示范项目,主要作物为脐橙、猕猴桃、油橄榄等,主要建设内容为整治堰塘5座、新建调节水池3口、管道灌溉3 700亩。

②岩湾乡高效节水灌溉示范项目。拟在岩湾乡板仓村建设1处高效节水灌溉示范项目,主要作物为中药材,主要建设内容为整治堰塘4座、新建调节水池5口、管道灌溉1 600亩。

③白帝镇高效节水灌溉示范项目。拟在白帝镇黄连村、八阵村、前进村建设3处高效节水灌溉示范项目,主要作物为晚熟脐橙、猕猴桃、脆柿、花椒等,主要建设内容为整治堰塘16座、新建调节水池7口、管道灌溉4 000亩。

4.4 典型流域水环境治理对策

4.4.1 水环境存在的主要问题

4.4.1.1 *库湾和回水区存在潜在岸边污染带和富营养化风险*

蓄水期5条典型支流水质总体以Ⅳ类为主,影响评价结果的主要是总磷,同时高锰酸盐指数和溶解氧也存在部分支流劣于Ⅲ类的情况。据现场调查,库湾、回水区和居民集中的部分岸段存在漂浮物,受回水顶托,支流库湾回水区流速变缓,不利于污染物的迁移扩散,易形成明显污染团,存在水质下降和爆发水华的潜在风险,局部水域部分时段富营养化水平较高。现场水质监测结果显示,5条典型流域9月单因子评价结果好于10月的,9月水质从高到低依次为:大昌湖>平阳坝>汉丰湖>童庄河>草堂河,10月水质从高到低依次为:大昌湖>平阳坝>汉丰湖>草堂河>童庄河。童庄河进行桥梁建设,人为活动干扰了水质,9月、10月高锰酸盐指数均较高。5条典型流域营养状态为轻度-中度富营养,9月TLI值低于10月,营养状态优于10月,主要是由于各流域消落区植物或者农作物被淹没,水体含有很多植物的腐败物或者田间杂质。典型流域蓄水期水质评价结果见

表 4.4-1。

表 4.4-1 典型流域蓄水期水质评价结果

流域名称	评价结果	超Ⅲ类水质项目及超标倍数
童庄河	Ⅳ	总磷(0.84)、高锰酸盐指数(0.195)
神农溪	Ⅳ	总磷(0.16)
大宁河	Ⅳ	总磷(0.56)
草堂河	Ⅳ	总磷(0.22)
汉丰湖	Ⅳ	总磷(0.02)

4.4.1.2 城镇生活污水处理设施运行负荷和排放标准偏低

流域范围内城镇排水体制新区雨污分流，其他区域为雨污合流或部分雨污分流。5 条典型流域 10 座设施 2019 年平均运行负荷不符合《室外排水设计规范》(GB 50014—2006,2016 年版)中近期工程投入运行一年内水量宜达到近期设计规模的 60%的规定，主要分布在草堂河和大宁河流域。40 座设施需按照《水污染防治行动计划》(国发〔2015〕17 号文件)要求实施提标升级改造。除市场化专业运行单位负责的污水处理设施外，其余污水处理设施没有专人负责运维，不满足《小城镇污水处理工程建设标准》(建标 148—2010)等规定。

4.4.1.3 农村生活污水和面源污染威胁依然严重

根据农村生活排水问卷调查，90.3%的住户为水冲厕所(其中 68.3%为自行改造，22%为通过厕所革命改造)，旱厕占比仅 7.3%；31.7%的生活污水经处理排放(进入污水处理厂或小型处理设施)，68.3%的生活污水未经处理排放(直排入沟渠或水体或经简易化粪池)。根据污染源解析结果，5 条典型流域污染总负荷 COD 4 658.02 t/a、NH_3-N 360.93 t/a、TP 142.53 t/a。农村生活污水是 COD、NH_3-N 的最大贡献者，贡献率分别为 39.63%、41.77%；农业种植是 TP 的最大贡献者，贡献率为 47.03%。根据各流域水环境容量(纳入能力)COD、NH_3-N 入河限排量，童庄河流域、神农溪流域、大宁河流域、草堂河流域未超载；汉丰湖流域超载。三峡库区典型流域污染源构成分析见表 4.4-2。

4.4.2 水环境治理对策

4.4.2.1 治理措施

通过草堂河流域水环境问题分析诊断，水环境治理主要包括城镇污水处理提质增效、农村分散式生活污水处理和农业面源污染防治等 3 个方面。

(1)城镇污水处理提质增效

针对奉节县白帝镇生活污水处理出水标准不够，白帝镇、汾河镇、岩湾乡污水管网不完善、运行负荷低等问题，按照“厂网一体”存量污水处理提质增效模式，加快完善乡镇污水管网，提高污水收集率，并对白帝镇污水处理厂进行提标改造，将出水标准提升为一级 A 标准。对草堂镇工业园区进驻企业少、运行负荷率低的问题，增加进驻企业数量，同时不断完善污水管网建设。

表 4.4-2　三峡库区典型流域污染源构成分析

污染源类型	污染负荷					
	COD/(t/a)	占比/%	NH_3-N/(t/a)	占比/%	TP/(t/a)	占比/%
城镇生活污水	633.77	13.61	82.91	22.97	10.39	7.29
城镇生活垃圾	21.47	0.46	—	—	0.09	0.06
农村生活污水	1 845.99	39.63	150.76	41.77	21.54	15.11
生活垃圾	51.82	1.11	—	—	0.21	0.15
农业种植	359.42	7.72	89.37	24.76	67.03	47.03
集中畜禽养殖	37.80	0.81	2.30	0.64	—	—
城镇地表径流	1 042.35	22.38	20.44	5.66	—	—
水土流失	665.40	14.29	15.15	4.20	43.28	30.37
合计	4 658.02	100	360.93	100	142.53	100

污水管网完善以二、三级管网为重点，提标改造应结合污水处理厂原有工艺、出水水质、场地条件等因素，以污水处理厂尾水深度处理脱氮除磷为抓手，按照一厂一策原则，提出适宜的提标改造方案。

(2)农村分散式生活污水处理

草堂河流域农村人口 10.5 万人，50 人以上的集中居民点大多沿 S103 渝巴公路和山坡台地以组团形式分布，目前流域内农村生活污水基本为直排。针对草堂河流域农村生活污水分散、收集困难、水量小、变化系数大等难点问题，结合厕所革命，因地制宜地采用分散处理或纳入城镇系统等措施。对于有条件接入城镇污水系统的农村，污水收集后就近纳入城镇污水系统。无条件纳入城镇污水系统的农村地区，根据人口集聚程度采用单户处理或多户集中处理的方式，结合三峡库区农村生活污水特点，选择处理效果好、运行成本低、施工方便、运维管理简单、耐久性好的农村生活污水处理技术。农村污水处理出水应满足《重庆市农村生活污水集中处理设施水污染物排放标准》(DB 50/848—2018)等相关标准的要求。

结合草堂河流域的农村特点，综合对比 CASS 工艺、曝气生物滤池工艺、改良型生物接触氧化工艺等适用于农村污水治理的技术，从投资费用、运行费用、工艺效果、运行管理等方面分析各种技术优缺点(见表 4.4-3)。选择处理效果好、建设运行成本低的改良型生物接触氧化工艺作为草堂河流域农村污水处理核心技术。

对比钢筋混凝土构筑物、集成式一体化设备两种技术形式特点，因钢筋混凝土构筑物建设周期长、吨水投资大、运行维护成本高，而基于改良型生物接触氧化关键技术的一体化设备，应用于分散式污水处理，具有污水收纳便捷、处理效果稳定、尾水回用方便、运行操作简单、管理维护方便等优点，既可以应用于多户污水集中收集处理，也可应用于单户污水处理，特别适合于草堂河流域农村的特点，故选取一体化设备作为改良型生物接触氧化关键技术在草堂河流域农村污水处理中的应用形式。

表 4.4-3 工艺方案对比

项目		CASS 工艺	曝气生物滤池工艺	改良型生物接触氧化工艺
投资费用	土建工程	较小	小	很小
	设备及仪表	设备种类及数量较多,维护工作较大	设备种类及数量较多,维护工作较大	设备种类少,数量相对少,养护少
	征地费	占地稍小	占地稍小	较小
	总投资	较大	大	较小
运行费用	曝气量	较小	较小	比传统低 20%~30%
	出水消毒	较小	较小	较小
	一级处理	可以不需要	需要	可以不需要
	总运行成本	较高	较低	较低
工艺效果	出水水质	稳定可靠	稳定可靠	稳定可靠
	污泥膨胀	较少	无	无
	冲击负荷	抗冲击负荷能力强	抗冲击负荷能力强	抗冲击负荷能力强
	产泥量	较少	较少	很少
运行管理	自动化程度	高	高	高
	日常维护	运行管理较简单	运行管理较复杂	运行管理简单
	工作人员	较少,对管理人员素质要求较高	较少,对管理人员素质要求较高	较少,对管理人员素质要求不高

分散单户生活污水处理,采用一体化污水处理罐,处理罐的核心技术为改良型生物接触氧化工艺,处理出水水质满足《城镇污水处理厂污染物排放标准》(GB 18918—2002)中的一级 B 标准(TP 除外)。相邻多户集中生活污水处理,采用地埋式一体化污水处理设备,设备核心处理单元为改良型生物接触氧化池,后续有反应沉淀池、清水池。处理出水水质满足《城镇污水处理厂污染物排放标准》(GB 18918—2002)一级 B 标准(TP 除外)。

一体化污水处理工艺流程见图 4.4-1。

采用以改良型生物接触氧化为核心的一体化生活污水治理方案,可有效净化污水、削减入河污染物,解决农村生活污水横流问题,改善农村人居环境。设备处理后的出水水质优于农田灌溉水质标准,可回用于灌溉、绿化、冲洗路面厕所或洗车等,提高水资源循环利用率。

(3)农业面源污染防治

按照源头减量、过程阻隔、末端治理的基本思路,从源头上鼓励使用有机肥、高效低毒

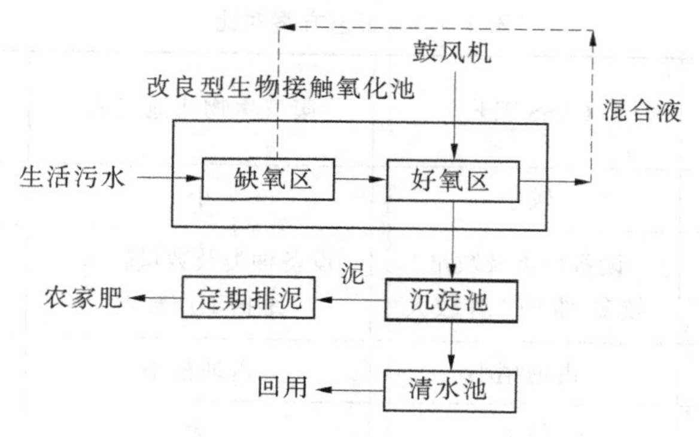

图 4.4-1　一体化污水处理工艺流程

低残留化学农药及生物农药,实现农药化肥零增长,加强水土保持。在保障农民增收的前提下,推行纳米碳添加肥减量化技术,化肥深施、种肥同播、水肥一体等绿色高效施肥技术,以及生态调控、生物防治、理化诱控等绿色病虫害防控技术;采取近自然湿地、生态塘、生态沟渠等技术,对面源污染进行过程阻隔和末端治理。面源污染防治可结合水土流失治理一并实施,通过水土保持、过程污染削减,达到面源污染防治的目的。

纳米碳添加肥减量化技术,即采用减量化施肥方式,适度降低肥料的施用量,通过在肥料中添加纳米碳材料以提升农作物对肥料中 N、P 等营养物质的吸收能力,从源头上减少肥料的施用。

4.4.2.2　重点项目

(1)奉节县白帝镇生活污水处理提质增效工程

白帝镇污水处理厂于 2017 年建成,2018 年投入运行,近期设计规模为 800 t/d,远期 2030 年设计规模为 2 000 t/d,主体工艺采用 2 套 400 m^3/d 一体化组合式 EIC-MBR 反应器,出水执行一级 B 标准。

由于白帝镇污水处理厂出水直接排入半封闭水域的草堂湖,应执行一级 A 标准,因此将白帝镇污水处理厂出水排放标准由一级 B 升级至一级 A;同时,由于二、三级污水管网错接、缺失,白帝镇污水厂 2018 年运行负荷率仅为 30%,需对集镇二级、三级及管网进行完善,提高污水处理厂运行负荷率,建设管网总长约 2 900 m,估算总投资 600 万元。该项目实施后可有效提高白帝镇污水处理厂的运行负荷率和出水水质,改善草堂河的水质。

(2)奉节县草堂河流域农村生活污水处理工程

根据《重庆市农村人居环境整治三年行动实施方案(2018—2020 年)》、《奉节县长江经济带生态修复与环境保护工程实施方案》等文件的要求,需梯次推进草堂河流域农村生活污水处理工作,有效削减草堂河流域农村面源污染,改善人居环境和草堂河的水质。本次拟先重点开展流域集中居民点的农村生活污水处理工作。

根据奉节县草堂河流域人口分布特点,本次按照"厂-网-河(湖)"一体化运维模式,重点解决草堂河流域 300 人以上农村集中居民点的生活污水直排问题,主要建设内容为新建污水管网和污水处理厂,同时进行旱厕改造,需开展生活污水治理的农村集中居民点如表 4.4-4 所示。

表 4.4-4　草堂河流域农村集中居民点污水处理明细

乡镇	污水处理厂站	建设地点	设计规模/(t/d)	已实施管网长度/km	未实施管网长度/km
草堂镇	桂兴安置点污水处理站	桂兴村 4 组(椿树坪)	50		3
岩湾乡	薛家屋场安置点污水处理站	庙坡村 1 组(薛家屋场)	100		1.58
白帝镇	黄连社区污水处理站	黄连社区 4 组	100	1.692	
草堂镇	天坪安置点污水处理站	天坪村 7 组(大卯头坪)	100		6
草堂镇	欧营安置点污水处理站	欧营村 7 组(欧营林场)	100		1.28
白帝镇	庙垭安置点污水处理站	庙垭村 13 组(白水池)	100		1.01
白帝镇	泡桐树梁子居民点污水处理站	八阵村泡桐树梁子	50		1.51

表 4.4-4 中所述的 7 个集中居民点的农村生活污水处理总量为 600 t/d,拟建管网总长度为 14.38 km。

(3)草堂河流域畜禽集中养殖污染治理工程

根据草堂河流域集中养殖场已有污染治理设施现状,完善流域范围内 27 个集中养殖场进行粪污治理的设施,秉承粪污全量收集、固体粪便堆肥利用、污水肥料化利用的原则,采用异位发酵床模式、立页增氧模式两种模式,完善水肥一体化管网等,实现种养结合、农牧循环的可持续发展新格局。

4.5　典型流域水生态修复对策

4.5.1　水生态修复存在的问题

4.5.1.1　部分河道岸线存在安全隐患,管理有待进一步加强

5 条典型流域河道岸线界限划定工作均已完成,沿线没有违规开采的采砂场。典型流域消落区岸线利用与保护缺乏统筹管理和区域协同,缺乏以流域为单位的统一的岸线保护和开发利用规划,岸线资源开发利用缺乏有效的市场、经济调控等管理手段,制约了岸线资源的有效保护、科学利用和依法管理。岸线部分区段存在安全隐患、一是巫山县大宁河流域双龙集镇、早阳、江东、南陵片区、龙溪集镇、福田镇天宫村等约 23.55 km 岸线需综合整治;二是汉丰湖流域丰乐街道、镇东街道、南河左右岸竹溪镇—镇安镇段、大进镇、铁桥镇、南门镇、东部新区、九龙山镇等约 62 km 岸线需综合整治;三是童庄河流域左岸桐树湾大桥至入长江口段存在岩体沿结构面坍塌滑移或土体滑移风险,烟灯堡村、郭家坝

村、邓家坡村、擂鼓台村 18.12 km 岸线的自然边坡存在再造风险;四是草堂河流域环草堂湖存在规模相对较大发育不良地质 12 处,涉及岸线长度约 22.0 km。

4.5.1.2 消落区生态系统脆弱,保护利用任重道远

5 条典型流域消落区面积 34.80 km^2、岸线长度 543.08 km。岸线利用以城镇建设利用为主,利用形式主要包括港口码头、取水口、排水口、滨江道路、桥梁、过江管道和滨江公园建设等。同时,还存下以下问题:一是在三峡水库水位周期性逆反自然规律变化条件下,消落区长期裸露,植被稀少,生态系统极其脆弱。二是流域内污染物进入水体,加上三峡水库蓄水造成的回水顶托,水体流速变缓,自净能力下降,营养物质富集,存在水质下降和爆发水华的重大风险,特别是童庄河流域支流交汇区、神农溪流域平阳坝湿地、大宁河流域大昌湖、草堂河流域草堂湖、汉丰湖核心区等流域重点区域。三是人类活动干扰强烈。由于三峡水库成库后,土地资源更加紧缺,消落区周边人口密集,缓坡和中缓坡消落区土壤肥沃,地势平坦,季节性出露耕种,受人类活动干扰强烈,特别是神农溪流域平阳坝湿地周边、草堂河流域白帝镇八阵村、汉丰湖流域南河沿岸。

4.5.1.3 尚未对消落区开展全面系统的监测研究,不能对消落区保护与治理决策建议提供有效支撑

针对消落区特点和存在的问题,开展了生物多样性保护、水土保持、景观效益评价等相关专题研究和试点示范工作,研究成果得到不同程度的应用和转化,但相关课题的研究和示范成果未能系统有效地整合。同时,由于消落区是一个复杂的生态系统,且长期处于不稳定状态,尚未实现全面、系统的监测,对消落区的现状、存在的问题、保护与治理的措施、实施效果等不能及时有效地掌握和评价,无法对消落区保护与治理决策建议提供有效支撑。

4.5.1.4 水生态系统不稳定,水华防控预警初步建立

尽管在三峡库区开展了大量的增殖放流工作,取得了一些成效,如鱼类生物完整性指数上升,鱼类资源量增加,但从有关监测结果来看,水生态系统结构并不完善、稳定,如银鱼成为优势种,发生水华等就是其表征之一。2019 年,5 条典型流域以营养状态为主,大宁河、神农溪、汉丰湖等部分断面呈富营养,童庄河流域监测有水华现象发生,水华防控预警还需进一步加强。

4.5.1.5 部分河段生态流量不足

流域受梯级水电站开发影响,闸坝下泄水量较少,下游局部河段生态流量不足;引水式电站通过人工渠道引水,不经河道,电站间自然河道内生态流量无法保证。除汉丰湖和大宁河外,其他流域支流上游丰水期生态基流能够基本维持河流生态系统运转,枯水期支流部分河段出现断流,河流连通性较差。截至 2019 年,流域所在区县水利部门开展了小水电整改工作,各电站按照要求设置下泄生态流量后,下游减水河段水量会明显增加,预计河道生态环境将会有所改善。5 条典型流域均应落实常态生态基流排放制度,安排常态巡视制度。

4.5.1.6 水土流失及石漠化治理效果初显,但任务依然严重

5 条典型流域水土流失面积 2 456.14 km^2,占比 43.30%。其中,草堂河流域水土流失情况最为严重,流失率为 65.83%;其次,汉丰湖流域流失率为 52.56%,大宁河流域流失率为 47.97%,童庄河流域流失率为 47.33%;神农溪流域水土保持情况较好,流失率为

3.36%。土壤侵蚀以中度和强烈侵蚀为主，水土流失类型主要为水力侵蚀，表现为面蚀和沟蚀；局部为重力侵蚀，表现为崩塌和滑坡，主要发生在坡耕地和荒山荒坡、疏残林地上。5条典型流域的森林覆盖率均超过50%，超出三峡后续工作规划目标；同时，巩固林业和水土保持成果，加强森林资源管护，完善小流域的山洪治理和田间排水系统，仍是要长期坚持的工作。

4.5.2 水生态修复对策

结合草堂河流域突出问题诊断和重点区域分析，水生态修复聚焦在草堂湖消落区生态修复和流域大面积柑橘种植造成的水土流失治理上。

4.5.2.1 治理措施

(1)消落区生态修复措施

三峡水库蓄水后，草堂河流域白帝城至草堂镇七里村回水末端形成了6.78 km^{2}的草堂湖，消落区面积2.4 km^2，岸线长度32.22 km，已实施工程治理岸段约3.19 km(白帝镇久红宾馆至草堂加油站段约1.20 km、草堂镇已治理段1.40 km、诗城旅游服务停车场段0.59 km)、长江三峡风景名胜区总体规划确定需严格保护的一级保护区岸段5.18 km(草堂湖码头至沙坝子2.34 km、诗城旅游服务镇至来兴田2.84 km)。结合白帝城旅游景区打造，考虑消落区拦截径流、阻隔污染等生态功能需求，以保留保护、自然恢复为主，因地制宜地采取生态湿地建设、库岸生态工程治理等措施，解决因三峡水库反季节调度导致的草堂湖消落区生境脆弱、景观似荒漠化、库岸失稳等问题。主要措施包括：

①消落区保留保护。严格控制消落区平缓区域季节性农业耕种；对白帝城景区范围内较为陡峭的岩质库岸5.18 km，难以采取生物措施进行快速恢复，且生境脆弱，应采取严格保护措施，减少人为干扰，促进自然恢复。

②平缓消落区生态修复。对小于25°的土质缓坡段消落区，涉及岸线长度约6.6 km，开展湿地生态修复，种植耐淹草本和灌木，并与游赏、景观及环境功能相结合，建设多功能的湿地生态景观带，构建从水体前沿到陆地的湿地生态序列带，形成水体与生态屏障区之间的生态缓冲带。主要的修复模式包括水塘湿地修复模式、梯级湿地塘修复模式、近自然模式、植被混凝土修复模式等。

③重点库岸生态工程治理。对因三峡水库蓄水形成的不稳定岸段2.25 km，采取生态工程措施，消除安全隐患，保护人民群众生命财产和重要基础设施安全。

④环湖绿道建设。在165 m、170 m等水位高程建设环草堂湖亲水步道，采用的栏杆、雕塑等建设性要素应呼应白帝城景区主题。

(2)水土流失与石漠化治理措施

根据流域自然地形条件、水土流失特征与石漠化分布特点，结合面源污染防治，考虑当地柑橘种植产业发展，以水土流失重点治理区和水源地为主要对象，探索引导农户、企业参与水土流失治理，资产入股贫困农户和集体资产入股贫困村等政府奖励和投融资等治理模式，通过实施林草措施、坡面整治和生态清洁措施，建立草堂河流域山顶生态保护、山腰生态治理、山脚生态修复的水土流失与石漠化防治体系，开展水土流失与石漠化防治。

①石漠化治理措施

结合水利和林业等部门石漠化综合治理项目，以小流域为基本单元，建立以生物多样性为基础的混农林复合型综合治理模式，对草堂河流域岩湾乡五星村和汾河镇东溪村石漠化集中分布区域开展石漠化治理。主要包括退耕还林、生态移民等措施。

退耕还林。通过人工造林、人工种草、改良草地方式，对25°以上坡耕地实施退耕还林，营造水土保持林、经果林、种草、等高植物带，禁止开垦种植农作物。

生态移民。对基岩裸露率≥70%的重度和基岩裸露率≥90%的极重度石漠化区域，采取生态移民措施，对该区域实施自然恢复。

②水土流失治理措施

根据草堂河流域土壤及地形条件，依托乡村振兴发展和脱贫攻坚政策倾斜，对白帝镇浣花村、大湾村、紫阳村、鸡山村、八阵村、黄连村、龙井村，草堂镇欧营村、石马村、桂兴村、中梁村、橘子村、七里村、竹坪村、龙关村、东坡村、天坪村、毛坪村，汾河镇白水村、段坪村、东溪村实施坡面整治措施和生态清洁措施，进行系统治理。

坡面整治措施。对坡度在25°以下的坡耕地、四荒地（荒山、荒坡、荒沟、荒滩）、经果林地、石漠化土地、疏幼林地进行坡面整治。对坡度7°~20°、土层厚度超过25 cm的坡耕地中上部，可修建水平条田、反坡梯田或隔坡梯田；坡度小于7°的坡耕地下部，可修建水平梯田、等高垄作、地埂植物篱，并完善坡面水系及田间道路；坡度20°~25°的坡面，可作为经果林、水保林等用地，可配置水平沟、鱼鳞坑等。

坡改梯过程中选择坡度相对较陡，居民点集中，交通便利，实施后效果较好的地方修建石坎，对坡度较缓的石坎实施区以外的区域土坎坡改梯（坡面径流调控）；土坎和石坎实施后的田面坡度原则上小于15°，同时田面宽度不低于3.0 m及实测坡耕地1:500地形图、水系道路1:500纵断面图进行坡耕地布设；田间道路，在坡改梯区域根据现有道路情况修建作业道路，充分利用已有道路，连接从坡脚到坡顶、从村庄到田间的道路，在地面坡度超过15%的地方，道路采用"S"形，盘绕而上，减小路面最大比降；坡面水系工程，结合农村饮水安全和农业灌溉节水等方面内容，在梯田范围内设置沉沙凼、截排水沟、蓄水池、灌溉水渠等，形成库堰池渠联网，同时在道路一侧修建排水沟，排水沟高程应低于背沟高程，以便于背沟中的水全部进入排水沟中，保障梯田田坎的安全，提升水资源的循环利用效率和农田基础设施水平，改善土壤保水保肥能力。

生态清洁措施。对奉节县长江北岸生态休闲农业经济区涉及的草堂河流域白帝镇、草堂镇、岩湾乡，主要采用垃圾收集、污水处理、农药化肥减量化施用等措施。垃圾收集：按照减量化、资源化和再利用的原则推行垃圾分类收集。污水处理：结合农村分散式生活污水处理方面内容，采用单户处理或多户集中处理的方式，选择处理效果好、运行成本低、施工方便、运维管理简单、耐久性好的农村生活污水处理技术。农药化肥减量化施用：结合农业面源污染防治方面内容，推广纳米碳添加肥减量化施用技术，减少农药化肥施用量。

4.5.2.2 重点项目

（1）环草堂湖消落区综合整治项目

主要建设内容包括岸线综合整治工程、消落区生态修复工程。估算总投资10.026亿元，申请三峡后续资金4.965 6亿元。

①岸线综合整治工程

整治岸坡总长 21. 23 km,同时沿库岸建设环湖自行车道 17. 5 km。

岸线整治。其中,草堂河干流全斜坡式护岸 10. 903 km,直斜复合式护岸 3. 705 km,自然岸坡 1. 304 km;石马河全斜坡式护岸 3. 015 km,直斜复合式护岸 0. 588 km,自然岸坡 1. 712 km(见表 4. 5-1)。

表 4. 5-1　草堂河、石马河消落区岸线整治工程明细

所在河段	桩号	长度/m	型式
草堂河左岸（上段）	SZK0+000. 000-SZK0+952. 000	952	自然岸坡
	SZK0+952. 000-SZK2+755. 000	1 803	全斜坡式(回填)
	SZK2+755. 000-SZK2+959. 000	204	直斜复合式护岸
草堂河右岸（上段）	SYK0+000. 000-SYK0+531. 000	531	直斜复合式护岸
	SYK0+531. 000-SYK1+265. 000	734	全斜坡式(回填)
	SYK1+265. 000-SYK1+436. 000	171	直斜复合式护岸
	SYK1+436. 000-SYK1+964. 000	528	全斜坡式(回填)
	SYK1+964. 000-SYK3+010. 000	1 046	直斜复合式护岸
草堂河左岸（下段）	CZK0+000. 000-CZK1+062. 978	1 063. 00	直斜复合式护岸
	CZK1+062. 978-CZK1+351. 510	288. 53	自然岸坡(石马河)
	CZK1+351. 510-CZK3+407. 408	2 055. 90	全斜坡式(削坡)
	CZK3+407. 408-CZK4+500. 000	1 092. 59	全斜坡式(回填)
	CZK4+500. 000-CZK5+252. 131	752. 13	全斜坡式(削坡)
草堂河右岸（下段）	CYK0+000. 000-CYK0+690. 000	690	直斜复合式护岸
	CYK0+690. 000-CYK1+614. 000	924	全斜坡式(削坡)
	CYK1+614. 000-CYK1+869. 000	255	全斜坡式(回填)
	CYK1+869. 000-CYK2+786. 000	917	全斜坡式(削坡)
	CYK2+786. 000-CYK3+386. 000	600	全斜坡式(回填)
	CYK3+386. 000-CYK4+343. 000	957	全斜坡式(削坡)
	CYK4+343. 000-CYK4+406. 000	63	自然岸坡
	CYK4+406. 000-CYK4+690. 000	284	全斜坡式(削坡)
石马河左岸	SZ0+000. 000-SZ0+868. 000	868	全斜坡式(削坡)
	SZ0+868. 000-SZ2+580. 000	1 712	自然岸坡
石马河右岸	SY0+000. 000-SY0+588. 000	588	直斜复合式护岸
	SY0+588. 000-SY0+792. 000	204	全斜坡式(回填)
	SY0+792. 000-SY2+735. 000	1 943	全斜坡式(削坡)

环湖自行车道。结合现状地形、公路及洪水位线等情况，沿草堂河两岸布设环湖自行车道，全长约 17.5 km，沿草堂湖库岸打造、串联沿线景点，估算总投资 3.50 亿元。草堂河右岸路线为：白帝城→往上游依次经过头溪沟（诗歌小镇）→三溪沟（诗城溪居会议中心）→白帝镇（诗橙艺术小镇）→草堂河大桥→谢家包附近。跨越草堂河沿草堂河左岸往下游依次经过八卦村（绿色新乡居）→伍家嘴大桥→瞿塘村（在水一方大美民宿）→白帝城。自行车道设计宽度为 3~5 m，车道型式分路堤式、栈道式、半幅隧道式等多种型式，以彩色混凝土铺设，局部可与具有保山当地特色毛石挡墙和三角梅特色植栽组成特色环线风貌，同时沿线布设驿站等服务设施。

②消落区生态修复工程

生态修复总岸线长度为 5.135 km，涉及消落区面积为 92.54 hm^2，共计 3 段：瞿塘村段 1.319 km，涉及消落区面积 14.98 hm^2；白帝镇段 1.637 km，涉及消落区面积 12.43 hm^2；八阵村段 2.179 km，涉及消落区面积 65.13 hm^2。主要采用滨水空间结合湿地修复模式和梯田生态塘模式，通过在不同水深种植耐水淹且具有观赏价值的木本植物、高大灌丛和多年生禾草植物，构建不同高差的景观带。

根据不同物种耐淹性差异，沿海拔从低到高依次选择草本、灌木和乔木构建复合群落：

消落区下部（165 m 以下）：构建低矮的多年生禾草群落，如以耐水淹时间长的狗牙根、扁穗牛鞭草、铁线草等植物为主进行配置，形成低矮的多年生禾草群落。

消落区中部（165~170 m）：构建高草丛和灌丛群落，以卡开芦、甜根子草等高大草丛为主，配以秋华柳、枸杞、疏花水柏枝等小灌木，构造高草丛或灌丛植被群落。

消落区上部（170~175 m 以上）：以小株木、中华蚊母树等灌木为主，配以狗牙根、扁穗牛鞭草等草本，同时根据生态景观需要配置耐水淹能力较强的中山杉、水桦树，构建乔灌草群落。

（2）水土流失与石漠化治理

①白帝镇、草堂镇、汾河镇柑橘种植区水土保持和面源污染治理工程。结合奉节县“4+3+X”特色效益农业发展模式，在水土流失重点治理区涉及的白帝镇浣花村、大湾村、紫阳村、鸡山村、八阵村、黄连村、龙井村，草堂镇欧营村、石马村、桂兴村、中梁村、橘子村、七里村、竹坪村、龙关村、东坡村、天坪村、毛坪村，汾河镇白水村、段坪村、东溪村等 21 个村，开展水土保持和面源污染治理工程，面积共计 10 km^2，其中，白帝镇 2 km^2，汾河镇 2 km^2，草堂镇 6 km^2。主要措施包括建设梯田 10 km^2，完善田间道路 10 km，采用高效施肥技术，施用纳米碳添加肥 2 000 t。

②草堂河上游石漠化综合治理工程。在岩湾乡五星村和东溪村所涉及的石漠化集中分布区域开展石漠化治理，包括建设等高植物篱 500 亩，种植水保林 2 000 亩，以遏制石漠化面积扩大趋势。

4.6 绿色产业发展及监测评估信息平台构建

三峡库区环境复杂、生态脆弱，面临较重的环境承载压力，结合当地的社会和资源环境，因地制宜地发展绿色产业是当前乡村振兴的一个重要途径，也是实现三峡库区人与自然协调发展的重要方式。同时，信息化时代的综合治理，通过对数据的实时监控、分析，及时对措施进行调整，已达到效果最优。

4.6.1 绿色产业发展

4.6.1.1 发展措施

绿色产业发展主要从生态农业发展和生态旅游业发展两部分进行打造。

生态农业主要根据三峡库区的自然环境、气候特点，结合库区种植业布置状况和市场需求调查分析，发展当地优势农业，完善基础设施和示范基地建设，发展本地特色水果种植，结合乡村旅游发展，实施休闲农业和乡村旅游精品工程，促进农业增效、农民增收和农村繁荣。

生态旅游业主要根据现有的草堂湖区域自然风光、历史文化等旅游资源条件，深度挖掘历史文化和特色景观旅游名镇名村资源，进一步完善和提升白帝城景区生态旅游基础设施和服务能力，构建乡村休闲旅游核心景区，扩大旅游资源的品牌和影响力，实现生态旅游的可持续发展。

4.6.1.2 重点项目

(1)奉节县柑橘博览园建设项目。规划区位于白帝中学附近，总占地面积140亩，建设集文化、旅游于一体的柑橘博物馆、柑橘种植体验园、柑橘种植科研园。按照“馆园一体、农旅结合、产镇融合”的理念，建设柑橘文化旅游区、柑橘种植示范区、柑橘种植科研区等三大功能区，其中柑橘文化旅游区将建设“一馆”(柑橘博物馆)、“两园”(柑橘种植体验园和柑橘种植科研园)。估算总投资10 000万元。

(2)休闲观光脐橙示范园建设。在草堂河流域白帝镇紫阳、大湾、黄连、八阵和草堂镇柑子、坪上、七里、欧营等村组海拔600 m以下范围约1 000亩脐橙种植区，建设标准化休闲观光脐橙园区，实施品种改良、土壤改良，配套水肥一体化、水路配套和轨道运输系统等。估算总投资2 000万元。

(3)奉节县白帝特色小镇建设项目。规划在白帝镇区域打造诗城特色小镇，通过建筑外立面艺术改造、雨水污水管网改造、城市广场建设、人行道路铺设、景观绿化，配套完善城镇区域内污水垃圾收集处理系统、路灯、综合管网等市政设施和旅游标牌标志等景观设施。整合小镇使用功能，扩容区域游客承载量，为整个区域提供旅游服务。估算总投资10 000万元。

(4)环草堂湖精品特色民宿建设。结合草堂湖旅游风景区打造和美丽乡村建设、农村精准帮扶，在草堂湖周边选取5个点打造精品特色民宿。依托清静高山的优美自然生态环境,打造度假休闲型民宿;依托对原乡有机农业的理念,为游客提供亲子体验农村生活的机会,形成特色服务,打造农村体验型民宿,分布在白帝镇八阵村、瞿塘村。估算总投资9 000万元。

4.6.2 监测评估信息平台构建

结合河长制目标任务,有效创新环境治理服务模式,探索环境服务托管、第三方监测治理等模式,构建草堂河流域系统治理监测评估信息平台。建立草堂河流域系统治理数据库,对草堂河流域系统治理项目实施情况和实施效果进行监测和评价,为项目实施管理、绩效评价、提升监测预警和监督管理能力提供数据及技术支撑。

4.6.2.1 草堂河流域系统治理监测评估信息平台构建

根据草堂河流域生态环境监测能力、覆盖总体情况,围绕河长制建设提出的主要任务和总体目标为中心,依托GIS、GPS、基站定位、云计算、物联网、大数据、移动通信网等技术,以现有三峡库区支流各生态环境监测站点为基础,通过更新水文、水环境、水域岸线、水利工程建设、生物多样性等监测设备,提升监测能力;通过数据采集汇聚及数据规范整理入库,统一管理遥感图像数据、水生态环境采样数据、动植物资源数据、水利工程建设数据、水域岸线数据等,建立系统治理数据库,加强综合信息共享;通过软件平台开发,为监管部门提供以数据服务、三维实景地图服务及用户管理服务为支撑的数据分析、影像分析、空间分析、预警、项目实施效果分析及平台管理方面的应用。最终实现全天候、多方位、持续地对草堂河流域生态系统变化情况进行智慧化监测、预警和效果评价。

4.6.2.2 草堂河系统治理监测评估

以草堂河流域系统治理监测评估信息平台各项数据管理、分析功能应用为基础,开展草堂河流域系统治理监测评估,包括对支流生态环境本底情况、岸线开发利用情况、生态屏障区内企业空间分布和系统治理项目实施情况进行多方位、持续监测;通过对实时监测影像和数据分析,对草堂河流域内突发环境风险事件和违法违规行为进行风险评估,并及时上报、快速定位和自动告警;结合国家相关行业标准、设计规范和规划目标,对比分析草堂河流域系统治理项目实施全过程中水文、水环境、水域岸线、水利工程建设、生物多样性数据,对治理成效进行自动评估。

4.7 流域系统治理项目库及投资

4.7.1 投资匡算

按照水利概算编制规定,根据各类工程调查测算单项措施投资指标,按综合指标法进行草堂河流域系统治理投资匡算,匡算总投资164 350万元,其中拟申请三峡后续专项资金94 106万元。草堂河流域系统治理项目见表4.7-1。

表 4.7-1 草堂河流域系统治理项目

序号	治理措施	项目类别	项目名称
1	水资源保护	饮水安全	草堂河流域农村饮水巩固提升工程
2	水资源保护	饮水安全	白帝镇坪上村提水工程
3	水资源保护	饮水安全	草堂镇天坪村土地垭山坪塘整治工程
4	水资源保护	饮水安全	奉节县林政水库建设工程
5	水资源保护	防洪	草堂河汾河镇堤防整治工程
6	水资源保护	节水灌溉	汾河镇高效节水灌溉示范项目
7	水资源保护	节水灌溉	岩湾乡高效节水灌溉示范项目
8	水资源保护	节水灌溉	白帝镇高效节水灌溉示范项目
9	水环境治理	点源污染防治	奉节县白帝镇生活污水处理提质增效
10	水环境治理	点源污染防治	奉节县草堂河流域农村生活污水处理
11	水环境治理	畜禽养殖污染治理	草堂河流域畜禽集中养殖污染治理
12	水生态修复	岸线环境综合整治	草堂湖消落区综合整治项目
13	水生态修复	水土流失治理	白帝镇、草堂镇、汾河镇柑橘种植区水土保持和面源污染治理工程
14	水生态修复	水土流失治理	草堂河上游石漠化综合治理工程
15	绿色产业发展	生态农业和生态农业园建设与扶持	奉节县柑橘博览园项目
16	绿色产业发展	生态农业和生态农业园建设与扶持	休闲观光脐橙示范园建设
17	绿色产业发展	旅游业发展与扶持	奉节县白帝特色小镇建设项目
18	绿色产业发展	旅游业发展与扶持	环草堂湖精品特色民宿建设
19	管理体制机制	信息化建设	系统治理监测评估信息平台构建

4.7.2 进度计划安排

根据草堂河流域实际情况，按照《三峡后续工作规划》的总体进度要求，结合奉节县发展规划，考虑项目实施需具备的条件，遵循“整体推进、强度均衡、统筹兼顾、突出重点”的分期实施原则，对涉及典型流域民生和安全的饮水安全、防洪保安项目及流域问题集中的草堂湖区域的污水处理、水土流失治理、消落区生态修复、绿色产业发展项目，优先实施。

4.7.3 保障措施

4.7.3.1 政策法规保障

为保障典型流域系统治理顺利实施，需要建立系统的法律法规保障体系。开展典型流域系统治理应遵循国家相关法律法规、水污染防治条例、三峡水库及消落区相关管理办法等，进一步研究制订促进流域水环境保护、河岸生态保护、生物多样性保护和促进节地节水、资源有偿使用及产权转让、环境监测、污染防治等的法规和措施，加快建立有关流域系统治理的评价标准和监测体系。

4.7.3.2 组织管理保障

典型流域系统治理工作涉及专业复杂、主体繁多，为提高综合治理工作效率和管理效率，需要明确县水利局、街道办事处、规划部门、国土部门等多部门机构关于流域系统治理的管理职责，建立跨乡镇、跨行业部门之间有效的协调联动工作机制，各司其职、互联互动，确保系统治理工作顺利实施与高效推进。同时强调乡镇政府的实施主体作用，保障流域系统治理工作的顺利组织和实施。

4.7.3.3 资金人员保障

草堂河流域系统治理是一项涉及面广、持续时间长的系统工作，投资额大，必须支持多渠道、多层次、多方位的筹资途径。

结合每个典型流域系统治理重点项目建设，根据工程在地方各级的重要性，力争将重点建设项目分别纳入重庆市和奉节县重点工程中，争取部分专项资金。

建立和完善投融资机制，鼓励不同经济成分和各类投资主体以独资、合资、承包、股份制、股份合作制等不同形式积极参与流域系统治理，充分调动全社会各界和群众投入的积极性，通过多渠道筹措资金，确保流域系统治理中各项建设任务的资金得以落实和实施。

4.7.3.4 运行维护保障

(1)实行项目负责制，明确项目后期运行、维护及管理权责。典型流域系统治理项目实行全生命周期项目负责制，明确项目后期运行中的业主或主要管理及责任单位，项目业主或责任单位负责项目的运行、维护及管理。

(2)严格控制污染排放，减少主要入库污染物负荷。严格控制奉节县草堂河流域范围内工矿企业工业废水、废渣，以及城集镇、农村居民点生活污水、垃圾等污染物的排放，控制农业种植区农药、化肥、农膜施用量，实行测土施肥，完善点源污染及面源污染物的处理，减少主要入库污染物负荷。

(3)开展实时监测及监理，动态了解变化情况及治理效果。对典型流域系统治理项目开展实时监测及监理，动态掌握流域内水质变化、水环境、水土流失、点源和面源污染物负荷、森林覆盖等方面情况，实行全过程监理，动态了解重要支流生态环境变化情况及治理效果。

(4)开展阶段后评价，及时解决存在的问题。对已完成的典型流域系统治理项目，适时开展阶段性后评价，客观评价项目建设实施情况及实施效果，了解项目运行存在(或可能存在)的问题，总结经验，指导后续类似项目的开展、实施及运行。

第5章　三峡库区典型流域系统治理关键技术

根据典型流域现状调查结果,典型流域城镇污水垃圾、集中畜禽养殖废水、工业废水等方面问题已基本得到解决,薄弱环节主要体现在农村生活污水、柑橘种植区水土流失与面源污染、消落区生态修复、农村安全饮水等方面。同时,《三峡后续工作规划实施情况评估报告》提出,探索水土保持与农业产业升级相结合;加强库区生态修复和消落区治理技术研究,积极探索可行的措施;紧密结合新形势下库区移民生产生活的迫切需要,多渠道提高移民获得感等。因此,本书针对典型流域存在薄弱环节的农村生活污水、柑橘种植区水土流失与面源污染、消落区生态修复、农村安全饮水开展技术集成。

5.1　农村生活污水处理

针对典型流域库区农村生活污水水质水量特点及处理难点,在国内外农村生活污水处理技术比选的基础上,参考国内已经出台的农村污水处理的排放标准及技术指南,综合考虑工程建设和后期运维管理等因素,提出适合库区农村生活污水处理的成套技术体系及应用模式。

5.1.1　三峡库区农村污水调查及处理难点

5.1.1.1　农村生活污水的基本特征

(1)农村污水来源及水质特点

农村居民生活过程中排放的污水,主要来自厕所冲洗水、厨房洗涤水、洗衣机排水、淋浴排水及其他排水等。其中,厨余垃圾和洗浴、洗衣等污水称为灰水,粪便等污染性较大的污水称为黑水。不同类型生活污水的成分特征和污水水量存在较大差异。根据国内学者相关调查统计,这几部分来水的组成比例如下:厕所污水26%、厨房污水16%、洗衣污水46%、其他污水12%。

生活污水中污染物来源及其排放量见表5.1-1。

表5.1-1　生活污水中污染物来源及其排放量

来源	污水量/%	BOD_5/[kg/(人·a)]	COD/[kg/(人·a)]	氮/[kg/(人·a)]	磷/[kg/(人·a)]
厕所	26	9.1	27.5	4.4	0.70
厨房	16	11.0	16.0	0.3	0.07
洗衣/洗浴	46	1.8	3.7	0.4	0.10
其他	12	—	—	—	—
总计	100	21.9	47.2	5.1	0.87

农村生活污水的主要污染物包括有机物、氮、磷和其他物质,如微量元素、微生物等。其中,有机物主要来自粪便污水和厨房污水,氮主要来自粪便污水、洗浴水、洗衣水和厨房污水,磷主要来自粪便污水、洗浴水、洗衣水和厨房污水。

农村污水排放量及主要污染物浓度见表 5.1-2。

表 5.1-2　农村污水排放量及主要污染物浓度

研究地点		污水排放量/[L/(d·人)]	污水中主要污染物浓度/(mg/L)		
			COD	TN	TP
北方高寒地区	—	2~80	200~450	30~110	2.0~6.5
北京	密云水库	14.5~32.5	98.4~627.8	11.2~48.1	2.0~7.6
上海	—	116	109.6	11	2.7
江苏	太湖流域	20~78	120~770	25.6~40	2.5~3.5
安徽	巢湖流域	16.3	800~1 200	20~40	4~6
福建	九龙江流域	54	—	10.6~25.6	0.7~3.4
山东	青岛市农村	84a	398.1	125	9.9
湖北	—	50~60a	90.6	27.3	2.3
广东	—	71	182~350	—	1.9~2.3
重庆	三峡库区	15.2	180~838.9	47.3~53.6	4.2~4.4
四川	—	52.6~110	62.1~314.1	—	0.3~12.1
云南	滇池流域	50.6~99	781~1 107	118.9~151.2	9.8~13.8
天津	—	42	115~360	—	0.8~3.5

注:①a 为用水量;②"—"表示没有可用数据。

从表 5.1-2 可以看出,由于经济发展水平、排水设施的差异,污水水质和水量的地域差异较大,COD 最高可达 1 200 mg/L,最低只有 62.1 mg/L,相差 19.3 倍;氮磷含量一般较高,总氮浓度从 11 mg/L 到 151.2 mg/L,相差 13.7 倍;总磷最低为 0.3 mg/L,最高为 13.8 mg/L,相差达 46 倍。

(2)排放规律

农村污水水量一般较小,但日排放系数变化较大,在 3~5 变化。村民生活规律大致相同,导致农村污水早晚排放量变化很大。每天有上午、中午和晚上三个高峰时段,夜晚由于活动较少,产水量较低,有时会出现断流情况。因此,农村污水的水量特点为排放呈现不连续状态。农村污水水质与水量呈现相同的变化规律,早、中、晚三个时间段出现高峰,其他时间段污染物浓度和排放量都较低。

另外,农村污水呈现季节排放规律,表现为夏季较多、冬季较少,而主要污染物 COD、总氮、总磷的浓度变化与污水量的变化呈相反趋势,夏季低、冬季高,这种变化不仅与降雨量和气候有关,还与人们的生活习惯相关。夏季居民洗衣、洗浴用水量增加,导致排水量增多,加上降水量的增大,污染物浓度相对减小。冬季居民生活用水量及排水量相对减少，污染物浓度相对增大。

5.1.1.2　三峡库区农村污水水质水量调查

选择重庆库区靠近场镇的分散式农户、采用旱厕且有冲水习惯的农户和新建住房采用卫生洁具的农户作为典型农户开展调查，在农户家中设置 20 L 的冲厕水桶、150 L 的灰水收集水桶，一周 2 次获得用水量数据。

调查发现，从场镇到村上住户的用水量逐渐下降，同时，生活污水排放量随季节有所不同，夏季，洗浴用水量增加，相应的冲厕用水量也增加，冬季，洗浴用水量减少，同时冲厕用水量也相应减少。

2019 年重庆库区典型农户生活污水水质浓度见表 5.1-3。

表 5.1-3　2019 年重庆库区典型农户生活污水水质浓度　　单位：mg/L

月份	COD_{cr}	NH_3-N	TN	TP	SS
7	259.5	17.8	20.5	3.0	94.4
8	244.2	16.8	20.4	3.3	83.4
9	277.9	19.1	22.1	3.2	103.2
11	308.2	20.5	23.9	3.4	150.2
12	326.3	21.3	23.9	3.3	167.5
1	336.4	21.9	25.2	3.3	163.5
平均	292.1	19.6	22.7	3.2	127.8

COD_{cr}、NH_3-N、TN、SS 在夏季的浓度较低，冬季的浓度较高，TP 在夏季和冬季变化不大。分析原因可能是夏季黑水和灰水的用水量较大，使得夏季的 COD_{cr}、NH_3-N、TN、SS 较小；冬季黑水和灰水的用水量较小，使得 COD_{cr}、NH_3-N、TN、SS 较大。典型农户生活污水水质浓度偏高，二级生化单元需考虑采用强化生物脱氮除磷工艺。

典型农户夏季全天的污水排放主要集中在 4 个高峰时段，分别是 8:00—9:00、12:00—13:00、16:00—18:00 及 21:00—22:00。16:00—18:00 时段的污水排放量最大。水量波动较明显，要求污水处理工艺有一定的抗冲击负荷能力。

5.1.1.3　三峡库区农村污水处理难点

（1）收集的难点

①农村人口分布多为散点或小型组团，分散式居住布局造成生活污水难以集中收集处理。

②地形以山地特征为主，农村房屋之间高差较大，生活污水通过管网收集难度大、管网铺设成本高。

③改厨、改厕、改圈尚未全覆盖，部分农户生活污水收集较为困难。

④接户难。城镇周边经济水平较高的村落建设缺乏系统规划，房屋建设过密，巷道较

窄,几乎没有空间新建排水管渠。已建的排水系统多为雨污合流,直接将污水和雨水就近排入水体,旱季存储,雨季冲刷,蚊虫滋生,卫生条件较差。现有房屋室内排水系统不健全,排水口多且乱,接户收集困难。

(2)达标的难点

目前已建成的村镇污水处理厂约80%在投入运行,其中稳定达标的不到60%,有大量的改造需求。

①农村污水水质水量不稳定。农村生活用水量高峰期明显,昼夜变化大,污水呈现间断排放现象,甚至会有间歇性收集不到水的情况,污水排放变化系数远远大于城镇污水排放系数。节假日、返乡高峰期,农村污水排放量骤增,旅游村在旅游旺季也会呈现污水排放量大的现象。

②农村污水处理的技术难点。简单设置一座沉淀池或者厌氧池,出水难以达到排放标准;已有的污水处理方式大多为简易化粪池或小型人工湿地,缺乏有效的运维管理,污水处理效果不明显;水质、水量波动时,污水生物处理微生物不能快速响应,处理效果受到影响。可见,采用单一化的污水处理模式或者技术,很难实现农村污水处理达标的要求。我国农村生活污水治理起步较晚,早期采用的污水处理技术主要是套用城镇污水处理技术或方式,未形成适合我国农村特点的处理技术体系或模式。

③排放标准执行不到位。农村地区污水处理的排放标准,尤其是已建成的大部分农村污水处理站,主要依据还是《城镇污水处理厂污染物排放标准》(GB 18918—2002)、《污水综合排放标准》(GB 8978—1996)等。但这些规定都是针对城镇污染与工业污染而拟定的,仅设定了处理城镇污水的标准与要求,基本上没有结合农村污水处理的实际状况,无法有效地满足农村污水处理的管理需要。

(3)工程建设与管理的难点

①建设难。基础资料少,农村居住分散且地形复杂,污水收集困难;农村施工不规范,土建工程监管不足;传统一体化设备质量不稳定,缺少标准,产品稳定性不高,使用寿命短。

②管理难。农村污水站点多、分布广,专业人员紧缺,管理成本高,委托第三方运营及监测管理成效也存在诸多难题。与城镇污水处理设施运维管理相比,农村污水处理设施运维管理的最大困难是缺乏相应的专业管理人员。设施建成后,只是委派一两个村民进行管理,在管理的过程中,由于没有基本的设施维护和管理技能,无法对污水处理效率等问题进行有效的监控,导致污水处理效率低、设备维护不及时。部分设施存在建而不用的问题。

③资金难。农村污水站点数量多,吨水投资成本及运维费用都比城镇高,较难拿出投资和效果皆最佳的方案,设计及收费模式较难合理确定。对于农村来说,资金积累缓慢且分散,无法形成具有区域规模的资金积累的聚集效应。同时,农村地区对于资金借贷问题仍然是基于双方协商为条件的,政府对此没有有效的引导机制,不利于将资金引入到污水处理设施建设中。农村地区污水处理工程投资回报率低,社会资金很难被吸收进来。

制约农村污水处理发展的因素较多,如政策法规不健全、标准体系不完善、规划设计不合理、建设运营缺资金、管理维护难度大等,但是缺乏适用的技术依旧是制约发展的最大瓶颈。直接照搬已有的集中污水处理成熟的技术，已被“晒太阳”工程证明是行不通的；而我国与发达国家的农村地区相比，无论是技术实力还是管理水平都有较大差距，单纯地进行技术移植也是不可行的。因此，要想突破目前农村污水治理所面临的困境，仍应将着眼点放在技术上，为农村污水处理技术“量体裁衣”。

5.1.2 生活污水处理技术

5.1.2.1 污水处理方法

针对不同污染物的特性，发展了不同的污水处理方法。按其作用原理可分为物理处理、化学处理、生物处理、生态处理及其组合处理。

(1)物理处理。主要利用物理作用分离水中呈悬浮状态的固体污染物。主要去除对象为漂浮物和悬浮物质。采用的主要处理方法有筛滤截留法、重力分离法、离心分离法等3种；典型工艺包括格栅、筛网、沉砂池、调节池、多功能预处理池、隔油池、气浮池、填料滤池、沉淀池、滤布滤池、物化除磷、消毒等。

(2)化学处理。利用化学作用，分离回收污水中处于各种形态的污染物质。主要去除悬浮物、溶解物和胶体等。主要处理方法有中和、混凝、电解、氧化还原、萃取、吸附、渗析等；典型工艺包括离子交换法、萃取法、膜分离技术、吸附处理等。

(3)生物处理。利用微生物的作用，将污水中呈溶解、胶体状态的有机污染物转化为稳定的无害物质。有2种典型的分类方式：一是按照微生物种类分为好氧工艺和厌氧工艺，其中好氧工艺包括氧化沟、SBR、CASS、MBBR、生物接触氧化、曝气生物滤池、生物转盘；厌氧工艺包括厌氧生物滤池、UASB等。二是按照微生物附着状态分为活性污泥法、生物膜法及其复合工艺，活性污泥法包括A/O生物脱氮、A/O生物除磷、A^2/O生物脱氮除磷、Bardenpho、SBR、氧化沟、A/O-MBR、A^2/O-MBR、好氧颗粒污泥等，生物膜法包括A/O生物接触氧化、A^2/O生物接触氧化、生物转盘、生物滤池、生物流化床等，复合工艺包括MBBR和SBBR等。

(4)生态处理。以土壤为载体，常见有稳定塘、土地处理、人工湿地等。

(5)组合处理。包括厌氧发酵-微曝气接触氧化法-潜流/垂直流湿地处理技术、A/O-人工湿地等。

5.1.2.2 污水处理工艺

按污水处理程度，污水处理工艺分为一级、二级和三级处理工艺，实际应用中采用其中一级或多级联用。

(1)一级处理(预处理)。通过格栅、沉砂池、初次沉淀池、三格式化粪池作为处理单元，主要去除污水中呈漂浮、悬浮状态的固体污染物的过程。一级处理属于二级处理的预处理。农村生活污水处理设施原则上应确保有一个该阶段的处理单元。

(2)二级处理。污水经过一级处理后，利用微生物的代谢作用，进一步去除污水中呈胶体和溶解状态的有机污染物的过程。二级处理常用的工艺有活性污泥法、生物膜法，典型工艺有SBR、A^2/O、氧化沟、曝气生物滤池、接触氧化法、MBBR、生物转盘等。污水二级生化处理法分类见表5.1-4。

表 5.1-4　污水二级生化处理法分类

生物膜法	生物滤池、生物转盘、接触氧化法	
活性污泥法	传统活性污泥工艺	传统活性污泥工艺：A/O 脱氮工艺、A/O 除磷工艺，A^2/O 脱氮除磷工艺（普通 A^2/O 工艺、UCT 工艺、改良型 UCT、倒置 A^2/O 工艺、多点进出水倒置 A^2/O 工艺）、AB 法、VIP 工艺
	氧化沟工艺	卡鲁塞尔氧化沟、二沟式氧化沟、奥贝尔氧化沟、一体化氧化沟
	SBR 工艺	传统 SBR 工艺、ICEAS、DAT-IAT、CAST（CASS）工艺、UNITTANK、MASBR
	传统活性污泥法与氧化沟结合工艺	OOC、OCO、AOR、AOE、改进型 A^2/O 工艺
	氧化沟与 SBR 结合工艺	三沟式氧化沟
	特种形式的活性污泥法	VT 工艺、BIOLANK 工艺
生物膜法与活性污泥法结合	传统接触氧化法、BIOFOR、BIOSTYR、投料曝气	
厌氧好氧连用生化法	水解酸化-好氧生物处理工艺	

几种典型污水处理工艺原理见图 5.1-1。

（3）三级处理。也称为“深度处理”，是进一步去除二级处理出水中污染物的净化过程。三级处理主要工艺包括混凝、沉淀（澄清）、过滤、消毒和膜过滤等。有条件的地区可采用人工湿地等生态土地处理技术。

污水处理级别应根据污水水质、水体对排入水的水质要求等因素，通过技术经济比较后确定。当要求 SS 和 BOD_5 处理效率分别为 40%～55%和 20%～30%时，可选用污水一级处理。当要求 SS 和 BOD_5 处理效率不低于 80%时，可选用污水二级处理。若受纳水体为封闭水域、现已富营养化或存在富营养化威胁的水域及污水处理后进行回用的，可选用除磷脱氮工艺或深度处理工艺。

5.1.2.3　*出水标准与污水处理程度的对应关系*

根据不同工艺对污水处理程度和受纳水体功能，将常规污染物排放标准分为三级：一级标准、二级标准、三级标准。一级标准分为 A 标准和 B 标准。一级标准是为了实现城镇污水资源化利用和重点保护饮用水源的目的，适用于补充河湖景观用水和再生利用，应采用深度处理或二级强化处理工艺；二级标准是以常规或改进的二级处理作为主要处理工艺为基础制定的；三级标准是在一些经济欠发达的特定地区，根据当地的水环境功能要求和技术经济条件，可先进行一级强化处理，适当放宽的过渡性标准。一类重金属污染物和选择控制项目不分级。随着我国对环境保护要求的不断提高，污水的排放标准也越来越高，往往要求达到二级或者一级标准。

污水处理出水标准与污水处理程度的对应关系见表 5.1-5。

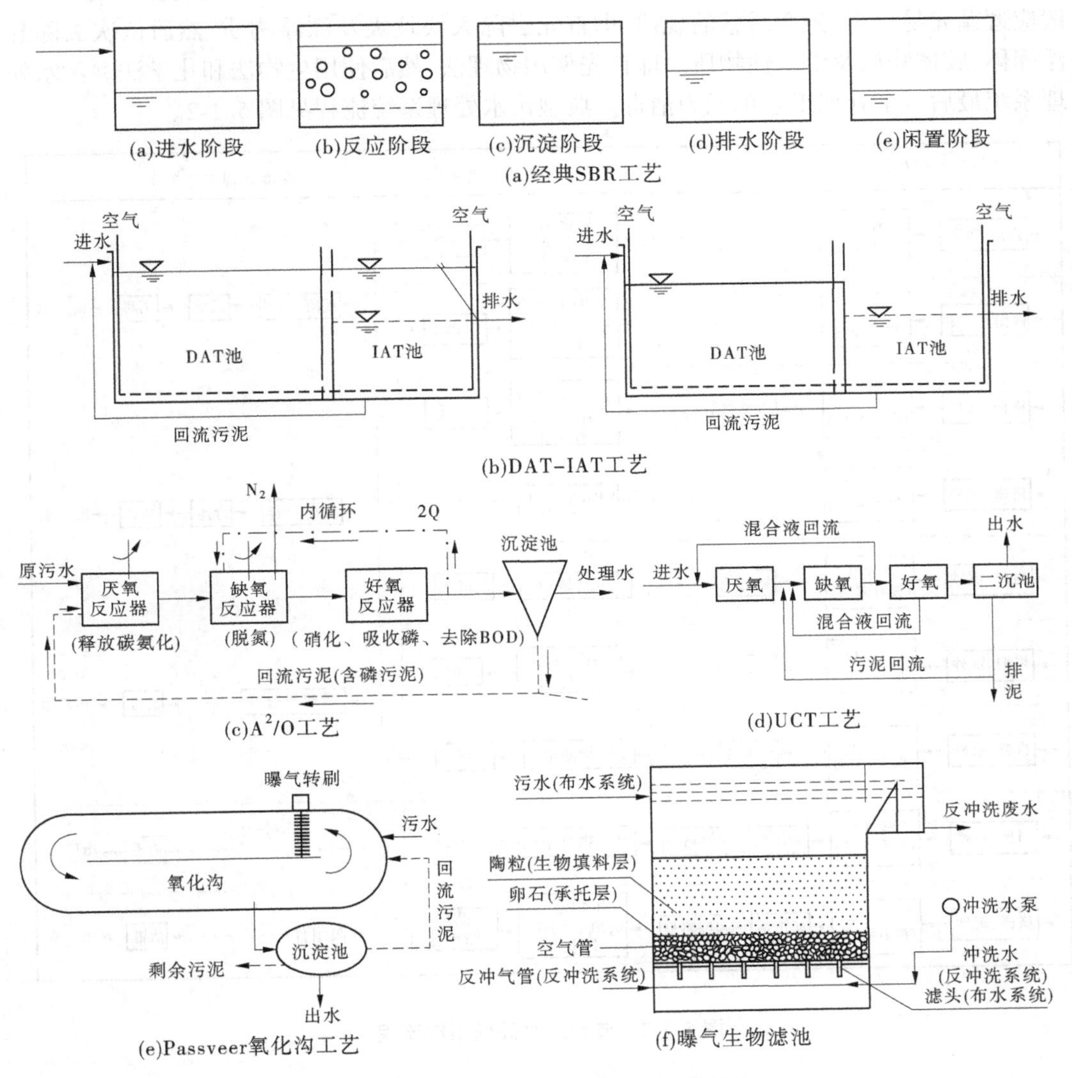

图 5.1-1　几种典型污水处理工艺原理

表 5.1-5　污水处理出水标准与污水处理程度的对应关系

出水排放标准	对应的处理方法	对应的处理程度
三级标准	物理法、化学法	一级处理或一级强化处理
二级标准	物理法、化学法、生物法	一级强化处理或一级+二级处理
一级 B 标准	物理法、化学法、生物法	一级+二级处理
一级 A 标准	物理法、化学法、生物法	一级+二级+三级处理

明确排放标准后，选择对应的处理方法和处理程度，并进行污水处理流程的组合。一般应遵循先易后难、先简后繁的规律，即首先去除大块垃圾及漂浮物质，然后依次去除悬浮固体、胶体物质及溶解性物质。即首先使用物理法，然后使用生物法和化学法。污水处理系统最后一个处理工艺单元为消毒。典型污水处理系统流程见图 5.1-2。

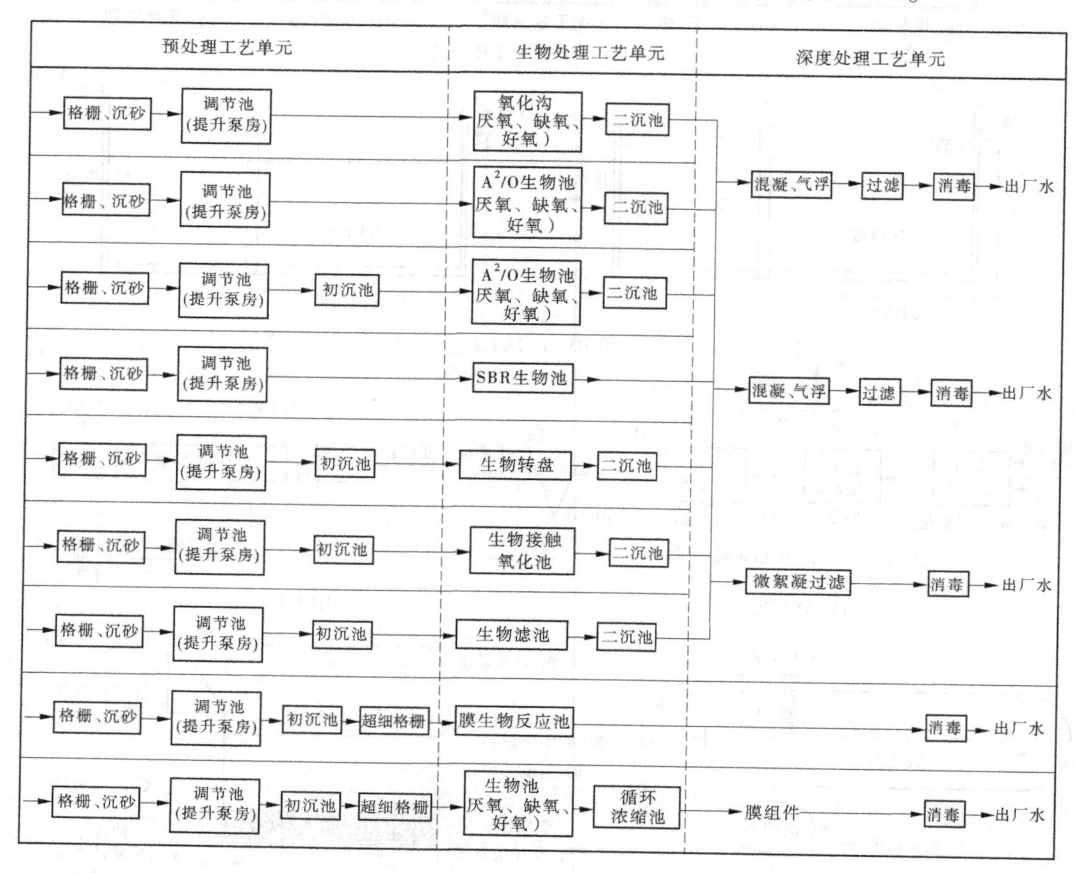

图 5.1-2　典型污水处理系统流程

5.1.2.4　农村生活污水处理技术比选

（1）选择依据

①农村污水处理工艺选配的主要依据因素：土地资源、经济状况、进水水质、水环境现状、出水排放要求、当地地形气候等。

②以村容村貌整治为主要目的的非旅游区，人口居住密度低，水环境容量较大，污水处理以去除有机物 COD 和悬浮物 SS 为主。一般采用一级+二级处理工艺。

③针对重点河流、湖泊、水源地、旅游景区村落，污水处理除 COD 和 SS，还要考虑去除氮和磷等营养元素。一般采用一级+二级+三级处理工艺。

（2）选择原则

①水肥资源化原则。农村有农田、山地，可以消纳污水中的水肥资源，变废为宝。从

选址到技术方案比较,都应将水肥资源利用放在首位。对于农村生活污水的处理,要避免一味追求深度处理的倾向。

②因地制宜、技术适用的原则。污水处理方法很多,需要根据当地的自然条件和水肥回用需求进行筛选。例如,利用废弃的荒地改造成土地处理设施;利用废弃的池塘或养鱼池改建为氧化塘等。技术的适用性比技术的先进性尤为重要。

③工艺简洁、易于管理的原则。农村污水处理技术力量与管理水平相对薄弱,污水处理工艺能简则简,设备要经济、耐用。

(3)技术要求

①处理效果好,能长期稳定运行;②操作管理简便;③较易实现自动化运行;④能长期稳定运行;⑤投资少;⑥运行费用低;⑦与环境协调性好;⑧占地省。

(4)工艺选择步骤

遵循接管优先原则,综合考虑农村污水类别和尾水排放要求,确定农村生活污水处理工艺。

第一步:根据农村污水类别,确定处理模式及工艺。

第二步:根据出水要求,选择处理技术,确定技术路线。

第三步:根据技术路线,选择适宜的工艺设计和技术方案。

(5)技术比选

①国内常用污水处理工艺及其适用性分析

常用的污水处理工艺有传统活性污泥法、A/O、A^2/O、UCT、氧化沟、SBR、生物膜法(生物接触氧化工艺、曝气生物滤池、生物转盘)、MBBR、MBR、厌氧生物处理、生态处理(稳定塘、人工湿地)。根据处理效果、运维管理难易程度、建设运行成本等方面进行适用性分析如下:

1)传统活性污泥法占地面积大,投资和运行费用高,对氮磷的去除率较低,目前较少使用。

2)A/O、A^2/O、UCT对COD、BOD、SS等有较高的去除率,对氮、磷有较好的去除效果,运行费用低,占地少,出水水质好。但设备复杂,运行管理要求较高,投资较大,适合于大型污水处理厂。

3)氧化沟通常不设初沉池和污泥消化池,操作管理简单,抗冲击负荷能力强。

4)SBR基建与运行费用低,管理相对简单,工艺简单,操作方式灵活多样,耐冲击负荷能力比较强,很适合水质水量波动大的小城镇污水处理。

5)生物接触氧化工艺抗冲击负荷能力强,能耗低,运行维护简单,在农村有较好的应用前景。

6)曝气生物滤池可显著节约基建投资并减少占地面积,出水水质较好,运行费用低,管理方便,特别是其模块化结构有利于未来的扩建。

7)生物转盘具有去除效率高、占地少、抗冲击负荷能力强、产泥量少、运行维护简单等优点,适宜于农村污水处理。

8)MBBR工艺集合了传统活性污泥法和普通生物膜法的优点,具有处理负荷量大,占地面积小,易于在现有的污水处理设施上升级改造,投资少、处理效果好、产泥量少等优点，适宜农村污水处理。

9）MBR工艺具有污染物去除效率高、出水水质稳定可靠（可达到回用水标准）、操作管理方便、占地面积少等显著优势，但因其投资费用高，使用过程中膜污染、膜更换、昂贵的膜价格及能耗需求都会导致运行费用增加。

10）厌氧生物处理具有能耗低，可回收生物能，废水处理设施负荷高、占地较少、剩余污泥量低，对营养物的需求量小，应用范围广等优点。

11）稳定塘具有基建投资省、运行费用低、管理维护方便、运行稳定可靠等诸多优点，不足之处就是占地面积大。在环境质量、排放标准要求不是很苛刻，经济欠发达且具有相对充足的土地资源的村镇的污水处理中应优先考虑氧化塘。如附近有可利用的天然养鱼塘、天然废塘等也可考虑该系统。

12）人工湿地技术是一种生态工程或生物-生态方法，投资及运行费用低，处理效果高，能耗低，设备及工艺简单、操作管理容易，抗冲击负荷及适应水质能力强。不足之处是水力负荷不高，处理能力较低，气候条件对其处理效果有影响。

②农村污水处理核心技术单元比选

根据国内常用污水处理工艺及其适用性分析，选择适用于我国农村污水处理的几种典型技术类型，如化粪池、沼气池、人工湿地、稳定塘、土地处理系统、厌氧生物滤池、生物接触氧化、脱氮除磷活性污泥法和MBR等，形成农村生活污水污染防治最佳可行单元技术及工艺组合。最佳可行单元技术分为庭院式黑水预处理技术（三格式化粪池和沼气发酵池）、人工生态灰水处理技术（人工湿地、土地快速渗滤、稳定塘）和二级生物处理技术（厌氧滤池、生物接触氧化法、脱氮除磷活性污泥法、膜生物反应器）等三类。村镇生活污水污染防治最佳可行单元技术参数见表5.1-6。

表5.1-6　村镇生活污水污染防治最佳可行单元技术参数

处理技术	主要技术指标	去除效率	适用范围
三格式化粪池	污水停留时间宜为12～24 h；污泥清淘周期宜为3～12个月。化粪池有效深度≥1.3 m，宽度≥0.75 m，长度≥1.0 m	污染物去除效率COD：40%～50%，SS：60%～70%，动植物油：80%～90%，致病菌寄生虫卵：不小于95%	农户庭院式污水处理系统黑水的预处理（水冲式厕所产生的高浓度粪便污水及家庭圈养牲畜产生的粪尿污水）
沼气发酵池	正常工作气压宜≤800 Pa；平均产气率0.15 $m^3/(m^3 \cdot d)$；贮气池容积为昼夜产气量的50%；最大投料量沼气池池容的90%	污染物去除效率COD：40%～50%，SS：60%～70%，致病菌寄生虫卵：不小于95%	农户庭院式污水处理系统（气候温暖地区的黑水预处理）
人工湿地	水力负荷3.3～8.2 cm/d；潜流湿地床层深度0.6～1.0 m；水力坡度0.01～0.02，坡向出水一端	污染物去除率COD：40%～60%；BOD_5：60%～80%；SS：80%～90%；TN：30%～40%；TP：50%～70%	各种规模的污水收集和处理系统的灰水处理。可实行黑、灰水分离且有土地可以利用、最高地下水位大于1.0 m的地区

续表 5.1-6

处理技术	主要技术指标	去除效率	适用范围
土地快速渗滤	土壤渗透系数达到 0.36~0.6 m/d;淹水期与干化期比值应小于 1,淹水期与干化期比值为 0.2~0.3;渗滤层深度 1.5~2 m	污染物去除率 COD:40%~55%;BOD_5:55%~75%;SS≥90%;TN:40%~50%;NH_3-N:40%~60%;TP:50%~60%	灰水处理。有渗透性能良好的砂土、沙质土壤或河滩,地下水水位大于 1.5 m 的地区
稳定塘	调节池水力停留时间为 12~24 h;水力停留时间为 4~10 d;有效水深为 1.5~2.5 m	污染物去除率 COD_{cr}:50%~65%:BOD_5:55%~75%;SS:50%~65%;NH_3-N:30%~45%;TN:40%~50%;TP:30%~40%	多户连片污水收集系统和集中式污水收集系统。经济欠发达、环境要求不高的村镇地区,拥有坑塘、洼地的村镇
厌氧滤池	总水力停留时间 2~3 d;前处理区池容占总有效池容的 50%~70%。后处理区安放填料:填料体积宜为后处理区容积的 30%~70%	污染物去除率 COD_{cr}:75%~80%:BOD_5:80%~90%;SS:70%~90%;寄生虫卵≥95(个/L)	多户连片污水收集系统和集中式污水收集系统。普及水冲式厕所的地区
生物接触氧化法	污水停留时间宜为 3~4 h,填料层高度宜为 2.5~3.5 m,有效水深宜为 3~5 m,向池内通入的空气量应满足气水比 5:1~20:1	污染物去除率 COD_{cr}:80%~90%,BOD_5:85%~95%;SS:70%~90%;寄生虫卵≥95 个/L;TN:30%~50%,NH_3-N:40%~60%;TP:20%~40%	多户连片污水收集系统和集中式污水收集系统。处理出水水质要求较高的村镇污水
脱氮除磷活性污泥法	进水水温 12~35 ℃,进水 pH 值 6~9,营养组合比为 100:5:1,总水力停留时间 15~30 h,需氧量 0.7~1.1 kg O_2/kg BOD_5,充水比 0.30~0.35	污染物去除率 COD_{cr}:80%~90%,BOD_5:85%~95%,SS:70%~90%	多户连片污水收集系统和集中式污水收集系统。对于处理出水排入敏感地表水体的地区尤为适用
膜生物反应器	进水 pH 宜为 6~9。污泥负荷 Fw 宜为 0.1~0.4 kg/(kg·d);MLSS 宜为 3~10 g/L;水力停留时间宜为 4~8 h	处理后排放浓度:BOD_5≤20 mg/L,COD_{cr}≤60 mg/L,SS≤20 mg/L,NH_3-N≤15 mg/L,TN≤20 mg/L,TP≤1 mg/L	多户连片和集中式污水收集系统。经济发达、对处理出水要求较高、排水去向为水源保护区和环境敏感区的地区尤为适用

村镇生活污水污染防治最佳可行工艺组合技术见表 5.1-7。

表 5.1-7 村镇生活污水污染防治最佳可行工艺组合技术

序号	工艺组合技术	适用性与排放指标
1	三格式化粪池+人工湿地	农户庭院污水处理(污水排放 COD_{cr}:≤100 mg/L,BOD_5:≤30 mg/L,SS:≤30 mg/L,NH_3-N:≤25(30)mg/L,TP:≤3 mg/L)
2	三格式化粪池+土地快速渗滤	
3	沼气发酵池+人工湿地	
4	沼气发酵池+土地快速渗滤	
5	三格式化粪池+厌氧滤池+人工湿地	多户连片污水处理和村镇集中式污水处理(COD_{cr}:≤60 mg/L,BOD_5:≤20 mg/L,SS:≤20 mg/L,TN:≤20 mg/L,NH_3-N:≤8(15)mg/L,TP:≤1 mg/L)
6	三格式化粪池+厌氧滤池+土地快速渗滤	
7	三格式化粪池+厌氧滤池+稳定塘	
8	三格式化粪池+厌氧滤池+生物接触氧化	多户连片污水处理和村镇集中式污水处理(COD_{cr}:≤50 mg/L,BOD_5:≤10 mg/L,SS:≤10 mg/L,TN:≤15 mg/L,NH_3-N:≤5(8)mg/L,TP:≤0.5 mg/L)
9	三格式化粪池+厌氧滤池+活性污泥法	
10	三格式化粪池+厌氧滤池+膜生物反应器	
11	三格式化粪池+厌氧滤池+生物接触氧化+人工湿地	多户连片污水处理和村镇集中式污水处理(COD_{cr}:≤30 mg/L,BOD_5:≤5mg/L,SS:≤10 mg/L,TN:≤10 mg/L,NH_3-N:≤5 mg/L,TP:≤0.5 mg/L)
12	三格式化粪池+厌氧滤池+生物接触氧化+土地快速渗滤	
13	三格式化粪池+厌氧滤池+生物接触氧化+稳定塘	
14	三格式化粪池+脱氮除磷活性污泥法+人工湿地	
15	三格式化粪池+脱氮除磷活性污泥法+土地快速渗滤	
16	三格式化粪池+脱氮除磷活性污泥法+稳定塘	

化粪池+厌氧池+生物接触氧化+人工湿地工艺流程见图 5.1-3。

化粪池-庭院式潜流人工湿地工艺流程见图 5.1-4。

(6)国内农村生活污水技术应用分析

国外农村生活污水处理的工程实践证明,膜生物反应器、生物膜法、生物滤池法等技术,因处理效率高、占地面积小、缓冲性能好、对污水的适应性好、运行管理的可控性高及对环境的二次污染少,在有条件的地区推广应用容易达到国家排放标准并实现减排目标。几种典型农村污水处理技术应用现场如图 5.1-5~图 5.1-8 所示。

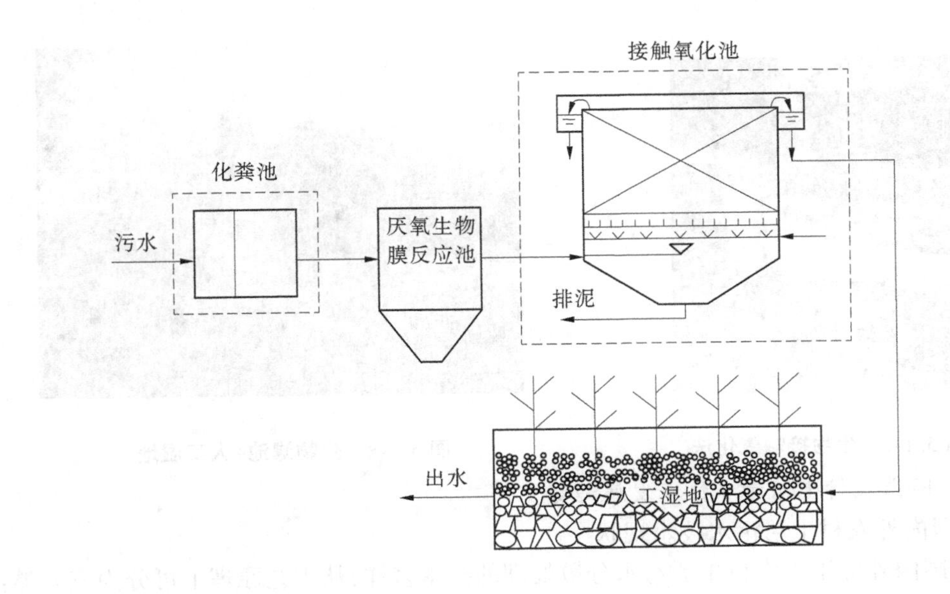

图 5.1-3 化粪池+厌氧池+生物接触氧化+人工湿地工艺流程

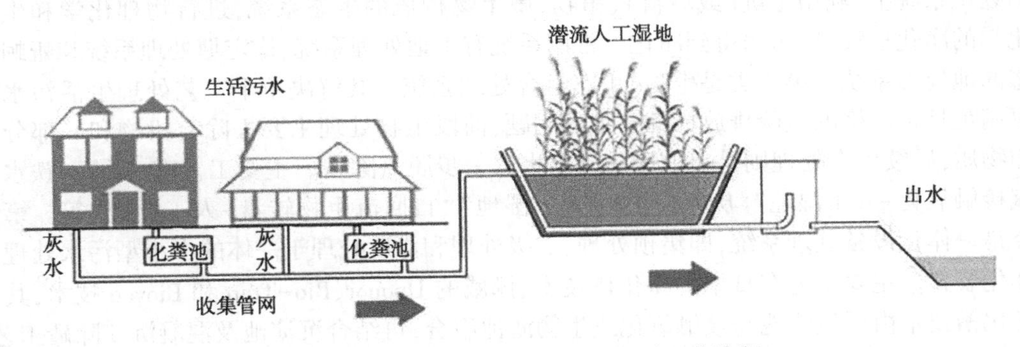

图 5.1-4 化粪池-庭院式潜流人工湿地工艺流程

图 5.1-5 SBR

图 5.1-6 MBR

图 5.1-7　生物接触氧化法

图 5.1-8　生物滤池+人工湿地

5.1.2.5　国内农村生活污水技术发展趋势

(1)国内外农村生活污水技术现状

目前国内外应用于农村生活污水分散处理的技术多样,从工艺原理上可分为三大类:第一类是自然及人工生态处理系统,即在人工控制条件下,将污水投配到自然或人工组建的处理系统上,利用土壤(或填料)、植物、微生物构成的生态系统,进行物理化学和生物化学的净化过程,使污水得到净化。常用系统有土地处理系统、稳定塘处理系统和蚯蚓生态滤池处理系统。第二类是生物+生态组合处理系统。其解决单个工艺处理生活污水难以满足日益严格的氮磷排放标准要求的问题,前段生物处理主要去除有机物和一部分营养物质,后续生态处理则是对前段单元出水进一步脱氮除磷。主要工艺有"厌氧-跌水充氧接触氧化-人工湿地""厌氧-滴滤-人工湿地""自回流生物转盘-人工湿地"等。第三类是一体化设备处理系统,即集预处理、二级处理和深度处理于一体的中小型污水处理一体化装置。主要工艺有日本的净化槽技术、挪威的 Uponor、Bio-Trap 和 Biovac 技术,其中净化槽技术由厌氧滤池与接触氧化或生物滤池组合,再结合沉淀池及混凝沉淀除磷工艺;挪威的技术则以一体化的 SBR 工艺或 MBBR 工艺为主。

(2)国内农村生活污水技术发展趋势

农村污水处理产业以膜技术、材料和装备突破为牵引,辅以污泥脱水等资源化利用关键技术的突破,集成新一代农村污水处理产业系统。

①粪尿分离式生态厕所。在农村的生产过程中,一方面需要发展生态农业,及时有效地利用人的粪尿进行还田,进一步改善土壤性能。另一方面,传统意义上的粪便农用,并没有对其进行无害化处理,很容易产生肠道疾病的传播和污染,加之某些水冲式厕所冲走粪便,导致粪便的农用率进一步降低。因此,应切实有效地推广和应用粪尿分离式生态厕所,包括太阳能厕所、循环水冲洗厕所、免水冲洗厕所等。相对来说,粪尿分离型厕所代表了更先进的卫生理念,是当前欠发达地区对卫生条件进行改善的最为理想、适合的技术手段。

②真空源分离系统。真空源分离系统采用真空集便器及真空管道收集技术将粪便污水和厨余垃圾合并收集,从源头分离粪便污水与灰水,使厨余垃圾和其他垃圾分离。然后通过有机肥厂和种植园实现粪便和厨余垃圾的资源化循环利用,通过生态处理方法处理灰水。

③户用净化槽技术。户用净化槽技术是起源于日本的一体化装备型就地污水处理技术,在日本有超过40年的应用历史。目前,日本有超过80%的分散污水处理设施采用户用净化槽技术。经过多年发展,日本户用净化槽技术在生产制造、安装和运行维护等全部环节均已实现高度标准化。户用净化槽采用地埋式安装,进水和出水通常均为重力自流方式。槽体外壳和内部大量采用复合材料,内部无需要检修的动力部件,运行寿命超过30年。全部动力装置仅为一台外设的微型静音鼓风机,使用寿命可达10年以上。由于产品成熟、装备技术过硬,日本户用净化槽的运行维护工作量很小。国内对户用净化槽亦有仿制,但制造工艺及质量控制与日本尚有较大差距。

④太阳能膜生物反应器。将太阳能合理利用并转化为热能,为一体式膜生物反应器保温加热,将解决膜生物反应器冬季低温运行问题。膜生物反应器的膜分离设备取代了传统的二次沉淀池,将泥水分离,最后剩余的污泥很少,具有管理、投资、技术和占地等综合优势,因为不需要污泥回流,因此它具有能耗低的优点,并且比传统的活性污泥法更强,可以大大改善出水的水质。太阳能膜生物反应器还能根据不同处理规模设计单户或者几户共用的一体化设备,是较为适合川西高原地区使用的一种生活污水处理设备。

⑤一体化污水土地处理设备。污水土地处理技术是将污染物进行一系列物理、化学和生物净化过程,采用的机制为土壤-微生物-植物生态系统的自我调控及人工调控,待处理的污染物可在净化过程中被去除和转化,并且是一个稳定、无害的生态系统。结合污水土地处理系统的特点,将该系统预制成一体化设备,可快速方便地将其埋入地下,既节约了土地资源,也减少了投资运行成本,还能适应不同规模的生活污水处理。目前,污水土地处理技术已在北京昌平、沈阳等较为寒冷的地区成功运行。

⑥分散式一体化污水处理设备。由于小型污水处理设备的基建投资、运行成本和能耗较环境生态工程高,在农户和人口较为集中、没有可供利用土地的农村,采用小型污水处理设备"以资金换土地"。坚持因地制宜,从装置的小型化、一体化出发,发展农村分散污水的处理设施。

⑦农村污水厂智慧管控系统。采用互联网+,将处理设施互联网化,做到真正的远程监控和远程控制运行。将来,污水处理技术,一方面,靠实验室不断做研发,调整工艺技术和工艺参数;另一方面,要靠大数据。把海量数据不断地进行分析总结完善,再反馈到生产实践中,对技术完善和推广应用也会有帮助。近年来,我国农村污水处理迅速发展。北京市将农村污水处理设施建设和监督管理作为污水处理工作重点,逐步建立农村污水治理在线数据联网和共享系统,利用物联网、大数据分析、多媒体展示等技术手段,对农村污水处理设施的运行状况实施在线监管,同时也为政府制定农村污水处理设施运行补偿经费管理办法提供支撑。

(3)农村一体化污水处理设备及成套化设备

从日本和挪威的农村一体化污水处理设备的应用经验,以及国内农村生活污水技术发展趋势来看,农村一体化污水处理设备在我国农村污水处理中具有广阔的市场前景。

①农村一体化污水处理设备。一体化污水处理设备是把曝气、沉淀单元或者不同工艺的构筑物进行合建,目的是尽量减少占地面积、降低造价和运行费用。一体化污水处理设备可以采用分散终端处理、集中运营管理方式灵活分布。根据每个村镇的处理量和单台设备

的处理能力进行有效组合，一体化设计、自动化运行，适用于土地资源紧张的地区。

供农村污水处理选择使用的小型污水处理工艺均来自城市污水处理工艺，其技术的成熟度、可靠性高，受自然环境的限制影响相对于自然净化处理系统而言要小。一体化装置的研究在国外开始较早，欧洲许多国家开发了以SBR、移动床生物膜反应器、生物转盘和滴滤池技术为主，结合化学除磷的小型污水处理集成装置。近几年来，国内已经广泛开展了一体化污水处理设备的研究。为严格控制氮、磷排入水体的量，主要以污水的脱氮除磷为核心，以生物处理为基础，结合A^2/O、氧化沟、生物转盘和曝气生物滤池(BAF)等工艺，设计制造集预处理、二级处理和深度处理于一体的中小型一体化污水处理装置。国内常见的一体化处理设备或成套设备有一体化MBR设备、一体化生物接触氧化设备、MBBR设备、一体化生物转盘等。

②农村污水成套化设备。将预处理、生化、沉淀、消毒、污泥处理等过程整合在一套设备中。由于设备一体化生产加工、整装运输，现场只需平整土地，安装调试后即可自动化运行。考虑一体化设备的整体运输和吊装，一体化设备尺寸不宜过大，适合较小规模($5 \sim 200\ m^3/d$)的污水处理。将预处理、生化、沉淀、消毒、污泥处理等各工艺流程按标准化设计，并根据处理量形成系列化设备，采用模块化配置，便于设计、生产、制造。设备化的工艺模块有利于建设施工，降低配套设施建设要求，加快建设周期，便于增容扩建。成套组合化设备适用于小规模分散式污水处理，适合$300 \sim 5\ 000 m^3/d$的污水处理规模。农村污水处理设备化的优势：占地面积小、建设周期短、运营管理简单、升级扩建方便。

5.1.2.6 三峡库区污水处理模式选择

(1)农村污水处理模式分类

在常规水冲式用水设施和污水处理设备的卫生排水模式下，农村污水收集处理模式按照集中处理程度由高到低划分为以下三种：

①城带村纳管处理模式(简称纳管处理)。主要是城镇近郊区的村庄，通过管网将污水收集并输送至城镇污水处理厂统一处理。适用于高品质出水要求的城镇周边和邻近城镇环境敏感区，具有投资省、施工周期短、见效快、管理方便等特点。

②村联村集中处理模式(简称集中处理)。通过管网收集村落内住户污水，集中到村污水处理站统一处理。适用于村庄布局相对密集、规模较大、经济条件较好的村落。

③户联户分户处理模式(简称分散处理)。采用小型污水处理设备或自然生态处理等形式，将单户或几户的污水在住户房前屋后原地处理或利用。具有布局灵活、施工简单、管理方便等优点。适用于村庄布局分散、地形复杂、规模较小、污水不易收集的农村地区。

其包括分散改厕和分散处理两种。分散改厕指改造旱厕为生态厕所或三格化粪池厕所，平时无外排，定期清理，直接供农田使用，实现粪污无害化与资源化。分散处理主要是分区收集农村生活污水，每个区域污水单独处理，采用小型污水处理设备处理、自然生态处理等工艺形式。适用于规模小、布局分散、地形条件复杂、污水不易集中收集的村庄。

(2)集中与分散处理模式的比较

①集中处理模式

适用范围：适用于布局相对集中、人口规模较大的农村地区，综合考虑地形、河网分布等因素，进行以片区为单位的单村或多村生活污水处理。

技术要点：A/O 生物接触氧化、氧化沟、多层生物滤池、人工湿地、土壤渗滤。《北京市郊区城镇水环境治理工程实用技术指导手册》推荐处理工艺：活性污泥法、A^2/O、氧化沟、SBR、CAST、MSBR、ACSBR、生物接触氧化、曝气生物滤池、生物转盘、土地处理技术。

技术选择：应与村庄经济发展水平、村民经济承受能力相适应，处理效果稳定可靠、运行维护简便，经济合理。

限制因素：农村污水排放区域差异性显著；管理水平不足；经济投入力度有限。

技术比选：从工艺类型、经济投资、占地、能耗、运行维护、适用进水浓度（进水浓度高低）等方面进行比较。

②分散处理模式

分散式污水处理技术主要在居住较为分散、地形变化较大的农村地区实施。单户或几户作为一个独立的系统单独布置收集管网和污水处理设施，其主导思想是"散排散治、化整为零"，根据农户居住地就地、就近、分类和低能耗处理。适用于经济条件相对较差、地势高低起伏、不利于管网铺设的农村地区。

适用范围：适用于人口规模较小、居住较为分散、地形地貌复杂的村庄，可就地就近收集、各自分散处理生活污水。

技术要点：蚯蚓生态滤池、人工湿地、地下渗滤、滴滤池和小型一体化污水处理设备。《北京市农村污水综合治理技术指导手册》推荐工艺：生物接触氧化、生物转盘、厌氧生物滤池、湿地、MBR、E-CASS、A/O+土地处理。

技术方法：一般布置在农户周边，就近处理，相邻农户的污水处理设施宜在多户收集系统基础上，合建污水处理设施；没有条件合建的，可单建污水处理设施。

限制因素：农村污水水量小、排放分散、水质复杂；同时受农村科学技术和经济的限制。

技术比选：从工艺类型、经济投资、占地、能耗、运行维护、适用进水浓度（进水浓度高低）等方面比较。

分散和集中处理工艺的比较见表 5.1-8。

（3）集中与分散选择原则

考虑建设成本和后期运维费用，建议结合不同地区人口、用地、水环境等特征，按照因地制宜、经济高效的原则，合理选取处理方式。

①对于距离街镇建成区较近的村庄，可结合乡村路网建设敷设短距离收集管道，就近接入街镇管网，纳入镇街污水处理厂统一处理。

②对于近期迁并的村庄，可选择分散式污水处理方式进行临时过渡处理，包括小型人工湿地、沼气池、太阳能驱动处理装置等。

③对于地形地貌规整、居住相对集中、用地较为紧张的规划保留村庄，可结合农村环境整治同步完善村庄污水收集管网，建设污水站等小型处理设施进行集中处理。

④对于地形地貌复杂、污水不易集中收集的规划保留村庄，可结合生态有机农业基地等项目建设，强化人畜禽粪便资源化利用，采用土地处理等相对分散的处理方式进行处理。

表 5.1-8　分散和集中处理工艺的比较

组成	分散处理工艺	集中处理工艺
预处理	需简单预处理，如化粪池进行厌氧处理	一般污水不进行预处理，特殊污水才使用预处理
集水系统	轻质塑料管	重力式污水管
废水系统	利用自然资源本身条件形成的自然系统；传统工艺	传统工艺，如 A/O 和 A^2/O 法
出水回用或处置	回用和农业利用	排入河流，城市绿化
污泥处理	自然系统和土地应用；传统技术有好氧消化、厌氧消化、脱水	污泥浓缩、消化、脱水及农用
设备形式	常用地埋式、半地埋式及组合形式	通常是地面形式，通常是分体式
优点	利用自然系统，或采用小型低成本集水管道输送；相对短距离到较小的、维护费用较低的加强式处理单元，投资和维修费用不大；适用于不同程度的现场条件	处理厂能够可靠高效地管理和控制污水处理系统的运行；单位处理水量基建投资和运行费用也少
缺点		供水管网和污水管道系统安装费用比建造处理设施的费用高许多；集中处理长距离输送存在渗漏问题；各种废水的混合，使得污水高级处理和污水中有用物质的回收变得困难

(4)三峡库区农村污水处理模式选择

合理选择农村污水收集处理方式对于降低农村污水治理成本十分关键。农村污水处理模式应因地制宜，根据人口规模、农户分布格局、村庄地形等实际情况进行选择，合理确定站点数量与规模，在站点与管网投资、运行费用和达标率之间，找到最佳平衡点。

农村污水处理模式见表 5.1-9。

表 5.1-9　农村污水处理模式

推荐模式	具备城镇管网接入条件		规划发展村庄/一级水源地保护范围		出水要求一级 A 或以上		村庄居住形态		地形地貌是否有利于敷管		管网敷设难度	
	是	否	是	否	是	否	相对集中	较分散	有利	不利	难度大	难度小
纳管处理	√		√		√		√		√			√
集中处理		√	√	√	√		√	√	√			√
分散处理		√		√		√		√		√	√	

从国外农村污水设施建设运营情况看，欧洲部分国家如意大利由于基础设施比较完善，建立了依托公路网络的农村污水收集处理系统，实现了农村污水的集中处理；美国、韩国、日本部分农村分散居住，管网不健全，主要为分散式处理系统。建议三峡库区距离市政管网 2 km 以内农村采用纳管处理模式，否则需建立集中或分散就地处理系统。

5.1.2.7 排放标准确定

（1）可参考的排放标准

污水处理程度应依据国家颁布的有关水环境质量标准及相应污水排放标准，受纳水体的水环境功能区划以《重庆市人民政府批转重庆市地表水环境功能类别调整方案的通知》（渝府发〔2012〕4 号）及当地环保主管部门的考核要求为准。

①《城镇污水处理厂污染物排放标准》（GB 18918—2002）

1）当出水引入稀释能力较小的河湖作为城镇景观用水和一般回用水等用途时，执行一级 A 标准。

2）出水排入地表水Ⅲ类功能水域［划定的饮用水源保护区和游泳区除外，参见《地表水环境质量标准》（GB 3838—2002）］执行一级 B 标准。

3）出水排入地表水Ⅳ、Ⅴ类功能水域［参见《地表水环境质量标准》（GB 3838—2002）］及海水Ⅲ、Ⅳ类功能海域［参见《海水水质标准》（GB 3097—1997）］，执行二级标准。

《城镇污水处理厂污染物排放标准》一级排放标准见表 5.1-10。

表 5.1-10 《城镇污水处理厂污染物排放标准》一级排放标准 单位：mg/L

项目	COD_{cr}	BOD_5	SS	氨氮	TP	总氮
一级 A 标准	≤50	≤10	≤10	≤5	≤0.5	≤15
一级 B 标准	≤60	≤20	≤20	≤8（15）	≤1.0	≤20
二级标准	≤100	≤30	≤30	≤25（30）	≤3.0	—
三级标准	≤120	≤60	≤50	—	≤5	—

注：括号外数值为水温>12 ℃时的控制指标，括号内数值为水温≤12 ℃时的控制指标。

②《农村生活污水集中处理设施水污染物排放标准》（DB 50848—2018）修订征求意见稿（2020.4.1）

该标准规定了各级标准适用情况和水污染物最高允许排放浓度，具体见表 5.2-11 和表 5.2-12。

表 5.1-11 各级标准适用情况

受纳水体	农村生活污水集中处理规模	
排放规模	100 m^3/d（含）~500 m^3/d（不含）	20 m^3/d（含）~100 m^3/d（不含）
Ⅱ、Ⅲ类功能水体	一级标准	一级标准
Ⅳ、Ⅴ类功能水体	二级标准	二级标准
其他功能未明确水体	二级标准	三级标准

表 5.1-12　水污染物最高允许排放浓度

<table>
<tr><th>序号</th><th>控制类别</th><th>控制项目名称</th><th>一级标准</th><th>二级标准</th><th>三级标准</th></tr>
<tr><td>1</td><td rowspan="5">基本控制项目</td><td>pH</td><td colspan="3">6~9</td></tr>
<tr><td>2</td><td>化学需氧量(COD_{cr})/(mg/L)</td><td>60</td><td>100</td><td>120</td></tr>
<tr><td>3</td><td>悬浮物(SS)/(mg/L)</td><td>20</td><td>30</td><td>50</td></tr>
<tr><td>4</td><td>氨氮(NH_3-N)/(mg/L)</td><td>>12 ℃:8
≤12 ℃:15</td><td>25(15)①</td><td>25(15)①</td></tr>
<tr><td>5</td><td>总磷(以 P 计)/(mg/L)</td><td>2.0(1.0)②</td><td>3.0(2.0)②</td><td>4.0(3.0)②</td></tr>
<tr><td>6</td><td rowspan="2">选择控制项目</td><td>总氮(TN)/(mg/L)③</td><td>20</td><td>—</td><td>—</td></tr>
<tr><td>7</td><td>动植物油/(mg/L)④</td><td>3</td><td>5</td><td>10</td></tr>
</table>

注:①括号内为设施排入氨氮不达标水体;②括号内为设施排入湖泊、水库等封闭水体或磷不达标水体;③设施出水排入湖泊、水库时执行;④民宿、农家乐等餐饮废水的处理设施执行。

(2)标准对比

对比指标可知:重庆市《农村生活污水集中处理设施水污染物排放标准》(DB 50848—2018)修订征求意见稿(2020.4.1)不适用于污水处理规模大于 500 m^3/d(含)的污水处理设施。

①DB 50848—2018 不考核 BOD_5,对排入开放水体的污水处理设施,对总氮的排放不做要求。

②对于排入Ⅱ、Ⅲ类功水体的污水处理设施:对于 pH、COD、NH_3-N、SS 的排放标准,DB 50848—2018 一级标准与 GB 18918—2002 一级 B 排放标准一致;对于设施排入开放水体的污水中的 TP 的排放标准,GB 18918—2002 一级 B 排放标准优于 DB 50848—2018 一级标准;对于设施排入湖泊、水库等封闭水体或磷不达标的水体,两个标准对 TP 的排放标准一致。

(3)执行标准

考虑到三峡库区重要支流属长江水系,是实施"长江大保护"的重要区域,结合国家标准、重庆地方标准及县(区)生态环境部门水质管控目标、国控断面考核要求,农村污水处理出水标准尽量执行较严格标准。

5.1.2.8　三峡库区的污水处理技术推荐

三峡库区地处我国西南地区,工艺选择推荐如表 5.1-13 所示。

农村污水处理应达到《重庆市农村生活污水集中处理设施水污染物排放标准(修订征求意见稿)》的相关要求。按照不同处理系统规模和工艺类别,分别采用不同的排放标准。

①处理量≤1m^3/d(1~2 户,2~10 人),采用生态工艺,排放达到三级标准;

②1 m^3/d<处理量≤10 m^3/d(2~30 户,10~100 人),采用小型分散处理系统,生态工艺达三级排放标准;

表 5.1-13　三峡库区农村污水处理技术推荐

类别	服务人口/人	处理规模/(m^3/d)	排放标准	推荐技术
庭院处理系统	2~10	≤1	有机物:三级 P:二级 SS:70 mg/L	建议收集排放、庭院式人工湿地
小型分散处理系统	10~100	1~10	三级/农田灌溉	小微湿地、一体化处理设备
分散处理系统	100~2 000	10~200	农田灌溉	一体化处理设备、沉淀+土地处理工艺
			三级	一体化处理设备、生物转盘、沉淀+土地处理工艺
			二级	一体化处理设备、厌氧水解+人工湿地
小型集中处理系统	2 000~30 000	200~3 000	三级	生物转盘/生物接触氧化(保温)、沉淀+土地处理工艺
			二级	活性污泥法及其变型工艺/OD/CASS
			一级	活性污泥法及其变型工艺/OD/CASS+混凝沉淀
			兼顾景观	混凝沉淀后接人工湿地、结合收纳水体生态修复整体考虑
集中处理系统	30 000~100 000	3 000~10 000	二级	活性污泥法及其变型工艺/OD
			一级	活性污泥法及其变型工艺/OD+高密
			兼顾景观	高密后接人工湿地、结合收纳水体生态修复整体考虑

③10 m^3/d<处理量≤200 m^3/d(30~600 户,100~2 000 人),采用分散处理系统,一体化设备和生物-生态组合工艺达到 DB53/T 953—2019 二级标准;

④200 m^3/d<处理量≤3 000 m^3/d(600~10 000 户,2 000~30 000 人),采用集中处理系统,强化生物工艺、生物-生态组合工艺达到一级标准。

5.1.2.9　排水体制选择

(1)排水体制选择

污水收集系统采用的排水体制主要有合流制和分流制两种类型。

①合流制

早期的合流制排水系统是将生活污水、工业废水和雨水混合在同一个管渠内排出的系统,混合污水不经处理直接排入水体,很多老城区以往几乎都是采用这种合流制排水系统。污水未经无害化处理就排放,使受纳水体遭受严重污染。

现在常采用的是截流式合流制排水系统。截流式合流制排水系统是在现有合流制排水系统的排污口处设置截流井,并建造一条截流干管,在晴天和初雨时,将所有污水和初期雨水都截流入污水处理厂,经处理后排入水体。当雨量增加时,混合污水的流量超过截流干管的输水能力后,将有部分混合污水经溢流井溢出,直接排入水体。其优点是实施比较容易,工程建设期短、投资省,能收集污染较重的初期雨水。缺点是雨量大时,部分污水溢流入水体,对水体水质有一定的污染。截流式合流制多适用于老旧管网改造。

②分流制

分流制分设雨水和污水两个管渠系统。污水管渠汇集生活污水、工业废水,输送至污水处理厂,经处理后排放或利用。雨水管渠汇集雨水和部分工业废水(较洁净),就近排入水体。

分流制系统的优点是对水体的污染较小、卫生条件较好。缺点是工程投资大,仍有初期雨水污染问题,在老城区,工程实施较困难。分流制主要适用于新建的城市、工业区和开发区。

污水收集方案比选见表 5.1-14。

表 5.1-14　污水收集方案比选

项目		合流制	分流制
特征		污水、雨水合用一套排水系统,结合现有雨水沟及截污干管,把污水截留送至污水处理站	雨水、污水完全分开排放,建成两套收集系统,雨水就近排入水体,污水由污水干管收集输送至污水处理站
环境保护	对水体污染	雨季时混合污水溢流进入河流,对水域的影响较大	雨水、污水完全分流,杜绝污水对环境的影响和水体的污染
	环境卫生	有些影响	无影响
	截污有效度	暴雨时不能完全截留	有效、完全
工程建设	设计难度	较易	设计量大
	施工	工程量较小,易于施工	难度大、工期长
	一次投资	较小	投资大
	雨水转输	进入截流干管	沟渠进入河流
	对污水处理厂影响	较大	无
运行维护	流量变化	较大	一般
	管道沉积	易产生淤积	易产生淤积
	水质变化	旱季水质稳定,雨季水质波动较大	旱季水质稳定,雨季水质波动较小
	维护费用	较低	一般
	复杂程度	简单	简单
地区发展	卫生要求	一般	符合
	操作性	灵活	灵活
	社会发展	不适应经济发展	适应

通过以上比较可以看出,分流制可以保护水环境、以最好的方式收集到最大的污水量、最大化地消减污水对环境造成的压力;其缺点是会增加道路的开挖量,施工难度较大。

因此,三峡库区农村新建管网尽量采用分流制污水收集系统,当管道布置走向有难度时可采用合流制,污水通过末端截污排至新建污水管,再至污水处理站。

(2)农村排水体制

农村排水体制有合流制和分流制两种,分流制需新建独立污水管网、改造户用化粪池;合流制存在雨污难以分开的问题,很多已建的沟渠系统平时无水,下雨时过量,还需设置溢流与调节系统。

农村排水体制一般分为三类:雨污分流制、雨污合流制、主体雨污分流+庭院雨污合流制(混合制)。在村镇城市化发展过程中,如对现有污水收集系统进行改造,主体雨污分流+庭院雨污合流制是最为便宜的方法。

农村污水收集思路:因地制宜,根据自然村自身特点选择不同的收集与处理模式。引入冲沟解决水质水量波动和村内环境卫生问题;采用截污沟解决雨水径流所带来的面源污染问题和接户不健全造成的漏失问题;采用调蓄池解决处理系统运行不稳定的问题;将明渠改为暗沟,减少垃圾、杂物进入沟渠,大大改善卫生条件;采用截污沟、冲沟、暗沟、调蓄池,解决空间狭小、接户收集困难、卫生条件较差、水质水量波动大等问题。

农村居民多是独门独院,在污水管网改造中考虑到工程量、工期、施工难度等因素,居民内部排水由出户管负责转输进入管网,出户管的建设以实地条件、工程实施可行、就近接入和庭院雨水混入量最小化为原则选择管道或暗沟等形式。

较大单位内部和主体街道排水系统改造为雨污分流制。同时村镇生活污水排放管道应根据农村建设规划、道路和建筑物的布置、地形标高、雨污水去向等条件,按管线短、埋深小、自流排放的原则布置。宜沿道路和建筑物周边平行布置;主排水管布置在接支管较多一侧。

5.1.2.10 山地排水系统设计

三峡库区地质条件复杂,陡坎洼地较多,部分地区冲沟交错,表土较浅,表土下多为风化岩石。一是由于地形起伏变化,管道敷设方式多种多样。其中,管道架空敷设是一大特点,埋地敷设排水管道中部分管道埋深很大。二是道路纵向坡度较大,排水管道系统上、下游有很大落差,其中水流的垂直跌落是一大特色。

山地排水管道系统的流态和构筑物等均有一定的复杂性,无适宜排水标准、规程、指南。管道敷设方式应适应复杂的地形及地质条件;管道连接通畅,水流衔接顺畅,流态清晰流畅,特殊工况时可以预测和控制水流速度;管道及构筑物安全稳定,耐久性有保障,便于维护管理。

(1)排水管线平面布置

应尽可能地在管线较短和埋深较小的情况下,让最大区域的污水能自流排出。此外,干管应设在整个排水区域较低的地方,并减少与河道、山谷、铁路等交叉;干管不宜敷设在交通要道下;支管应根据地形及建筑特征定线。特殊条件下,排水管道的平面布置无固定的解决途径,应针对不同地区的不同条件,选用不同的工程措施,使方案达到或接近最优。

(2)管道敷设方式

①埋地敷设

埋地敷设是排水管道最普遍的敷设方式。针对不同的管材和地基条件,处理技术及要点存在一定差异。

1)管槽。钢筋混凝土管等刚性管道的管槽与柔性管道的管槽要求基本相同,但对于塑料类管材,要注意清除管槽中的尖锐石块,以避免管壁受到集中应力作用而损坏;槽基底的土层密实度一般为原土夯实到90%以上的密实度,杂填土须换填,淤泥必须清除。

2)管道基础。普通钢筋混凝土管一般为平口或企口,采用钢丝网水泥砂浆抹带接口,为刚性接口,管道基础为混凝土带形基础。

玻璃钢夹砂管等新型化学建材属柔性管道,一般采用柔性的承插连接方式,以橡胶圈进行密封。管道基础一般采用100~200 mm的砂石垫层,垫层材料采用粗砂或砂碎石(控制最大粒径<20 mm)。

3)管槽回填。刚性管材和柔性管材在埋地敷设时的最大差异在于回填。由于柔性管材的破坏特性是先变形、后破坏,管材刚度是控制指标;而刚性管材刚度很大,破坏特性是先破坏、后变形,强度是控制指标。此外,由于柔性管材的"管-土系统"共同分担外部荷载机制,一定刚度的柔性管材所能承受的最大埋深跟回填质量密切相关。因此,应对管槽各部位的密实度指标均做明确要求,且现场控制必须非常严格。

②半埋地敷设

当管道管顶无覆土、管身部分或全部(甚至连同基础的一部分)露出地面时,采用半埋地敷设。这种方式介于埋地敷设和架空敷设之间,由于管道高出地面不多,管底以下采用带状砌体结构作为支撑(基础),并将管道稳定地置于其上。适用条件:管道部分露出地面或管体高出地面不多;沿线地质条件较好,基槽开挖较浅。当柔性管道采用这种方式时可选择较小的环刚度,但要注意防护外界可能的冲击破坏,并做防老化处理。此外,砌体结构还必须按照要求设置变形缝。

③架空敷设

根据管体承受荷载情况,可采用直接架空敷设和桥式架空敷设两种方式。

1)直接架空敷设。直接架空敷设利用管道自身的强度和刚度,将管道作为结构体,用柱、墩等做支撑。由于利用管体作为结构体对管道自身的强度及刚度(环刚度和纵向刚度)要求较高,因此管道造价较高。该方式一般适于钢管、铸铁管及钢筋混凝土箱涵等刚性管材。若柔性管材采用直接架空方式则要求管体有很高的环刚度和纵向刚度,其设计要点是跨度的选择,同时应按管道的强度和刚度计算其允许最大跨度,选其较小值作为设计跨度的最大允许值,其设计跨度比刚性管材小得多。

2)桥式架空敷设。桥式架空敷设是将管道成品置于桥架之上,桥架可采用钢结构、钢筋混凝土等结构形式。将管道及管中输送的污(废)水作为桥架上的荷载,充分利用桥体的结构性能及管道的排水特性。这种形式更适合采用新型的复合管材,如HDPE双壁波纹管、玻璃钢夹砂管。由于管道质量轻、断面小,与架空箱涵等传统形式相比,该方式降低了结构荷载,节省了工程投资,并具有更大的跨度。但该种架空方式需解决管道的固定、防老化处理及检查井等附属设施的设置等问题。

(3)水力条件设计

根据曼宁公式,在重力流排水管道系统的运行工况中,管径、坡度、流速是3个相互制约的参数。此外,设计中还应考虑最大设计流速和最小设计流速。

山地地区由于道路纵坡很大,可充分利用大纵坡带来的坡降进行重力流排水,排水管道的敷设坡度一般尽量跟道路坡度接近。根据相关规范,污水管道在设计充满度下的最小流速应为0.6 m/s,但采用不淤流速0.4 m/s来控制设计坡度可以在一定程度上降低管道坡度,也是可行的。如果道路纵坡过大,可采取一些跌水消能措施,达到消能、减小地形落差影响的目的。由于管道坡度大、管内流速大,因此在相同的通水能力(流量)下可以减小管道断面,从而降低工程造价。最大设计流速是一个很重要的控制参数,它直接影响管道断面的大小和消能措施的设置,从而影响工程造价。最大设计流速与管道材料种类有关,管道材料耐冲刷能力强则最大设计流速高,反之则低。管材的选用对设计坡度也有影响,在管径、坡度等条件相同的情况下,内壁较光滑的管道水流速度较大,具有较大的通水能力;当设计流量一定时,采用阻力较小的光滑管道,可以利用流速适当减小管道断面,节省工程造价。由此可见,最大设计流速是一个非常重要的控制性参数。有试验表明,一些新型复合材料排水管材的耐冲刷能力甚至高于钢管,利用新型管材是降低工程造价的一种有效方式。

(4)管材的选择

①管材选择与不均匀沉降处理

选择合适的管材是有效避免不均匀沉降带来危害的一种方式。

刚性排水管材以钢筋混凝土管应用最普遍,一般采用钢丝网水泥砂浆抹带接口,预应力的钢筋混凝土管一般采用承插接口。总体上说,刚性管对不均匀沉降的适应性较弱,特别是水泥砂浆抹带接口刚性较大,接口数量较多(单管长度一般为1.5~2.0 m),管道整体性差,一般须采用混凝土带状整体基础,有时还需在基础底部加适当的钢筋以增强其整体性,属于消极抵抗沉降的方式。

柔性管材具有良好适应沉降的能力,其柔性有两方面含义:一是管体本身的柔性具有适应变形的能力;二是管道采用柔性接口,这是其适应沉降的主要原因。柔性管材一般采用橡胶圈密封承插连接,允许变形范围较大。特别是像玻璃钢夹砂排水管在采用双橡胶圈承插连接时,在最不利条件下(变形量达100~200 mm),仍然可以保证其密封良好。在地质条件变化频繁的地段,可采用加设柔性接头或短管的方式来提高其适应不均匀沉降的能力。

②管材选择与系统的抗冲刷能力

不同材料的耐磨性能是不同的,因而管道对抵抗含杂质水的冲刷能力也有所不同。选择更耐冲刷的管道材料,可以提高系统的设计流速,其优点表现在:管道设置坡度可以加大,以更好地适应山地城市的地形及道路纵坡;在相同设计流量下,可选择较小的管道断面;减少用于处理落差的跌水井的数量。

管材的耐冲刷能力可以通过试验测定。一般来说,钢管比传统的非金属管材(如混凝土管)更耐冲刷;一些新型复合材料的非金属管(如玻璃钢夹砂管)的耐冲刷能力甚至高于钢管,但实际应用效果尚待实践的检验。

③管材选择与工程造价

选择合适的管材可有效降低工程造价,可从以下几个方面考虑:

1)利用管道的粗糙系数(n)。选择内表面较光滑的管道,可以较小的管径实现较大的通水能力,从而可能降低工程造价。例如,采用玻璃钢夹砂管代替钢筋混凝土管,一般可减小 1~2 级管径(实际需以计算为准)。需要指出的是,由于管道的工程造价受管道单价、敷设方式、埋深、基础处理、土石方开挖与回填要求等诸多因素的影响,所以应根据工程的实际情况作经济比较。一般的经验是,较大管径的管道采用新型管材更经济;而对于小管径的管道,从一次投资来说经济性不明显,但按使用年限分摊则投资较少。

2)利用管道的耐冲刷能力。选择较耐冲刷的管道,提高设计流速及加大设计坡度,可减少落差构筑物。此时要注意检查井防冲刷措施。

3)适当利用大口径管道代替箱涵、拱涵、盖板涵,可以节省造价并缩短工期。

4)利用新型复合管材可以简化基础处理,节省基础费用。

5)利用新型复合管材可以大幅加快施工进度,且管道安装无混凝土养护期,能够缩短工期。

(5)落差处理方法

山地区域地形特点是跌落多、落差大、跌落纵向距离短,甚至经常遇到竖直跌落(标高突变)的情况。因而,落差处理构筑物是相当多的。落差处理的基本目标是:衔接上下游排水管道及水流;具有一定的消能和稳流功能,避免下游管道被过度冲刷。

①跌落型落差构筑物

1)跌水井。跌水井是排水系统中最常用的落差构筑物。排水检查井标准图集 02S515 中,跌水井有竖管式、竖槽式、阶梯式三种类型,其中竖管式跌水井适于跌落管径 $D<200$ mm、跌差为 1~6 m 的污水管;竖槽式跌水井适于跌落管径 $D=200\sim600$ mm、跌差为 1~4 m 的雨水管、污水管;阶梯式跌水井则适于跌落管径 $D=700\sim1\ 650$ mm、跌差为 1~2 m 的雨水管、污水管(此种形式可列为斜坡型)。在实际工程中,除按标准图采用常规的跌水井外,还可采用改进的竖槽式跌水井。季节性运行的跌水井(如分流制下的雨水跌水井)为防止雨水直接冲刷井底,可在井底摆上适当厚度的卵石缓冲层(粒径一般大于 100 mm)。

2)竖管式跌落管。竖管式跌落管相当于建筑物的落水管,在山地城市的排水系统中也很普遍,适于小范围的雨水排放和小流量的污水管道。可按落水管的计算方法计算,其上、下游都要设置检查井,顶部可采用顺水三通与水平管连接,顶端用法兰板封闭,必要时可打开检修。若采用塑料类管材,应注意采取防老化、防冲击措施,并保证固定良好。

3)格栅式消能池。格栅式消能池的消能机制包括分散水流、充分掺气及多相作用,在水利工程中应用较为普遍。标准的格栅式消能池包括进口段、格栅、消能池、出口段 4 部分,并有单级单层、单级多层、多级单层、多级多层等几种类型。其特点是:消能充分,消能率最高可达 95%;对山城地形的适应性好,由于水流通过格栅后垂直下落,能解决短距离、大落差跌水的消能问题,同时,水流垂直下落后,消能池末端出水方向可以改变以适应较复杂的建地环境;构筑物构造简单,可采用多层或多级模式,组合灵活、工程量少。

②斜坡型落差处理

1)阶梯式(跌坎)。该种处理方式适于高差较大且有一定纵向长度的雨、污水管道的落差处理。为保证消能效果,标准的阶梯跌落分为进口段、阶梯跌落段、下端消能池及出口段 4 部分。进、出口段是为保证消能效果而起到调整水流状态的作用,阶梯跌落段和消能池则起到上、下游衔接及消能的作用。城区雨水管及所有污水管应采用封闭式,并在上、下游设置人孔等检修维护设施;郊区雨水系统可采用敞开式。在实际工程中,由于场地所限，当跌差不大时可省去进、出口段甚至消能池。

2)斜槽(急流槽、滑槽)。标准的急流槽也分为进口段、斜槽、下端消能池及出口段4部分，斜槽断面可为矩形、倒梯形及半圆形等，必要时可在槽内加设消能齿等增强消能功能。对于污水管道，应采用封闭式的斜槽。

3)斜管式。该种处理方式相当于封闭的急流槽，适于管径较小的排水管道，实际工程中也用于管径为1 m的管道。

上述三种落差构筑物除主体部分外，其余构造基本相同。设计中应注意：设计的基本参数为流量、管径、落差、纵向距离等，根据不同的情况选择不同的跌落方式；各种构筑物均有一定的最佳跌差范围，一次跌落不能太大(如有资料建议急流槽和斜管跌差一般不超过4.5 m)，当落差较大时可分级进行跌落，各级应尽量按各自完整的构造进行设计；由于落差构筑物多设于地形、地质变化较大的地方，故应注意构筑物结构的稳定性。

4)多级格栅式消能池。多级格栅式消能池将落差分级处理，同时在纵向上适应陡坡线，因此，也可视为斜坡型落差构筑物。

5.1.2.11 *污泥处理与处置方法*

根据污泥减量化、稳定化、无害化的要求，满足填埋、土地利用、焚烧、建材等污泥处置要求来确定污泥处理工艺。

(1)污泥处理方式

农村污泥的处理主控指标是卫生化、稳定化和就地土地资源化利用。目前，国内污泥处理方式主要有好氧发酵、厌氧消化、固化/稳定化、改性+深度脱水等几种。好氧发酵虽然能够对污泥进行有效的回收利用，但对污泥的有机质含量和重金属等要求较高。同时，在好氧堆肥过程中会散发出大量臭气，直接影响附近居民的生活环境，且好氧堆肥占地面积大。另外，好氧发酵后的污泥处置方式单一，常规为土地利用，但如果好氧发酵后的污泥不能保证较好的出路，就会造成投资浪费，给处理厂的正常运行带来很大的困难。厌氧消化技术最大的优点是资源化程度高，产生高热值沼气的同时生产了有机肥料，可以充分实现污泥的“资源化”。但该技术投资成本较大，且建造启动周期较长，厌氧消化工艺运行管理难度较高。石灰稳定法虽能大大降低含水率，但不能实现污泥的减量，同时，此方法大大改变了污泥性质，不利于污泥的资源化处置。

根据《城镇污水处理厂污泥处置及污染防治技术政策(试行)》(建城〔2009〕23号)及运行管理要求，污水处理厂污泥处置方法要求达到无害化、减量化、资源化，力求操作简单，安全节能。选择处理处置方式时应考虑农村污水处理的特点，因地制宜地确立污泥处理处置方式。对于污水处理规模较小的农村污水处理站，选用维护简单、投资少的污泥干化场的污泥处理方案。对于污水处理厂规模不大，污泥量少且分散，要求满足含水率小于80%后集中处理的情况，推荐采用系统简单、投资少、运行管理维护方便的浓缩+机械脱水的污泥处理方案。

(2)污泥处置方式

目前，国内外对污泥主要采取卫生填埋、污泥土地利用、污泥焚烧、污泥烧制建材等几种处置方法。

①卫生填埋

根据《城镇污水处理厂污泥处理处置及污染防治技术政策(试行)》,不具备土地利用和建筑材料综合利用条件的污泥,含水率≤60%,可采用填埋处置。国家将逐步限制未经无机化处理污泥在垃圾填埋场填埋。污泥填埋应满足《城镇污水处理厂污泥处置 混合填埋用泥质》(GB/T 23485—2009)的规定;填埋前的污泥需进行稳定化处理;横向剪切强度应大于 25 kN/m^2;填埋场应有沼气利用系统,渗滤液能达标排放。

②污泥土地利用

污泥土地利用是指将经稳定化和无害化处理后的污泥通过深耕、播撒等方式施用于土壤中或土壤表面的一种污泥处置方式,包括农用、园林绿化和土壤改良。

污泥中丰富的有机质和氮、磷、钾等营养元素及植物生长必需的各种微量元素可改良土壤结构,增加土壤肥力,促进植物的生长。污泥土地利用时,泥质应满足相关的规定和有关标准要求。污泥必须首先进行稳定化和无害化处理,并根据不同地域的土质和植物习性等,确定合理的施用范围、施用量、施用方法和施用时间。

农村污水处理站污泥中重金属及其他有毒成分浓度一般较低,且含有 N、P 等农作物生长所必需的肥料成分。污泥农用不但投资少、能耗低、运行费用低,而且其中有机部分可转化成土壤改良剂成分。污泥农用具有良好的环境效益和经济效益,因此被称为最具发展潜力的一种处置方式。这种污泥利用方式减少了污泥对人类生活的潜在威胁,既处置了污泥,又恢复了生态环境。

影响污泥农用推广的主要因素是可能引起重金属污染(如 Pb、Cd、Cu、Zn 等)和难降解有机污染及 N、P 的流失对地表水和地下水的污染。堆肥技术是污泥农用的主要手段。

③污泥焚烧

污泥焚烧的效率高,无害化,减量化明显。目前,污泥焚烧有三种方式:送到热力电厂直接焚烧、干化后焚烧、送入垃圾焚烧电厂与垃圾混合焚烧。因投资高、技术难度大、环保要求高等特点,专门投资建设整个污泥焚烧系统的工程目前很少。在欧盟、日本等国家和地区污泥焚烧的比例在升高。但是,污泥焚烧面临污泥含水率高、需要消耗大量一次能源、设备投资相对较高等问题。

④污泥烧制建材

污泥建材化是污泥资源化技术的发展方向之一。主要包括制造砖、水泥、陶粒、玻璃、生化纤维板等。目前研究较多的是污泥制砖,分为污泥焚烧灰制砖和污泥直接制砖。西方国家常采用污泥焚烧灰制砖,而我国则倾向采用干化污泥制砖,充分利用污泥中有机质的发热量,降低烧砖能耗。污泥砖在焙烧过程中病原菌可全部被杀灭,重金属(As、Cd、Cr、Cu、Pb 等)被固结,实现污泥的无害化。但是,污泥烧制建材技术尚不成熟。目前在污泥建材综合利用技术中,污泥的掺量和产品的附加值普遍偏低。

农村的污泥和城市的污泥差别很大,城市污泥土地利用最大的限制是重金属,在农村这方面比较低。农村污泥含水率、有机质含量及持久性有机物和致病菌含量较高,而且农村的污水处理规模小、污泥产量小,且具有高度的分散性,农用潜力大。所以,整体来说,农村的粪便也好,污泥也好,最终都要回到土地中重新利用,这是未来很重要的一个方向。

污泥处理处置典型方案综合分析如表 5.1-15 所示。

表 5.1-15 污泥处理处置典型方案综合分析

典型处理处置方案		厌氧消化+土地利用	好氧发酵+土地利用	机械干化+焚烧	工业窑炉协同焚烧	石灰稳定+填埋	深度脱水+填埋
最佳适用的污泥种类		生活污水污泥		生活污水及工业废水混合污泥			
环境安全性评价	污染因子	恶臭病原微生物	恶臭病原微生物	恶臭烟气	恶臭烟气	恶臭重金属	恶臭重金属
	安全性	总体安全	总体安全	总体安全	总体安全	总体安全	总体安全
资源循环利用评价	循环要素	有机质氮磷钾	有机质氮磷钾	无机质	无机质	无	无
	资源循环利用评价	高	较高	低	低	无	无
能耗物耗评价	能耗评价	低	较低	高	高	低	低
	物耗评价	低	较高	高	高	高	高
技术经济评价	建设费用	较高	较低	较高	较低	较低	低
	占地	较少	较多	较少	少	多	多
	运行费用	较低	较低	高	高	较低	低

5.1.2.12 工程建设和管理

(1)科学合理规划。葡萄牙等国家在村庄建设前,就已经对基础设施进行了科学的规划布局,确保每一户的污水都可以通过污水管线或自建分散设施进行处理,确保乡村污水处理率达到 100%。浙江省在国内率先启动了农村污水处理规划的专项工作,虽然只是针对某些流域的规划,但是也为当地农村污水处理做出了一个总体长效的布局。

(2)注重设施建设管理。不能将某种技术在全市范围内进行大面积推广,要通过出台技术指南、建设标准等文件或者分片区因地制宜地进行建设,以免出现类似美国等地由于技术适用性不符合当地环境而造成设施损坏严重的情况。上海市出台的《上海市农村生活污水处理技术指南》提出因地制宜、分类实施的思想,避免技术工艺"一刀切"的现象发生。

(3)重视设施运行监管。由于缺乏专业化知识、管理经验或政府管理人员不够等原因,农村污水处理设施不能保质保量进行运行维护,设施运行率低,甚至出现设施运行率不足 50%的情况。所以,聘请专业化队伍对农村污水处理设施进行专业化管理就显得格外重要,而政府只需对运营公司的维护质量进行监管即可。美国、日本和韩国等地在法规中都对第三方运行和政府的监管责任做出了明确的规定。《桐庐县农村生活污水处理设施操作指南》及《广州市农村生活污水治理设施运行维护管理办法(试行)》等政策文件和法律法规,对设施运行监管做出规定,保障设施的稳定运行。

(4)加强经费补贴和收取。运行经费不足致使设施损毁严重,建设费用过高致使合并式净化槽更新改造进度慢等因资金引起的农村污水工作滞后情况在美国和日本尤为突出。所以,政府要在适当的时候对农村水环境改善或农村污水处理设施建设运行进行政策性补贴。英国对少用氮肥的农民进行补贴,日本对合并式净化槽的建设和运行进行补贴，美国对农村污水处理设施建设贷款进行利息补贴，进行政策补贴可以有效提高当地居民建设使用设施的积极性。《义乌市农村基础设施管理实施办法（暂行）》中，对农村污水处理设施的运行经费来源渠道给出了明确的规定，保证设施“建得起，用得起”。

（5）发挥农民自主作用。在韩国“新村运动”中，就充分地发挥了农民的自主作用，使农民参与到新农村基础设施的建设中，“取之于民，用之于民”大大发挥农民参与的积极性和主动性。英国发挥农民协会作用，将协会会费部分抽取出来作为污水处理设施的运行费用，使得各农场主更加关心设施的运行和养护状况，形成公众参与、社会监督的局面。

（6）加强信息化建设。以省市或区县为单位管理农村污水处理设施档案管理信息化平台，将相关信息全部集成在该平台上，实现实时监控管理。

5.1.2.13　小结

（1）分析了国内外农村污水技术发展及国内应用现状。首先分析了我国农村生活污水基本特征，开展了三峡库区农村污水水质和水量调查，分析了三峡库区农村污水收集、处理达标、工程建设与管理等方面难点；按照污水处理方法、污水处理程度两个维度对生活污水治理技术进行了分类，按照污水排放标准与污水处理程度要求选择合适的处理方法进行组合，形成典型污水处理系统流程。分析了国内农村生活污水技术选择原则、选择步骤，选择适用于我国农村污水处理的几种典型技术类型，形成农村生活污水污染防治最佳可行单元技术及工艺组合。对未来国内农村污水处理产业发展趋势进行了展望，未来农村污水一体化设备的工艺选择及成套化设备形式具有良好的市场前景。对云南、重庆、北京多地开展农村生活污水处理适用技术调研，实地了解农村污水处理设施建设和运行情况。

（2）提出了三峡库区适用的农村污水处理技术体系及应用模式。综合上述国内外农村污水技术发展及国内应用现状，形成了适用三峡库区农村污水处理技术体系及应用模式。农村污水处理模式分为纳管处理、集中处理和分散处理三类，根据人口规模、农户分布格局、村庄地形、排放标准等实际情况，合理选择了三峡库区农村污水处理模式及处理技术体系，并统筹考虑提出了三峡库区农村污水处理的排放标准、排水体制、排水系统设计、污泥处理及处置、工程建设和管理，以及融资和运维等建议。

5.2　柑橘种植区水土流失与面源污染

三峡库区地处长江中上游，是我国唯一既无冻害又无检疫性病害的柑橘种植区，被农业农村部列为全国柑橘优势产业区之一，柑橘产业是库区经济发展和移民安稳致富的支柱性产业。江津、开州、奉节、长寿、万州、忠县等县（区）成为全国闻名的柑橘产区。截至2019年，重庆库区柑橘种植面积达23万hm^2，年总产量达到320万t。由于柑橘果树树木高大，根系分布范围深而广，能够减少土壤流失和养分损失，所以种植柑橘已成为三峡库区治理水土流失的重要措施和退耕还林模式之一，既可增加绿化面积，防止水土流失，保护三峡库区生态环境，又可以促进三峡库区农业增效、农民增收。同时，三峡库区柑橘种植区坡耕地水土流失、农业灌溉方式不合理及化肥农药过量施用引起的农业面源污染尚未有效解决。

三峡库区山高谷深、沟壑纵横，三峡库区地形地貌与岸坡地质结构复杂，雨量丰沛且暴雨集中，地质灾害频发，三峡库区大面积坡耕地农业生产活动导致水土流失严重，降雨和灌溉导致的土壤侵蚀、水土流失风险大。主要成因包括：一是紫色土。紫色土是三峡库区的主要土壤类型，占三峡库区耕地面积的69.2%，且绝大多数为坡耕地，三峡库区70%以上的土壤为抗蚀性较差的紫色土，紫色土壤土层浅、质地轻、孔隙大、水土流失快、保肥能力差。二是坡耕地。三峡库区60%以上的耕地为坡耕地，陡坡垦殖普遍，土地耕作频繁且复种指数高，土地长期得不到休耕调息，处于裸露和松散状态，极易被侵蚀，水土流失严重。柑橘种植主要分布在三峡库区缓坡地带，大面积柑橘林下水土流失隐蔽性高，流失面积大，流失强度高；受人为耕作和除草的影响，大面积柑橘林下地表处于裸露现状，降雨形成的坡面径流对裸露地表的冲刷形成严重的水土流失危害，既影响经果林下生态环境，造成坡面水土流失形成面源污染，又影响柑橘的产量，减少柑橘种植的经济效益。

柑橘大多是纯人工经济林，密植、中耕除草、修剪、喷药和施肥强化了人为作用对柑橘林土壤的持续扰动，虽然提高了产量，但是改变了土壤营养物质的循环机制，创造了特有的生态系统营养物质的循环机制。三峡库区柑橘园种植过程中最重要的污染途径是化肥农药的过量施用。受山地城市的地形地貌限制，耕地质量不高，多为“巴掌田、鸡窝田”。在这种形势下，为了追求高产、保障农产品供给，形成了多施肥、重氮磷肥轻钾肥和微量元素的盲目施肥现象。传统种植区化肥农药施用量偏高，规模化种植面积小，农业合理施药施肥技术推广难度大。规模化柑橘种植等生产方式也由自然或者半自然转变为精细耕作。精细耕作过程中，化肥、农药等配套施用，使农业面源污染程度加深。

根据我国生态环境部发布的《全国重点湖泊水库生态安全调查与评估——三峡水库生态安全调查与评估专题报告》，三峡库区农业非点源污染是水体营养物质的主要来源，占入库污染负荷的71%，成为三峡库区水环境安全的首要威胁。

本节根据柑橘种植区的建设和管理现状，针对柑橘种植业水土流失和面源污染的防治难点，结合信息化技术在农业种植上的应用，提出从山顶到坡脚、沟边、河边的水土保持综合防治技术体系及模式，源头控制、过程阻隔、末端拦截的全过程面源污染防治体系及模式。

5.2.1 三峡库区柑橘种植区水土流失和面源污染防治的必要性

水土流失与农业面源污染密不可分，水土流失既是农业面源污染发生的重要形式，也是面源污染物流失的载体和造成水体污染的主要途径。在三峡库区实施柑橘种植区水土流失和农业面源污染治理，对解决区域内耕地承载力不足、控制库区农业面源污染和改善脆弱的生态环境具有重要意义。

5.2.2 三峡库区柑橘种植区水土流失和面源污染防治的难点

三峡库区典型流域种植区水土保持和面源污染防治的主要难点包括：一是种植区农药化肥施用量大、面广，面源污染严重，造成水体TN、TP超标；二是由于库区农业整体水平不高，生产方式仍然比较粗放，科技含量低，加之农民环保意识不足，由此造成生态破坏和环境污染问题；三是种植区大部分为坡耕地，土壤侵蚀模数高，水土流失面积范围广、强度大，且水土流失隐蔽性高；四是当前面源污染成为水体富营养化的主要原因，但有效解决农村面源污染的方法、措施、手段有限，治理效果不明显。

5.2.3 种植区水土流失措施体系

5.2.3.1 三峡库区坡耕地水土流失措施体系

坡耕地水土流失类型主要有面蚀、沟蚀和以滑坡为主的重力侵蚀。可采用合理引导、生态补偿等方式，通过坡改梯、退耕还林、种植水土保持林和经果林，以及改造低效林、种草、封育治理、营造水源涵养林和护路林等具体措施来提高水土涵养能力，减小水土流失面积，降低水土流失强度。另外，可推行的技术措施还有坡地农业技术、小型水利水保工程等。

(1)坡耕地水土流失治理措施

①推行坡改梯。按照不同的坡度、气候条件、自然台位、成土母质、土壤类型、土壤障碍因素、种植模式等统筹规划。对坡度在10°~25°的坡薄土和具有耕地开发条件的非耕地，实施坡改梯、薄改厚等工程，重点治理“陡、薄、瘦、蚀、旱”等耕地农业生产障碍因素。将5°~15°有水源保障的坡耕地逐步改造成水平梯田，将15°~25°的坡耕地改造成梯田。为防止生土裸露，改造中表土回填厚度在0.2 m以上。

②营造经果林。对5°~15°水土流失为轻度或中度的坡耕地，在充分考虑原有经果林的基础上，布置经果林。

③退耕还林还草。将>25°的陡坡耕地逐步退耕还林还草。为了保证群众在退耕中收入不减少，退耕土地逐步规划为经果林。

④完善坡面水系。通过地形调整、地块平整、土层增厚、地埂筑砌，建设“三沟”(引水沟、排水沟、沿山沟)、“三池”(蓄水池、沉沙池、储粪池)等坡面水系，修建了蓄水拦沙工程(包括山坪塘、蓄水池和沉沙凼等)、沟渠工程(包括截水沟、排洪沟和沿山沟等)及田间道路。坡面水系规划应做到排水沟、沿山沟、地块背沟、沉沙池、蓄水池、储粪池配套齐全，形成旱地蓄、截、排水网络。

根据不同坡度及土层情况，采取退耕还林、修建梯田、坡面整治等方法进行治理。轻、中度水土流失疏林地，以封山育林为主，采取全封、轮封等形式；部分严重水土流失的疏林地，应加强人工措施进行育苗补植、修枝疏伐，择优选育，以促进林木生长，加快植被恢复，同时兼顾经济效益，引进种植优良树草，提高土壤肥力，增强植被生长能力。在三峡库区实际应用中，上述4种措施相互联系、相辅相成，构成了经果林(柑橘树、桑树等)、水保林(松树、白杨等)、梯土(桃树+黑麦草、玉米等)等治理措施。

(2)坡耕地水土流失治理模式

根据坡度制定不同水土流失治理模式：

①6°~15°水土流失治理模式。以保水保土耕作+植物窝为主。对缓坡耕地水土流失综合治理而言，主要采取水土保持耕作措施，或者称之为保水保土耕作，即在坡耕地上结合每年农事耕作，采取各类改变微地形措施，或增加地面植被覆盖，或增加土壤入渗，提高土壤抗蚀性能，达到保水保土、减轻土壤侵蚀、提高作物产量的目的。

②16°~25°水土流失治理模式。以坡改梯+坡面水系工程为主。随着坡耕地坡度的增加，单独水土保持耕作措施的水土保持效益逐步降低。在坡度为15°~25°的中等坡度

坡耕地,保水保土耕作只能作为一种辅助措施,而不再适合作为主要的措施,依靠修建梯田来保持水土效果极为显著。

③>25°水土流失治理模式。以竹节沟+还林还草措施为主。坡耕地达到25°后,其侵蚀量剧烈增加。根据《水土保持法》规定,25°以上的坡耕地必须退耕还林,主要是在25°以上产生严重侵蚀后,治理困难,植被恢复较难,开发则得不偿失。因此,25°以上坡耕地应该退耕还林,但是对于坡度较大的坡地而言,单纯的植物措施很难在短时间内取得明显的水土流失防治效果,需要配合工程措施进行优化配置。

5.2.3.2 三峡库区紫色土水土流失措施体系

三峡库区是一个以丘陵为主体,兼具中低山的地区,成土母质多为紫色砂泥岩和石灰岩。紫色土面积最为广阔,占总面积的33%。紫色土的通透性好,保水保肥力强,pH值为6.0~6.5,是栽培柑橘效果良好的土壤。三峡库区90%以上的柑橘园定植于紫色土坡耕地上。但紫色土是由紫色页岩发育而成的土壤,孔隙度大,入渗能力强,是一种易侵蚀的土壤,水土流失较为严重。针对紫色土区坡地水土流失问题,国家和地方开展了诸如天然林保护工程、退耕还林(还草)工程、长江中上游防护林体系建设工程等多项措施,并取得了显著成效,但仍满足不了三峡库区农业面源污染的防治要求。

紫色土区以保持土壤、防治山地灾害为主,以坡耕地综合治理为重点,主要治理措施包括梯田及坡面水系工程、护地堤、塘坝、水土保持林和经果林、复合农林业等建设。紫色土土层瘠薄且具有"上覆土壤、下伏岩石"的岩土二元结构,适合紫色土丘岗区耕作措施配置主要有:等高带状耕作(或称等高小垄耕作);等高丰产沟耕作;免耕覆盖耕作;聚土聚肥耕作(土层较浅的坡地等高开沟聚土增厚土层种作物,垄沟种植豆科绿肥,翻埋作物肥料);草粮(经)带间作、轮作;草灌带间作等。

在运用坡改梯、等高植物篱、垄作、免耕等传统水土保持措施的基础上,考虑三峡库区紫色土的独特性和水土流失的复杂性,推广低成本、高效益的"坡式梯地+地埂经济植物篱""大横坡+小顺坡""坡式梯地+坡面水系"等技术,减少坡地径流泥沙入库量。

5.2.4 种植区面源污染防治措施体系

从种植区面源污染发生及其产生的后果来看,可以从源头、过程和末端三种途径进行控制。

5.2.4.1 源头控制技术

源头控制是主要手段,包括以下几个方面。

(1)化肥减量及高效利用

在我国农业面源污染防治中,农田养分平衡是目前急需解决的问题。就全国来看,普遍存在氮、磷肥料过量施用问题,尤其是氮肥,大部分盈余的氮、磷并未在生产上起作用,却随径流进入了河道、湖泊等水体环境,而钾大多处于亏缺状态。这主要是由于农田养分管理不当、土壤保肥能力较差造成的。2015年,农业农村部启动实施了"到2020年化肥使用量零增长行动",以"增产施肥、经济施肥、环保施肥"三大理念为引领,强化"精、调、改、替"技术要领,各地围绕测土配方施肥技术落地、施肥方式转变、新型肥料推广应用、有机肥资源利用等方面进行了技术集成。

①种植结构调整

改变种植结构,在流域内发展经济林业、无公害食品、绿色食品、有机食品,减少或杜绝污染物产生,控制叶菜等高施肥量农作物,发展不施或少施化肥的农作物、优质果林和经济果林。

②生态种植技术

在农业生产过程中完全不使用合成化学肥料、合成化学农药、化学除草剂、激素、添加剂及转基因品种等生产资料,转而提倡循环利用动植物有机腐殖质、施用堆肥、种植豆科植物等。

③环境友好肥料应用

1)有机肥

有机肥主要是利用动植物残体、排泄物、生物废物等物质通过一系列处理过程而形成的具有养分全面、肥效长、增加土壤有机质、促进微生物繁殖和改善土壤理化性质的肥料。有机肥料是我国农业生产中肥料结构的重要组成部分,含有多种营养物质及有益微生物菌群和活性酶等。这些肥料适用性广,被广泛应用到粮食作物、蔬菜及果树种植中,而且具有无毒无害、提高品质、培肥地力、肥效长久、抗病早熟等特点。我国有机肥资源丰富,种类繁多,主要包括人粪尿、畜禽粪便、驱肥、沼气肥、绿肥、秸秆、蚕沙、饼肥、泥土肥(沟泥、河泥、塘泥等)、草炭、风化煤与腐殖酸肥料、草木灰、骨粉、食品加工废渣、肉类加工废弃物、有机生活垃圾及城市污泥等。商品有机肥的生产可以选用上述一种或多种资源,按照其产品的主要组成可以分为粪便有机肥、秸秆有机肥、腐殖酸有机肥、废渣有机肥、污泥有机肥等,其中以畜禽粪便有机肥应用最常见。

2)绿肥

绿肥是富含有机质、氮、磷、钾及微量元素的完全肥料,可增加生物固氮,活化富集土壤磷、钾等养分,翻压还田后提高土壤有机质含量,为后季作物提供速效养分,减少农业生产中化肥施用量,保护和提高耕地质量。

3)生物肥料

生物肥料是将某些有益微生物经大量人工培养制成的生物肥料,又称菌肥、菌剂、接种剂。按登记类别可分三类,即农用微生物菌剂、复合微生物肥料和生物有机肥。微生物肥料是通过微生物的生命活动直接或间接地促进作物生长、抗病虫害、改善作物品质。

4)绿色高效施肥技术

提高肥药的施用效果,减少肥药用量,降低肥药的迁移污染。施肥措施包括土壤测试、平衡施肥、多养分施肥、施肥时期确定、合理的施肥方法、施用硝化抑制剂,以及认真确定施肥量等具体措施。

a. 测土配方施肥技术

以土壤测试和肥料田间试验为基础,根据作物需肥规律、土壤供肥性能和肥料效应,在满足植物生长和农业生产需要的基础上,提出氮、磷、钾及中微量元素等肥料的施用数量、施肥时期和施用方法。测土配方施肥包括测土、配方、配肥、供肥和施肥指导 5 个环节。

b. 平衡配套施肥技术

平衡配套施肥的内涵就是实行 3 个“平衡”，即有机肥与无机肥平衡施用；氮、磷、钾素平衡施用；大量元素与中微量元素平衡施用。

有机肥与化肥配合使用。有机肥中养分齐全，根据中国化肥区划估算，有机肥中氮、磷、钾之比为 1∶0.52∶1.52，因此施用有机肥对补充土壤中磷钾不足，尤其是钾的不足起着重要作用。有机肥存在肥效释放慢、养分含量偏低等缺点。而无机复合肥料则具有养分含量高、肥效释放快等优点。应减少化肥投入，合理搭配养分比例。

氮磷化肥或氮磷钾化肥配合使用。作物的高产、稳产需要氮、磷、钾等养分协调供应，施用单一元素的化肥，往往不能满足作物生长发育的需要。

注意中微量元素施用，做到因缺补缺，适当喷施叶面肥。

c. 化肥深施等技术

深施的方法有基肥深施、种肥底施、追肥沟施和穴施等，深施有利于促进作物根系发育，肥效持久，增强对养分的吸收能力，可以减少氮肥的直接挥发损失，减少硝化淋失和反硝化脱氮损失。化学氮肥的深施技术是有效的施肥方式。把化肥制成颗粒肥深施，能大大增加氮肥的利用率，减少肥料的流失，降低农田对水体的面源污染负荷。

d. 水肥一体化技术

水肥一体化是将灌溉与施肥融为一体的农业新技术，借助于压力系统（或地形自然落差），将可溶性固体或液体肥料按土壤养分含量和作物种类的需肥规律和特点配兑成的肥液与灌溉水一起，通过可控管道系统供水、供肥，使水肥相融后，通过管道和滴头形成滴灌，均匀、定时、定量地浸润作物根系发育生长区域，使主要根系土壤始终保持疏松和适宜的含水量。水肥一体化主要包括设施设备、水分管理、养分管理、水肥耦合、维护保养等内容。

e. 水肥耦合技术

稻田氮肥基施时，采用无水层混施或在上水前耕翻时条施于犁沟等；作为追肥施用时，尿素采用“以水带氮”法，有助于降低施肥后存留于稻田田面水中的肥料氮量，降低氨挥发和径流损失。在旱作物上撒施尿素后随即灌水，可以将尿素带入耕层土壤中，显著降低氮的挥发。

f. 多种施肥方式相结合

主要包括叶面施肥、分次施肥、湿润施肥、缓释/控释肥技术、化肥深施等，这些施肥方式可以有效地提高化肥利用率、减少化肥施用量，降低养分流失的风险。

5）秸秆循环技术

循环技术就是以循环经济理论为指导，以农业可持续发展为目标，将传统“资源—产品—废弃物”的线性生产方式转变为“资源—产品—废弃物—再生资源”的技术。促进秸秆资源化利用，以及秸秆资源化还田、制作沼气和作为基质等形式的利用。典型模式有秸秆还田循环利用模式、秸秆造肥循环模式等。

6）信息化技术

精准化施肥技术指按田间每一操作单元的具体条件，采集土壤养分状况、土壤生产潜力、不同肥料的增产效应、不同作物的施肥模式、历年施肥和产量情况等相关信息，形成资料齐全的土壤养分信息化管理，具体指导完成施肥操作的技术。

7)加大新技术及产品研发

随着科学技术的进步，实时实地氮肥管理、缓释/控释肥料、农田养分精准管理技术及脲酶抑制剂和硝化抑制剂等技术已经或正在逐步应用到农业生产中，并为减少肥料损失，提高肥料利用率发挥着重要的作用。绿色肥料设计的技术路线主要包括肥料减量与循环再利用技术、肥料的稳定化技术、肥料的生物复合化及纳米技术等。

a. 肥料减量与循环再利用技术

减少肥料用量，从生物学途径出发，可以利用基因工程、细胞融合技术、酶工程等技术筛选耐养分胁迫或养分利用率高的品种；从养分管理的角度出发，一方面可以提高残留在农田中养分的再循环利用能力，另一方面可充分利用工业、农业、城市中的废弃物，对其进行资源化处理。资源化技术的农用产品主要有动物性废弃物有机肥、饼肥类有机肥、堆沤有机肥、作物秸秆有机肥、动物粪便和厩肥有机肥、城市废弃物有机肥、腐殖质有机肥、沼气池肥、有机复混肥等。

b. 肥料稳定化技术

添加肥料增效剂型。主要有硝化抑制剂、脲酶抑制剂、表面分子膜、杀藻剂等。最常用的肥料增效剂包括抑制氮肥在土壤生化过程中的尿酶抑制剂、硝化抑制剂。脲酶抑制剂通过延缓尿素的水解，延长施肥点处尿素的扩散时间，从而降低土壤溶液中 NH_4^+ 和 NH_3 的浓度，减少氨的挥发损失。硝化抑制剂与氮肥结合使用可以降低氮素损失，提高氮肥利用率。

缓释/控释型。缓释肥料是指通过化学复合或物理作用使其养分最初缓慢释放，延长作物对其有效养分吸收利用的有效期，使其养分按照作物生长规律而设定的释放率和释放期缓慢或控制释放的肥料。膜控制释放技术（MCR）可以通过膜扩散速度控制化肥有效成分逐渐释放。

长效肥料。长效肥料是一种长效、缓释、高利用率的新型肥料，最主要的是长效尿素和长效碳铵这两种。长效尿素是在普通尿素中添加一定比例抑制剂制成的，所用抑制剂主要是脲酶抑制剂和硝化抑制剂，前者可抑制尿素的氨化作用，后者可抑制氨的亚硝化和硝化。

c. 肥料生物复合化及纳米技术

复合微生物肥料将两种或两种以上的有益微生物或一种有益微生物与其他营养物质复配而成，集有机肥、化肥、微生物肥功效于一体。复合微生物肥料能提供、保持或改善植物的营养，提高农产品产量和改善农产品品质。

纳米碳肥料是利用纳米碳材料的变异特性研究开发出来的一种增效肥料。纳米碳肥料的特点：纳米碳肥料能在光合作用下使土壤中养分增加，促进植物根系活性化，提高植物生命力；纳米碳的高吸附性和缓释放性，使纳米碳肥料进入土壤后能溶于水，增加植物根系吸收水分和养分的潜能；植物还可以通过根系吸收纳米碳粒附着的养分，进入植物根茎叶,缩短植物生长周期并达到增产效果;纳米碳肥料可以使土壤中有益噬碳微生物、小生物大量繁殖,促进土地生态循环,逐渐改善土壤状况,长远带动减少肥料施用。我国的纳米碳增效肥料已逐步进入产业化阶段,一些产品生产成本与普通复合肥大致相当,目前已经开发出纳米碳增效碳铵、纳米碳增效尿素等产品,对从源头控减投入、升级高效农业具有积极意义。

(2)农药减量

以农药防治为主,推广生物、物理防治技术;科学合理使用农药,提高农药有效利用率;加强病虫害预测预报,指导合理使用农药;推广使用高效、低毒、低残留农药和生物农药,禁用高毒、高残留农药。对于农药和化肥污染的治理,最重要的是减少农药化肥的使用量,科学合理地使用农药化肥,在不减少农作物产量或产量略有降低的情况下,尽可能减少农药化肥的使用量,这一方面需要科技支持,另一方面也要加强对农民的宣传教育,做到科学合理施肥、使用农药。

①农药的合理使用

合理使用农药,重点开发高效、低毒、低残留农药,减少农药对土壤的污染,经济有效地消灭病、虫、草害,发挥农药的积极效能。减少农药使用,降低农药引起的面源污染,提高作物产量。应根据农药使用规范、作物和土壤类型,选择合适溶解性、吸收性、渗透性、降解性的农药,尽量筛选低毒、高效、低残留、针对专一防治对象的农药,避免长期使用单一农药引起的害虫抗药性。

高效、低毒、低残留农药的选用:优先使用生物制剂农药,包括微生物源制剂、植物源制剂、矿物源制剂、动物源制剂等;严格禁止使用剧毒、高毒、高残留或有“三致”危害(致畸、致癌、致突变)的农药,如杀虫脒、甲胺磷、呋喃丹、五氯硝基苯、福美砷等及其混配制剂;有限度地使用部分有机合成化学制剂,如仿生物制剂、化学制剂等。

②病虫草害综合防治技术

以农业防治、物理防治、生物防治为主,化学防治为辅的一系列病虫草害防治技术集成。

1)生物法控制病虫害。生物农药在防治农业病虫害上最主要的优势是毒性比较低,或者是没有毒性,环境友好。生物防治主要有以下形式:自然天敌的保护利用;有效天敌的引进和释放;病原微生物的利用;使用生物源农药。生物防治措施为:释放寄生性、捕食性天敌,即以虫治虫,如智利捕食螨等防治螃虫、叶螨等害虫,一般在定植后害虫初发生期释放天敌;应用微生物制剂,以菌治虫(用苏云氏杆菌、多角体病毒等防治菜青虫、斜纹夜蛾等),以菌治菌(用木霉菌防治灰霉病等、用细菌防治软腐病菌等),以农用抗生素防治病虫(用多氧霉素、武夷霉素、春雷霉素、抗霉素防治灰霉病、叶霉病、白粉病等);利用昆虫激素(外激素、内激素)来治虫,如诱杀、迷向、调节、蜕皮变态等。

2)物理防治技术控制病虫害。物理防治技术主要利用物理机械方法防治病虫害。在农业生产中使用的物理防治方法有:人工捕杀、糖浆诱杀、灯光诱杀害虫;人工机械除草,人工去除病叶、病株;灰色薄膜、银膜避蚜,黄板诱蚜,冷纱覆盖;高温杀菌,高温处理种苗,高温焖棚灭菌;减少操作接触感染等。目前正在推广使用的防虫网,在生产实施中具有较好的效果。

3）遗传和基因工程技术控制病虫害。

4）行为法控制病虫害。

5）农业防治技术控制病虫害。农业防治措施有培育抗（耐）病虫作物品种，提高作物对环境的适应和对病虫害的抵抗能力；轮作换茬，深翻土壤，减少病虫害侵染源；合理施肥，适度灌水，以施足腐熟有机堆肥、生物活性有机肥为主，有利于植株生长发育，增加抗病虫能力；生态管理，采用调温控湿措施、在设施大棚内进行合理放风的管理方法。

6）化学防治技术。主要利用各种化学药剂来防治病虫害，可以通过科学用药，严格按照农药登记标注的使用范围和剂量使用农药，选择最佳施药时间等方法，提高农药的有效使用率。

③精准施药技术

按照病虫草害发生规律和作物生长特点，选用适合的农药品种及其剂型、药械，以最佳且最少的使用剂量，在合适的施药时期，采用合理的施用方法，防治有害生物，减少农药用量。

1）使用频率。根据作物生长特性和药效，确定用药频率，每次用药应记录用药时间。农药的使用一定要遵守有关农药的使用规范和各地区保护水质的规定，加强和完善土壤农药允许含量标准的研究。

2）适时用药。预防为主，防治结合。

3）减少农药使用量的方法。采用化学农药替代性防治。采用农艺防治、生物防治与物理防治等化学农药替代性防治方法，避免使用化学农药。

4）农作物减量精准施药技术。通过药剂的筛选，选择高效、低毒、低残留的农药品种替代常规使用的化学农药品种，或使用高效、低剂量农药替代低效、高剂量农药，或通过不同农药品种的合理搭配等构建农作物农药减量精准施用技术，减少农药的用量，降低田间农药的残留，保护天敌，减少农药对生态环境的污染。

5）研发应用环保型施药器械。目前，国内部分施药机具，在使用过程中存在严重的"跑、冒、滴、漏"现象；同时，专业化、系列化程度低，大多利用同一种机具进行多种不同的施药作业，尤其是喷头只有少量几种，现在90%农户使用的仍是20世纪70年代推广应用的喷雾器，喷枪喷淋的施药方式比比皆是。因此，应大力研发低量化、专业化、智能化施药机具，推广应用高效低污染的专用施药技术和装备。重点开发和应用可控雾滴施药技术、变量对靶施药技术、风送辅助施药技术、低漂移施药喷雾技术、回收式施药技术等，提高化学农药有效利用率，大幅度减少化学农药的使用量，减少化学农药喷到靶标以外的可能性，使化学农药对生态环境的污染降到最低。

6）农药助剂的应用。农药助剂是在农药剂型加工或应用中使用的除农药有效成分外的其他辅助物质的总称。原药通过助剂进行剂型加工，可以充分发挥原药性能、减少农药施用量、减轻环境污染。同样，在农药使用过程中添加助剂，可以提高药液在作物叶面的湿润铺展能力，提高农药防治效果，减少农药用量。

7）污染防控型农药施用技术。农药如何作用于有害生物、在什么环境条件下才能最有效地控制病虫草等的危害,与使用农药的剂量、剂型,使用方法、使用时期,有害生物生存状态、生育期及气候条件等密切相关。正确合理的农药施用方法是减少农药污染的关键。中国《农药管理条例》《农药安全使用标准》《农药合理使用准则》等,对农药品种的选择,具体作物上的农药使用剂型剂量、最高用药量或稀释倍数、施药方法、最多使用次数和安全间隔期等均有明确的规定和说明。在保证农药药效的前提下,严格按照规定合理使用农药,是降低农药环境污染的重要保障措施。

8)提高农药药效技术

对症用药:农药的种类繁多,各有一定的防治范围和具体防治对象。即使是同类型的农药,不同的品种,防治对象也不同,所以在使用农药之前,一定要弄清楚所选用的农药是否适合需要防治的虫害(或病害)及自己识别的病虫害是否正确,要做到对症施药。

适时用药:农作物各种病虫害的发生时期,随气候环境的不同而不同,而且在它们发育的各个阶段,对药剂的敏感程度和耐药性的大小各有不同。搞好病虫害的预测预报,讲究防治策略,做到适期用药,克服盲目用药,减少用药次数,提高防治效果。

9)实行专业化有害生物防治。从根本上解决农药使用不合理的问题,病虫防治的根本出路在于专业化。一是先进的作物病虫害防治技术能够得到有效落实,环保、安全、高效的优质农药得以迅速普及应用;二是有利于降低成本、减少污染,一般1个生长期可减少用药1~2次,减少农药用量20%以上,减少劳动力成本1~2个工时;三是新型高性能施药机械的应用,提高了农药利用率,降低农药用量。

④推广农药新技术

1)推广农业防治技术。农业防治措施是采用农艺措施,综合运用育种、栽培、耕作、施肥等农艺手段,调控农田生态环境,防治病虫草的危害。运用生物间存在的相生相克原理,通过不同物种在空间和时间上的合理搭配和优化布局,创造一个不利于病虫草生长的环境。

2)推广生态调控技术。利用昆虫对某些特定植物的趋性进行植物诱杀,利用昆虫性外激素诱杀,使用生物农药、绝育等方法,该措施与生态环境相协调,符合生态系统相互依存、相互制约的规律。加强对灰喜鹊、青蛙等天敌资源的保护、繁育和应用工作,在重点控制区病虫害的防治采用天敌防治。

3)推广物理、生物和矿物油农药防治技术。继续推广杀蚊灯、防虫网等物理防治技术;推广稻鸭共育技术、生物农药、矿物油等。

4)推广高效、低毒、低残留农药。开发高效、低毒、低残留农药,发展微生物农药,取代原有剧毒、高残留农药,提高生物农药比例。

5)推广低量、喷洒均匀、靶标沉降率高、农药流失量少的新型施药工具。根据病虫害情况、作物种类和生长状况合理施用农药,严格控制农药的使用范围、施用量和次数,改进施药方法,降低农药单位面积的平均使用量。

6)推广低容量喷雾和细雾滴喷洒技术,开展精准施药。

(3)农田生产管理

①养分管理。通过对水源保护区农田轮作类型、施肥量、施肥时期、肥料品种、施肥方

式的规定,进行源头控制。主要包括:

1)肥料的施用必须符合作物的生长需要,例如作物主要的生长期及所需肥料(氮、磷、钾)的数量。

2)可以在冬季种植二茬作物,以利用多余的肥料。

3)进行土壤测试,以确定需要哪些养分或土壤改良剂,同时对作物所需肥料进行定量,使施用肥料的效果最大化。

4)校正施肥装置,保证正确和精确的施肥数量。

5)避免在冻结的土地上施用粪肥或化学肥料。

6)选用缓释性肥料,以避免渗漏到地下水和迁移到地表水。

7)协调好灌溉时间,以最大程度地减少养分通过径流进入地表水体或渗漏到地下水。

8)储存肥料时,要放在不透水的地板上,并在上部加盖。

②设施栽培模式。以工业化装备和标准化、安全生产技术为基础,以提高土地产出率和经济效益为目标,通过地膜覆盖、大棚、温室、无土栽培等多种方法,创造具有更高产出率的光照、热量、气温和土壤等农业生产条件,实现农作物常年生产、多季收获、优质安全、高产高效。

③高标准农田建设。在一定时期内通过土地整治的方式,建设形成集中连片、设施配套、高产稳产、生态良好、抗灾能力强的农田。完善高标准农田建设、土地开发整理等标准规范,明确环保要求,新建高标准农田要达到相关环保要求。

(4)节水

节水灌溉的内涵包括水资源的合理开发利用、输配水系统节水、田间灌溉过程的节水、用水管理节水及农艺节水增产技术措施等方面。根据水资源承载能力和自然、经济、社会条件,优化配置水资源,合理调整农业生产布局、农作物种植结构及农、林、牧、渔业用水结构。严格限制种植高耗水农作物,鼓励种植果树、药材等耗水少、附加值高的农作物,大力调整高耗水农业,试行退地减水,控制灌溉面积无序增长。积极建设旱作节水农业示范区,完善田间基础设施,发展补充灌溉和微水灌溉。根据不同类型区的农业种植结构特点、经济条件,因地制宜地采取不同的农业节水技术,在有条件的区域,积极推广喷灌、微灌、膜下滴灌等高效节水灌溉和水肥一体化技术,提高田间灌溉水利用率。同时,落实节水、抗旱设备补贴政策,积极扶持农民用水合作组织,调动农民发展节水灌溉的积极性。将农业节水的技术体系划分如下:

①节水栽培技术体系

包括节水品种的筛选、种植方式、密度、播种期/量、耕作、土地平整等;栽培技术体系主要调控农田水的吸收、转化,减少水的无效消耗,提高水的利用效率。选用具有节水、抗逆、高产、高水分利用率的节水高产型作物品种,利用深耕蓄水及覆盖技术、加深耕层、疏松土壤厚变,增加土壤蓄水容量。

②节水灌溉技术体系

节水灌溉技术体系主要是通过调控水的输送和灌溉过程,提高水的利用率。节水灌溉制度即灌水量、灌水时期的调节；节水输水系统包括渠道衬砌、管道输水等；节水灌水系统即滴灌、喷灌、小畦地面灌溉、渗灌、隔沟灌等技术。

(5)田园智慧管理

以收集农业生态环境相关数据和空间信息数据为基础，构建田间智慧化监测管理平台，为农业生产提供精准化种植、可视化管理、智能化决策，发展现代农业。

①系统原理

通过物联网技术实现田园综合体内的环境实时感知、数据自动统计、设备远程控制、设备自动控制、自动报警、视频监控等功能，帮助田园综合体种植实现数字化和自动化，实现无人值守、高产量和可复制。平台采用光照、土壤 pH、土壤水分、土壤温度、空气温度、空气湿度、光照强度、植物养分含量等传感器对田园综合体种植环境进行实时感知，通过无线信息传输节点将数字信号传输到平台后台，经过服务器处理后形成图形化显示输出。平台提供各种统计功能并支持数据导出，能够针对指标超标等情况自动报警，当环境指标超标时能够自动开启和关闭风机、电磁阀、遮阳板等设备以实现智能化。

②系统功能

利用卫星定位系统对农田信息进行空间定位；利用遥感技术获取农田小区内作物生长环境、生长状况和空间变异的大量时空变化信息；利用地理信息系统建立农田土地管理、自然条件(土壤、地形、地貌、水分条件等)、作物产量的空间分布等空间数据库，并对作物苗情、病虫害、土壤墒情的发生趋势进行分析模拟，为分析农田内自然条件、资源有效利用状况、作物产量的时空差异性和实时调控提供处方信息；在获取信息的基础上，利用作物生产管理辅助决策支持系统对生产过程进行调控，合理地采取施肥、灌溉、施药、除草等耕作措施，达到对田区内资源潜力的均衡利用和获取尽可能高的产量的目的。

③子系统组成及功能

1)测土配方施肥信息系统。进行 GPS 定位采取土样，建成测土配方施肥数据汇总平台，形成不同层次、不同区域的测土配方施肥数据库；开发应用耕地资源管理信息系统，开发推广测土配方施肥专家咨询系统，根据作物种类、面积和配方信息，即可获得智能化现场混配的定量配方肥，做到施肥配方科学、施肥结构合理、施肥数量准确，在肥料经销网点设置触摸屏向农民提供科学施肥指导服务，满足农民一家一户个性化施肥需要，促进测土配方施肥工作的顺利开展，提高科学施肥管理服务水平。

2)精准平衡施肥系统。充分应用 GIS、GPS、RS 等技术，通过采集土壤环境和养分数据(pH、OM、N、P、K 等)和作物生长状况数据，运用 GIS 分析农田空间属性的差异性，再根据变量施肥决策分析系统结合作物生长模型和养分需求规律得到施肥决策，最后通过差分式全球定位系统和变量施肥控制技术使精确施肥得以实现。精细准确地调整各种养分的投入量，实行养分精准管理和精准平衡施肥。

3)田园自动灌溉管理系统。该系统由土壤数据采集系统、自动灌溉系统、远程视频监控系统、无线网络传输系统及显示终端组成。通过土壤数据采集实现农场田园的集成化管理，充分降低农场田园管理成本，并提高农场田园管理效率。

4)水肥一体化现代农田智能灌溉管理系统。结合研究区现状，从种植结构、水源及自然条件等多方面考虑,完成水肥一体化现代农田智能管理系统平台的搭建。主要建设任务有田间节水工程、田间施肥系统、土壤墒情监测系统、气象监测系统、高效节水灌溉实时智能预报与发布系统、信息中心软硬件系统。主要实现作物需水实时监测、灌溉水量在线控制、水肥一体化灌溉、作物参数动态修正、作物灌溉实时预报及灌水信息实时发布等多种功能,同时能够实现在研究区、县级及市级灌溉预报管理平台之间数据的传输、交互、决策协商与远程操作等。

5)农作物病虫害数字化监测系统。农作物病虫害数字化监测系统由虫情信息自动采集分析系统、孢子信息自动捕捉培养系统、远程小气候信息采集系统、病虫害远程监控设备、害虫性诱智能测报系统等设备组成,可自动完成虫情信息、病菌孢子、农林气象信息的图像及数据采集,并自动上传至云服务器,用户通过网页、手机即可联合作物管理知识、作物图库、灾害指标等模块,对作物实时远程监测与诊断,提供智能化、自动化管理决策。

6)农产品溯源系统。通过 GPS 定位技术、互联网技术、无线传感技术和数据库技术,采用智能交易器,将各个节点有机地结合在一起,通过无线传感网络、3G 网络、有线宽带网络与中央数据库相连接,对种植、管理、采摘、加工、运输、仓储、包装、检测和卫生等各个环节的数据进行收集,利用二维码编码技术,生成二维码,通过手机扫描完成农产品信息的追溯。农产品溯源平台为企业用户提供数据采集、绿色履历管理、溯源数据存储、系统管理、基础数据管理等功能。二维码作为该产品的唯一标识,记录着农产品选种、种植、施肥喷药、运输等信息,供消费者通过溯源查询客户端扫码查询。

5.2.4.2 过程阻隔技术

目前,农田面源污染过程阻隔常用的技术有两大类:一类是农田内部拦截的水土流失措施,如稻田生态田埂技术、生态拦截缓冲带技术、生物篱技术、果园生草技术;另一类是污染物离开农田后的拦截阻断技术,包括生态沟渠、植被过滤带、生态护岸边坡等面源污染治理技术。这类技术通过对现有沟渠的生态改造和功能强化,或者额外建设生态工程,利用物理、化学和生物的联合作用对污染物(主要是氮、磷)进行强化净化和深度处理,不仅能有效拦截、净化农田氮、磷污染物,而且能将土壤氮、磷滞留于田内和(或)沟渠中,实现污染物中氮、磷的减量化排放或最大化去除及氮、磷的资源化利用。

(1)生态沟渠拦截技术。生态沟渠拦截是采用生物、工程等技术措施,构建排水沟渠,在沟渠中配置多种植物,并在沟渠中设置透水坝、拦截坝等辅助性工程设施,对沟渠水体中氮、磷等物质进行拦截、吸附、沉积、转化及吸收利用。

(2)植被过滤带。河岸植被过滤带针对坡耕地因地表径流引起的漫垄面蚀和断垄冲沟水土流失及面源污染现象,集成水土保持工程措施、生物工程措施和农业耕种措施等技术,控制水土流失及农业面源污染物流失,同时,通过岸边植被过滤带配置技术,使农业面源污染物进一步得到截留、过滤和吸收。根据分布位置与主要作用,其可以分为以下几个类型:滨岸缓冲带;草地化径流带;等高缓冲带;防风带或遮护缓冲带;混合耕种;缓冲湿地。

(3)植被浅沟。植被浅沟是一种在地表沟渠中种有植被的雨水处理措施,通过重力流收集并处理径流雨水。植被浅沟与植被过滤带类似,主要区别在于植被浅沟接收集中径流，适宜较长距离传输，而植被过滤带主要接收上游大面积分散式片流。

(4)生态护岸边坡。生态护岸技术是利用植物或者植物与工程措施相结合的，既能有效减小水流和波浪对岸坡基土的冲蚀和淘刷，又能美化造景、维护生态环境的新型护岸形式。生态护岸的功能主要包括防洪安全、固土护坡、水土保持、缓冲过滤、净化水质、生态修复、改善环境、美化景观等。目前，生态护岸技术主要有植草护坡技术、三维植被网护岸技术、防护林护岸技术、植被型生态混凝土护坡技术等4种。

(5)缓冲带和水陆交错带。缓冲带也称水陆交错带，是湖泊流域中陆地生态系统和水域生态系统之间十分重要的过渡与缓冲区域。缓冲带是指与受纳水体邻近、有一定宽度、具有植被、在管理上与农田分割的地带，能减少污染源和河流、湖泊之间的直接连接。缓冲带能够滞留农田地表径流挟带的大部分氮、磷。水陆交错带的一个重要生态功能就是对流经水陆交错带的物质流和能量流有拦截和过滤作用。

5.2.4.3 末端治理技术

农田面源污染物质离开农田、沟渠后的汇流被收集，再进行末端强化净化与资源化处理，如前置库技术、生态塘技术、人工湿地技术等。这类技术多通过对现有塘、池的生态改造和功能强化，或者额外建设生态工程，利用物理、化学和生物的联合作用对污染物(主要是氮、磷)进行强化净化和深度处理，能有效拦截、净化农区污染物，滞留农区氮、磷污染，回田再利用，实现农区氮、磷污染物资源化和氮、磷减量化排放或最大化去除。

(1)前置库技术。前置库技术是利用水库的蓄水功能，将径流污水截留在水库中，经物理、化学、生物作用净化后，排入所要保护的水体。前置库技术通过调节来水在前置库区的滞留时间，使径流污水中的泥沙和吸附在泥沙上的污染物质在前置库沉降。

(2)生态排水系统滞留拦截系统。生态塘系统主要用于收集、滞留沟渠排水。排水系统包括引流渠和生态塘系统。

(3)人工湿地技术。在农业种植区下游，建设一个或若干个湿地，收集生态塘系统处理的排水，对其进行深度处理，有利于将农田面源污染降低到最低限度。湿地系统包括水收集沉降区和水净化植被过滤区两部分，为了达到高标准排水需要，也可在湿地系统中设置物化强化处理系统，用于吸附氮磷、农药和除草剂等污染物。

(4)末端水体的原位生态修复技术。通过选择性激活水体中原有的能高效降解污染物的土著微生物，促进有益微生物的快速生长，并建立起“污染物–有益微生物–浮游动植物–小鱼小虾–大鱼”的完整食物链，在降解水体内污染物的同时形成良性健康的水生态系统。

5.2.5 三峡库区柑橘种植区水土流失及面源污染防治措施体系

5.2.5.1 三峡库区柑橘种植过程

现状柑橘林地采用的粗放经营模式：每年1—2月，园地修整，清洁柑橘园，清除枯枝落叶，减少病虫害，并施芽前肥；3月底至4月初，喷洒农药除草，并防治病虫害；7月20日前后，去除所有夏梢，并施壮果肥；8月抗旱；10月对早熟品种进行采摘；11月进入成熟采摘期。一些山坡柑橘地修成了水平阶形式，较为整齐，且为土质田坎，但橘树下基本无植被覆盖,地表土层裸露,坡面水土流失比较严重。

5.2.5.2 三峡库区柑橘种植产生的生态环境问题

三峡库区柑橘果园一方面面临立地条件差、土层浅薄贫瘠、水土流失严重等自然地力问题,另一方面柑橘大多是纯人工经济林,密植、中耕除草、修剪、喷药和施肥强化了人为作用对柑橘林土壤的持续扰动,加重了农业面源污染。

(1)柑橘施肥问题

①大部分地区柑橘园土壤养分状况差,施肥量不足。大部分柑橘园位于山区丘陵地区,土壤普遍贫瘠,养分不足,使得柑橘树体养分缺乏;果农对于施肥的重要性也认识不足,经常少施或不施化肥。

②施肥配比不合理、柑橘树体养分不平衡。随着农业技术的推广,果农逐渐认识到施肥的重要性,但也造成了不合理施肥的问题。偏施氮肥、少施磷钾肥的现象很普遍。

③部分地区施肥量过高,造成污染浪费。由于脐橙经济效益较高,果农重视投入,使过量施肥在脐橙种植上的表现尤为明显。在重庆市奉节县,脐橙园平均每年每公顷投入量为:氮肥 678 kg,磷肥 450 kg,钾肥 570 kg,比推荐施肥量高了 1 倍以上。大量施肥一方面导致肥料利用率下降,大量肥料浪费,降低了经济效益,另一方面,大量化肥被淋溶流失进入水体,造成水环境污染。同时,过量地施用化肥会破坏土壤结构,引起土壤板结,丧失调节水肥供应的能力。

(2)柑橘病虫害和农药问题

柑橘树是多年生常绿果树,生态系统比较稳定,为许多害虫栖息生存提供了良好的条件。据统计,危害柑橘的害虫多达 800 余种,其中常年发生、危害损失较大的有 50 多种,主要可分为 10 类,即害螨类、蚧类、粉虱类、蚜虫类、蛾类、天牛类、虫类、叶甲类、实蝇类和瘿蚊类。柑橘园主要病害是溃疡病、砂皮病、疮痂病、炭疽病等。长期以来,农药的大量滥用和误用使得果园生态系统的结构受到破坏,生物多样性降低,自然天敌昆虫的控害能力减弱,导致某些害虫的抗药性发展迅速,造成害虫发生危害严重。此外,果农喷施农药时,经常任意加大浓度、选择错误喷施工具、任意混用农药等。

①防治手段单一。化学防治是柑橘园病虫害防治的主要手段。一是绿色防控普及率低,大部分柑橘园单纯依赖化学农药,捕食螨、杀虫灯、黄板和性诱剂等绿色防控措施仅在少数橘园和国家项目支持的橘园示范和应用;二是化学农药种类多;三是橘园长期单一使用同一品种农药;四是局部个别果园仍在施用国家禁用农药,如杀扑磷、氧化果、甲氨磷和水胺硫磷等国家明文禁用的高毒农药。

②用药水平高。施药次数多、单位面积农药投入量大。

③科学用药意识较差。施药人员老龄化、弱质化现象严重。

④橘园施药器械落后。农药的“跑、冒、滴、漏”现象严重。

(3)水土流失

三峡库区柑橘果园立地条件较差,抵御自然灾害特别是干旱的能力弱。橘园大多建在丘陵坡地上,土层浅薄,多小于 40 cm,土壤中岩块多,石砾占比平均达 10%,甚至达 30%,而柑橘根系主要集中在 30 cm 土层内,难以向下深扎。水土流失严重、季节性干旱时常发生,柑橘园土壤肥力低,养分贫瘠,土壤水肥保持力较差。

柑橘种植带由于种植地块分散、林种稀疏、集约利用化低、品种参差不齐,农业生产效率不高,未形成集中连片、规模化、高效的生产基地,影响了其经济和生态效益的综合发挥。植被覆盖带地表破碎、土地贫瘠、岩基裸露,部分林分质量低劣,少数有林地为低质林地,分布不均,森林生态系统整体功能较脆弱。

5.2.5.3 三峡库区柑橘种植区的水土保持技术体系

三峡库区柑橘园基础设施落后、物种配置单一、管理粗放的现状使得其容易形成干旱、洪涝、水土流失和面源污染等危害,不仅威胁到库区生态环境,还有碍于柑橘产业的持续发展。根据三峡库区柑橘园的建设和管理具体情况,将水利措施、生物措施、化学措施和农艺措施因地制宜地进行有机结合,总结一套适合于三峡库区柑橘园的水土保持技术体系。

(1)柑橘园建设水土保持技术

从柑橘园建设的坡改梯工程、土壤管理、改土工程、水分管理及蓄排水工程5个方面综合分析当前三峡库区生态柑橘园建设的水土保持技术。

①坡改梯工程

柑橘园进行水土保持应用最多的措施就是坡改梯,主要是将柑橘林改造成水平阶,再采取一些排水和蓄水措施,已取得一定的防治效果,但整地前期投资较大,不合理的土地开垦方式及管护方式对水土流失的影响显著。

果园梯田改造主要有以下3种方法:一是修筑坡式梯田。一般适用于缓坡,采取"等高不等宽,随弯就势"原则。二是挖撩壕。是指按照等高线挖成等高沟,把挖出的土堆在沟的外侧形成垄,并在垄的外坡栽果树。三是挖鱼鳞坑。适用于坡度较大、地形复杂的山坡地,有助于提高水土流失区柑橘的成活率,以后再逐步降坡,改为梯田。根据地形逐棵修筑外高内低的鱼鳞坑时,应顺山坡修成15°~20°坡度,柑橘栽种在坑中上部,收集周围石缝间客土,加厚土层。

6°以下的旱地不修筑水平梯田,6°~25°的旱地修筑水平梯田,田块布置采取"等高不等宽,随弯就势"原则,梯田宽应不低于3 m,相邻两旱地地块之间的高差应小于2 m。旱地柑橘园主要存在排水问题及道路规划问题,排水沟的布置应依托天然河沟和承泄区,修建与田间主排水沟、积水区相通的主干排洪沟,以排除田块内外多余的地表水、土壤水和地下水,同时根据坡面汇水,沿等高线设置汇入主干排洪沟。田间道路的规划:主干道应该设在丘陵的底部,穿过主要的丘陵分布区,由主干道接出来的支路与各个主要的丘陵连接。

鉴于柑橘根系本身具有一定的水土保持作用,所以,对库区内坡度在6°以下的坡耕地,一般降雨都可以做到就地拦蓄,而坡度在25°以上的坡耕地,其母岩为页岩和砂岩,土层浅薄,对于修筑梯田有一定难度,工程花费较大,所以不进行坡式梯田改造。对于6°~25°的旱地修筑水平梯田,田块布置采取"等高不等宽,随弯就势"原则。在相同坡度范围,要求各梯地高度一致,梯地台面随坡形变化而变化,但是梯田宽一般不低于3 m。相邻两旱地地块之间的高差一般小于2 m,如果大于2 m,虽能增加梯面宽度,但费工多,牢固度下降。因此,建议只考虑高差在 2 m 以下的进行水平梯田的修筑,在整个坡面上规划平行的直线定植穴,或平行等高线(不一定在一个平面上)定植穴,相邻定植穴分布在不同地块上,但柑橘定植后依然成行(可能是弯曲成行),种植田块宽度不足 2.5 m 的放弃不栽,此种修筑水平梯田开挖定植穴的方式在柑橘定植后为不规则的长短行,且行向各异。

②土壤管理

1)土壤施肥。采用环状沟施、条沟施和全园撒施。成林果园追肥宜采用全园撒施,缓释肥浅沟施。复壮肥每年秋季沿树冠滴水线挖环状施肥沟,沟宽 30~40 cm,深度根据树体的吸收根深度而定,随树体冠幅增加,环状沟逐年向外扩展。果树封林后,在两树行间挖条状施肥沟,回填顺序为秸秆(茅草或绿肥)→农家肥→饼肥→普钙→表土和底土,灌足水以保证肥效。施足有机肥,有利于培肥熟化土壤,持续地力。每年进行中耕除草 3~4 次,中耕深度 10~15 cm,保持土壤疏松。

2)保护性耕作。包括少耕免耕、深翻扩穴、熟化土壤、间作或生草、果园覆盖与培土、土壤酸碱度的校正、逆倾向坡坡耕地水土流失防治、植物篱、植被缓冲带、竹节沟等。

果园生草栽培指的是在果树行间或全园种植多年生草本植物作为覆盖作物的一种果园土壤管理方式。除条带或全园覆盖方式外,梯壁植草、坡地草带、草沟等也属于果园生草栽植方式。果园常种植的草有百喜草、狗牙根、画眉草、宽叶雀稗等。果园种植绿肥能够增加地面覆盖率,表现出较强的抗强降雨能力,有效地控制地表径流和土壤侵蚀量,同时可增加水分渗透,提高园地蓄水能力。

套种:适宜柑橘幼树期前 3~4 年进行间、套种,封林后以绿肥套种翻压为主,不再套种经济作物;间、套种作物种植于柑橘树冠外围,距离主干应大于 50 cm。随树冠和根系逐年扩大,套种面积逐年缩小;间、套种不能“喧宾夺主”,要保证果树生长发育,宜选择耗肥少、植株矮小、无攀缘性、生育期短的作物,能适当控制或不会引发柑橘园病虫害,避免作物和果树间的肥水竞争;水、肥、病虫害管理需结合柑橘树管理同时进行,翻压绿肥需根据土壤状况,配合施用石灰等物质,防土壤酸化。

间作或生草:间作物应与柑橘无重要的共生性病虫害、浅根、矮秆,以豆科植物和禾本科牧草为宜,如藿香蓟、白三叶、圆叶决明、百喜草、大豆、蚕豌豆、肥田萝卜和紫云英等。间作的作用:一是增加土壤有机质;二是占领地表,控制恶性杂草的生长;三是为柑橘害虫天敌创造理想的藏匿场所,间作物上的花粉和螨类还是捕食螨等天敌的优良食料。如果果园原有的杂草以浅根、矮秆的良性杂草为主,也可实行生草栽培,出梅后及时刈割翻埋于土壤中或覆盖于树盘。

柑橘园物种配置采取柑橘+粮食、蔬菜、经济作物复合间作套种形成的农林复合系统。适合三峡库区柑橘园间作套种的物种主要有小麦、马铃薯、花生、豆类、红薯、菌类等。针对柑橘林间光热特性,实施柑橘-蚕豆-麦-芝麻-绿豆、柑橘-平菇、柑橘-黄豆-白菜-麦-玉米-大豆、柑橘-红薯、柑橘-蕻菜等农林复合物种配置模式,在排水沟中种植芋头等喜阴好潮湿的植物,形成多层植被体系,改善系统小气候。

不宜在柑橘林下种植的植物种类:一是薯类作物,主要包括红薯、马铃薯、豆薯、山药、芋头等；二是高秆类作物，如芝麻、高粱、玉米等易与柑橘树争夺林间阳光，影响柑橘树的生长从而影响其结果品质和数量；三是藤蔓类作物，可能影响果树生长，如老南瓜、冬瓜等藤蔓蔬菜，四季豆、丝瓜、苦瓜、黄瓜等蔬菜；四是茄科作物，包括药用植物如枸杞、天仙子、酸浆，蔬菜如茄子、西红柿、辣椒，观赏植物如碧冬茄、夜香树和工业原料如烟草等。茄科类作物容易招惹附线蜗等与柑橘树共生的害虫，从而危害柑橘树。

③改土工程

对于紫色土土层浅的果园，种植柑橘很容易出现干旱，在伏旱期高温持续时间较长时，土壤易缺乏水分，影响果实膨大，并发生日灼果，严重时造成裂果、落果，甚至死树。

针对库区以紫色土为主的特点，主要有以下 3 种果园改土方法：一是定植穴改土法。先按行距测出等高线，然后把定植穴位置的表土搬向上坡。梯田基线清沟后，用定植沟的底土填筑梯壁，再把表土及草皮肥料等填入定植沟中。最后把梯田田面平整，在梯田外沿修筑具有一定高度的土埂，外向内稍倾斜，内侧有沟，内壁沟与总排水纵沟相连，出口处筑一高 10 cm 左右的小埂，达到缓和排水、积水的作用，以保证能够将该台面的降水安全合理地排出，使果树不受渍害，亦不至于冲刷梯壁，有效地防止大雨对原旱坡山地土壤所造成的水土流失。二是壕沟改土法。适用于旱地土层较浅的坡瘠地。对于紫色土等土层浅的土壤，种植柑橘很容易出现干旱，旱情发展快，并且容易干死树，因此需要挖深、宽 80~100 cm 的长条壕沟。为防止积水，还需在沟底每 10~15 cm 挖开洞穴，填入乱石、粗煤渣或用砖块、陶管砌好管道通向下级梯田成暗排水沟。三是垄畦改土法。在水田区常采用开沟垄畦改土法，即顺地势设置逐级加深加宽的三级排灌系统，排灌沟由箱沟、壕沟和排水沟组成，使旱时能灌、涝时能排。壕沟上方设置入水口，接通灌水沟，下设排水口，通排水沟，再通向排水总渠。

④水分管理

做好柑橘种植区合理供、排水。柑橘的抽梢、开花结果均需大量的水分，遇干旱必须及时灌水，而梅雨季节往往雨水较多，橘园易积水，引起烂根，造成落叶、落果，必须及时开沟排水，及时清淤，疏通沟渠，使果园积水及时排出。地膜覆盖是控制土壤湿度的有效方法，一般可在 8 月施过壮果肥后开始覆盖。土层浅、砂性重、易干燥的园地，可在 8 月中下旬降雨后覆膜。借助于地膜的反光，还可增加橘树内膛光照，使果实上下均匀着色。在早春覆盖地膜，还可提高土温，促使橘树提早开花。对低洼地段的果园在强降雨天气易受积水的影响，因此要加强低洼地段果园的排水设施。要完善果园的基础设施，加强灌溉能力，增强抗旱能力。柑橘园水分管理关键技术从节水和抗旱两个方面进行分析。

1）节水技术

三峡库区柑橘园以坡耕地为重点，以种植区结构调整为核心，开源和节流并重，结合工程技术、生物技术、农耕技术等三大措施，抓好水源、输水、灌水、保水等四大环节，达到减少降雨径流损失和蒸发损失、增加灌水的利用率和土地的产出率的目的。

a. 集雨开源技术

集雨开源技术主要包括江河提引工程，修建库、塘、堰、蓄水工程，以及田间和坡面水系整治三大工程。其主要作用是多途径集蓄降雨，拦截地表水和地下水，增加灌溉水源。

结合坡耕地“三沟”(边背沟、沿山沟、排洪沟)治理,搞好“三池”(蓄水池、沉沙池、蓄粪池)建设可有效拦截降雨,调控降雨不均与作物持续需水矛盾,以达到补灌抗旱和高效种植的目的。

b. 节水灌溉技术

节水灌溉技术主要包括渠系防渗和以喷灌、微灌为主的现代节灌技术,其主要作用是提高灌溉水的利用率和利用效益。在丘陵区应以移动式喷灌和半移动式喷灌为主;在果园与设施农业配套可采用微喷灌或滴灌。适合三峡库区柑橘园的灌溉技术包括:

柑橘节水穴灌技术:柑橘节水穴灌技术近年来在重庆江津、忠县、北碚等采用,方式有漫灌、多穴(8~12 点)穴灌、两孔穴灌等方式。采用手持胶管穴灌,一般情况下灌水几分钟,就可灌满两个土穴,耗水 50 L 左右,为漫灌用水的 20%~30%。

柑橘生理节水滴灌技术:根据干旱期间有限的灌溉蓄水量和预计的旱期(一般按最低 8 t/亩,连续 30 d 旱期为计算标准),合理安排灌溉水量,通过滴灌设施,形成柑橘根系的局部灌溉,通过非充分灌溉原理,同时实现设施节水和植物生理节水。

“抗旱剂”抗旱技术:随水灌溉和叶面喷施。随水灌溉的抗旱剂最佳用量为 200~800 g/亩;叶面喷施是将抗旱剂按比例溶解于水中,每株树采用穴灌方式,灌水 50 L 以上。也可用旱地龙与适量的水配合成溶液喷施在柑橘叶面上,一般 667 m^2 用 100 g 旱地龙兑 400~500 倍水,选择早晚无风时喷施效果最佳。

树盘覆盖技术:树盘覆盖技术是一种传统的减少土壤水分蒸腾作用的技术。将树冠附近的土壤全部覆盖 5 cm 以上厚的稻草、稿秆、杂草等,灌溉穴覆盖厚度应在 5~10 cm。覆盖的杂草等必须距离树干 20~30 cm,以保持柑橘树干底部的干燥,避免因树干底部湿度过大,导致细菌的大量繁殖,使柑橘树感染脚腐病或根腐病。

c. 农艺抗旱保水技术

农艺抗旱保水技术主要包括适雨避旱技术、垄作技术、覆盖技术、避旱栽培和水肥耦合等技术。其主要作用是减少径流损失和蒸发损失,提高单位水资源的产出率。在横坡垄作耕作的基础上,提出的适合于三峡库区坡耕地的聚土垄作、格网式垄作和“目”字形垄作等耕作技术,在栽培上,根据降雨分布和坡耕地水分变化规律,提出的以调整播期为基础的适雨避旱、以旱制旱技术,以调整品种为主体的以旱制旱技术,以及平衡施肥、化控抗旱技术等都是节水农业中主要的农耕农艺技术。

d. 工程保水技术

工程保水技术包括坡改梯、增厚土层和经济植物篱技术。其主要作用是建设土壤水库,增加土壤水和生物稳水量。

2)抗旱技术

柑橘产区年降雨量在 1 000 mm 左右,可以满足柑橘生长结果的需求,但因雨量分布不均,不少产区常会发生干旱,加之不少丘陵山地柑橘园存在灌溉水源不足、水利设施跟不上等问题,使柑橘旱害每年都有不同程度发生。旱害防止最有效的方法是及时灌水,但不少柑橘果园需要灌水时缺水,因此应在干旱未发生时设法蓄水,抗旱时节约用水,并采取综合防旱措施。

a. 设凼蓄水防旱

山地柑橘园建园时，排水沟设在靠近坡的一边，其主要作用是保持水土，不宜太深，一般 30~40 cm。通常排水沟兼蓄水，在出水口处挖 1 个 0.5 m^3 左右的沉沙凼（长的排水沟在中间可增加 1 个或数个沉沙凼）。为增加山地果园干旱时的蓄水量，也可将排水沟挖成“竹节沟”（比普通排水沟深），在沟中每隔 5~10 m 用石块或草坯筑 1 个不透水的矮墙，矮墙的高度达到沟深的 1/2~2/3，每次下雨时沟中的矮墙能拦截雨水和泥沙，既能在大雨时排水，又能减少水土流失，起到蓄水的作用。

对园内无上述设施的，缺水的柑橘园雨季前应堵沟、加深或增加蓄水池，尽可能使雨水蓄于园中而不出园，以利土壤保墒或用于灌溉。

b. 及时节水灌溉

柑橘园遇旱要及时灌溉，干旱通常在盛夏酷暑出现较多，此时有的果园水源较少，为节水和提高灌水效果，更宜采用穴灌。

c. 综合防旱措施

园地覆盖。其作用是土壤保墒、优化结构、提高肥力、控制杂草，有利于提高柑橘产量和果实品质。覆盖可用杂草、作物秸秆、树叶、枝丫等，根据覆盖物的来源，可实行全园覆盖或树盘覆盖。覆盖一年四季均可进行，起到保水防旱的作用。

生草栽培。其作用是改良土壤肥力，抑制杂草生长，防止水土流失，增强柑橘抗旱能力。用于柑橘园生草栽培的草种有三叶草、意大利多花黑麦草等。

深翻施肥。其作用是改良土壤结构、提高土壤肥力和增强树体抗旱能力。深翻扩穴，通常在 10 月下旬至 12 月上旬结合施基肥进行，沿树冠滴水线逐年向外深翻扩穴，压入秸秆或绿肥，能掺施优质农家肥（畜禽栏粪等）或少量饼肥更好。改偏施氮肥为增施有机肥。秋季雨水较多，土壤湿度大，要及时深施有机肥做基肥，以利于树体养分储存、树势健壮及抗旱力增强。

叶面喷肥。其作用是增加果园湿度，降低叶片温度，提高树体含钾量和抗旱、抗高温能力。宜在 6—8 月的高温、干旱季节，喷施 5%~6% 草木灰浸出液或 0.2%~0.3% 磷酸二氢钾溶液。叶面喷肥时间选择以无风或微风的清晨或傍晚为佳。

合理修剪。其作用是降低叶面蒸腾速度、提高光合作用效率、促进根系生长。冬季剪除病虫枝、衰弱枝、过密枝等；春、夏季及时抹除多余的萌芽、枝梢，既能减少叶面蒸腾，又可形成上稀下密、外稀内密，大枝稀、小枝密的丰产树形。

⑤蓄排水工程

蓄排水工程由蓄水工程、排水工程和灌溉工程组成。

1）蓄水工程。建设山丘区小水窖、小水池、小塘坝、小泵站、小水渠等“五小水利”工程。尽量保留果园建设区内现有的堰、塘、库等蓄水设施作为灌溉水源。蓄水不足又不能自然引水的片区，增设提水设施。为了方便喷药和零星灌溉用水，果园内需新建部分蓄水池。

2）排水工程。排水工程由拦山沟、排洪沟、排水沟、背沟和沉沙凼组成。排水系统拦截的地面径流，可引入蓄水池、水塘或水库，或直接排到果园外。果园上方有汇水面的，需要修建拦山沟,拦截果园上方山水,汇入排洪沟或排水沟。排洪沟主要是对自然形成的沟渠进行整治与连通。根据地形变化,在汇水线上设置顺坡排水沟。在主干道、支路便道的一侧设置排水沟,特殊路段需要在两侧设置排水沟,易积水的地块需要增设排水沟。梯地在离梯壁 0.3~0.5 m 处设置背沟,且与栽植柑橘主干间的距离须大于 1 m。在短背沟两头设沉沙凼。沉沙凼设在沟旁利用水流回旋沉沙,并起蓄水作用。

根据库区内柑橘园建园的地形地貌差异,其排水设施的设计也有所不同,主要有以下 2 种方法:一是山地或丘陵果园。三峡库区内山地或丘陵果园上方有较大的积雨面的,应在果园上方沿等高线方向修建上宽 1~1.5 m、底宽 0.8~1.0 m、深 1~1.5 m 的拦山沟,沟底比降 0.3%~0.5%。此种做法的优点是大雨来临时,可以将水引到果园外,防止雨水冲刷果园。排洪沟应以自然形成的或现有的排洪沟整治为主,对不牢固的地方进行加固,以降低工程造价。梯地果园的主排水沟多为顺坡而下,但每隔一段距离要采用 5~10 m 的水平走向,并在梯壁下设置背沟,短背沟在出水口设沉沙凼,长背沟每隔 20~40 m 设一沉沙凼或小蓄水池。背沟的优点在于拦截干旱来临前的雨水,使其停留在沟内,让水慢慢渗入土壤,增加土壤水分来源,同时也可增加果园空气湿度,从而减少果园的蒸发和蒸腾,延缓干旱的发生。二是平地果园。库区内平地果园的主排水沟与柑橘行向垂直,每 50 m 左右 1 条,一般考虑水沟宽、深均在 0.6~1.2 m,最好建在原果园自然的主排水沟处。目前,国外水土保持最主要的排水方法之一是主排水沟采取草沟的型式。草沟的优点在于费用低廉、施工简易,草类本身具有复旧能力,又能兼顾自然景观等。田间排水沟与柑橘行向平行,土壤排水性能好的,每 2~4 行设置一条沟,排水性能差的每行设置一条沟,沟深 1 m 左右,其作用是将各梯地水排出,再将各梯地水引入主排水沟。主排水沟与果园的内侧排水沟合理衔接,以汇集果园的横向排水。草沟的应用既达到了安全排泄坡面径流的目的,又降低了建设的造价,同时又能够和自然环境达到和谐一致,维护生态景观的协调。这不仅遵循了自然规律和经济规律,而且在不降低水土保持效果的基础上,突出生态优先,使得工程建设与自然环境更加协调。

3)灌溉工程。普通的灌溉系统由水源、引水渠、引水沟组成,通常以蓄水系统储蓄的水或附近的溪、河、江水作水源,利用排水系统的排水沟兼作引水沟,引水架连接引水沟和水库或水塘。柑橘园灌溉主要采取以下两种方法:一是微喷灌,是介于喷灌和滴灌之间的一种局部灌溉技术,它将具有一定压力的水喷到距地面不高的空中,散布成微小的水滴,均匀地喷洒到果树上和果树根区的地面上;二是滴灌,是用封闭管道输配水或营养液至滴头呈水滴状渗入作物根系集中层的土层内实现灌溉的方法。由于滴灌仅局部湿润根部土壤,因而不会破坏土壤结构,灌溉后土壤不板结,能保持疏松状态。节水灌溉设备包括机房、水泵、过滤系统、网管系统、施肥设备、网管安全保护设备、计算机系统、电磁阀和控制线、滴头或微喷头等。

⑥柑橘园建设土地整理模式

在丘陵和山地的缓坡地新建柑橘园,需要根据等高线进行水平的梯田开垦,排灌水系统、道路交通系统及防护林的建设也是必不可少的。以重庆市万州区甘宁镇永胜等(土地整理项目柑橘园建设)为例说明柑橘园建设的改土工程、灌排工程及道路工程,并提出了柑橘园建设土地整理的关键技术。①海拔低于 500 m，坡度控制在 25°以内，适宜种植柑橘的水田采用垄畦改土法；而旱地中土层较深的坡耕地采用定植穴改土法，土层较浅的坡瘠地采用壕沟改土法。②项目区水资源供大于需，根据各地块实际情况，设计排灌沟渠，布设一定量的周转池等，形成一个完善的综合排灌体系，以调节水资源时空分布不均造成季节性缺水现象的情况。③整修原有田间道，连通横跨研究区的主要对外交通道，进而与县城主干道连为一体；考虑到水田、旱地集中成片改建为果园，整修部分骨干生产便道，使其将田块与每条支田间道、主要对外交通道相连接，使各级道路均与农田水利系统、田块、居民点、对外交通干道结合，构建完善田间道路网系统。④柑橘园建设土地整理关键技术：采用定植穴改土（坡地）和垄畦型改土（水稻土），回填有机物料，达到土层深厚，有机质高，质地疏松，通透性、排水性良好；采取修建壕沟、背沟及箱沟等多种沟渠构成排水系统，以一级主管道与蓄水池、天然河沟及灌溉渠等水源相连接，并配套一定数量的阀门与二级管道连接，将水输送至田块实现灌溉；生产作业道和生活便道宜采用平直式，当道路纵坡大于 10°时宜采用凹槽防滑处理的平直与台阶结合式，以便于柑橘园内小型机械车、摩托车通行。通过土地整理建设柑橘园，坡耕地土层变深厚，耕作层结构改善，肥力水平提高，生态服务功能提升，并且柑橘园能提供与耕地同等重要的产品，因此柑橘园应作为耕地的一部分。

（2）三峡库区柑橘种植区水土流失综合防治模式

①丘陵山区水土流失综合防控体系

模式一：垂直农业生态景观模式建设

垂直农业生态景观模式建设是一种适合在丘陵区的复合生态农业建设模式，在山顶、山腰和山底应用不同的措施，达到保持水土发展经济的目的，可总结为“山顶戴帽子、山腰拴带子、山底涨票子”。具体做法是：

1）山顶种植水保林带：在坡度大于 25°的山坡顶，水土流失严重。在禁止乱砍滥伐的同时，结合退耕还林（草）工程和天然林保护工程，尽快恢复植被，种植防护林。

2）山腰果树复合带：在山坡中部，发展经果林，不仅可以防止水土流失，还可增加农民的经济收入，同时还可形成赏花、观果、游园的旅游特色景观。果树的配置充分考虑与地形和土壤的适应性及品种的多样化，以丰富景观效果。在耕作措施上，实施多熟作物覆盖、间种套种，采用少耕、免耕。结合牧草种植，发展生态养殖业。

3）山底特色水域带：坡底的农田和水域主要形成“稻-鱼”和“藕-鱼”格局，在发展生态农业的同时，形成赏花、垂钓等特色服务，集种植、养殖、旅游观光于一体的景观格局。

模式二：上-中-下游空间综合治理体系

建立空间综合治理体系，发挥流域垂直梯级防治效应（上游生态恢复、中上游治灾和下游治沙），从沟头区域开始布置植物措施和谷坊，在中游区域以拦沙坝、潜坝和顺水坝为主，部分布置从源头到下游，进行自上而下的综合防治整体布置。在流域上游山区地带采取植树造林、封山育林及生态移民等生物工程措施；在流域中游地区逐步取缔坡耕地，建设沟道拦沙坝、生态固坡，硬化河堤，发展岸线生态农业，建设农田退水截污设施；下游地区协调开展拦沙坝内泥沙清淤工程；在入湖湿地处设置泥沙沉淀前置库，截留泥沙。

模式三：山顶-山腰-山脚水土流失综合体系

在果园开发整地时，要严格禁止采取全垦、机械化大规模作业、陡坡开垦，提倡使用隔坡带状开垦、保留原生植被或补植灌草隔离带、"山顶戴帽、山腰穿裙、山脚穿靴"和微小规模的整地方式（点/穴状整地等）。在采取水土保持措施时，应综合应用坡改梯、水平台地、集流槽、环山沟、山边沟、草沟、前埂后沟、节水灌溉等工程措施，果农结合、果草结合、梯壁植草、果草牧（渔）综合发展、节水覆盖等生物措施，以及合理的耕作措施。此外，还可以在果树行间、水平梯田的梯壁、排水沟内等处种植草本植物；在山脚建立缓冲带，在山坡与沟道连接处设置生态湿地，构建拦泥、截废、消污的最后一道防线。

模式四：立体梯级水土流失防治模式

丘陵山区水土流失"三道防线"技术：第一道防线是坡顶工程防护体系，在坡顶岗脊栽树戴帽，开挖截流沟，以涵养水源，控制坡水下山；第二道防线是田间工程防护体系，坡耕地等高种植、修梯田、种植物带、荒坡造林种草，达到拦截径流、蓄水保墒的目的；第三道防线是沟道工程防护体系，沟头修跌水、沟道修谷坊和塘坝、沟坡削坡插柳栽杨，以便拦泥蓄水，控制沟壑发展。由于从岗脊到沟底设置"三道防线"，高水高蓄，坡水分蓄，沟水节节拦蓄，各项措施相互制约，工程养植物，植物保工程，逐步形成植物措施、工程措施和农业相结合的立体防治结构，发挥群体防护作用，达到保持水土、改善生态环境的目的。

②清洁小流域综合治理

以小流域为单元的水土流失综合治理，采取坡面治理工程——坡改梯工程（石坎改梯、土坎改梯、植物护埂）、林草工程——水土保持林（经果林）、小型水利水保工程（蓄水池、排灌沟渠、沉沙池、田间道路）、沟道防护工程（谷坊、拦沙坝、溪沟整治、塘堰整治）、生态修复工程（封禁治理、疏林补植、沼气池、圈舍）等，建立从山顶到坡脚，以及到沟边和河边的水土保持综合防治体系，提高生态屏障区保土、保水及过滤净化、控制面源污染的能力，降低入库污染负荷。

5.2.5.4 三峡库区柑橘种植区面源污染防治技术体系

（1）肥料减量及高效利用

①三峡生态屏障区柑橘肥料使用管控要求

根据对三峡库区水环境安全的影响程度，将三峡库区生态屏障区划分为一级、二级、三级防护区。二级防护区是指 175 m 水位线以上、直线距离 100~500 m 以内的区域，为限制发展区，允许施用肥料、农药，但应遵循严格的肥料、化学农药投入品限制措施，单位耕地面积肥料施用量不得超过三级防护区的 80%，农药施用量不得超过所在省市农业部门规定的农药施用上限的 80%。三级防护区是指 175 m 水位线以上、直线距离 500 m 以外的区域，为适度发展区，但肥料施用量需严格控制在限量标准以内，农药施用量不得超过所在省市农业部门规定的农药施用上限，防止过量施肥、施药，控制农田氮磷流失和农药污染。所有 25°以上的陡坡地应退耕还林，禁止肥料、农药施用。

不同作物及种植模式肥料施用限制指标见表 5.2-1。

表 5.2-1　不同作物及种植模式肥料施用限制指标

作物/种植模式	区域	化肥氮/（N,kg/hm^2）	化肥磷/（P_2O_5,kg/hm^2）	商品有机肥/（干重,t/hm^2）
柑橘	一级防护区	0	0	0
	二级防护区	160	60	10
	三级防护区	240	80	14

②三峡库区柑橘施肥技术

柑橘园采用种植绿肥+有机肥+水肥一体化技术、柑橘专用有机肥研制及商品化开发模式。橘园种植绿肥(苕子)是模式的基础,行间拌土撒播绿肥(苕子),植株枯萎自然还田或翻耕还田,重施有机肥,依据土壤肥力和柑橘产量目标,采用水肥一体化技术,施用水溶肥,改良土壤、提高土壤有机质含量、减少肥料使用量、提高柑橘产量和改善品质、增加果农收益,是解决三峡库区橘园化肥减量增效、土壤生态环境保护问题的良好技术措施。典型技术包括:

1)种植绿肥还田技术

作用:在柑橘园行间空地,于春、秋季种植绿肥,实现田间全年绿肥覆盖,定期刈割,深埋还田。绿肥还田能改良土壤,培肥地力,增加土壤养分,特别是有机质含量;增加农田植被,减少水土流失;涵养水源,增强抗旱能力;以草抑草,控制杂草生长;提高产量,改善品质;减少化肥、除草剂用量,既减轻污染又降低投入成本。

技术:采用“夏季绿肥+冬春绿肥”模式,4 月上中旬种植夏季绿肥印度豇豆,9 月中下旬种植冬春绿肥箭舌豌豆或光叶紫花苕子。

2)水肥一体化技术

作用:在柑橘园内建设水肥一体化设施,采用“水施”方法施肥,可使肥料施用后迅速被吸收利用,有利于提高肥料利用率,减少化肥用量。同时,可有效避开降雨期施肥,减少肥料养分随雨水流失;干旱季节亦可用于抗旱。

技术:在柑橘园内建设蓄水池、输水管网、配肥池、微润灌溉管网等设施,施肥自动控制。

3)菜茶有机肥替代部分化肥技术

实施该项技术的作用是减少化肥用量,降低污染,改良土壤,培肥地力,提高果品品质。

a.“有机肥+配方肥”模式

秋冬季施肥。目标产量为每亩 2 000~3 000 kg 的柑橘园,每亩施用商品有机肥(含生物有机肥)300~500 kg,或牛粪、羊粪、猪粪等经过充分腐熟的农家肥 2~4 t;同时配合施用 45%(14:16:15 或相近配方)的配方肥 30~35 kg。长江上游柑橘带注意补充锌和硼肥,每亩施用硫酸锌 2 kg 左右、硼砂 1 kg 左右。于 9 月下旬到 11 月下旬施用(中熟品种采收后施用,晚熟或越冬品种在果实转色期或套袋前后施用),采用条沟或穴施,施肥深度为 20~30 cm 或结合深耕施用。

春季施肥。2 月下旬至 3 月下旬施用。建议选用 45%(20∶13∶12 或相近配方)的高氮中磷中钾型配方肥,每亩用量 35～40 kg;施肥方法采用条沟、穴施,施肥深度为 10～20 cm。注意补充硼肥。

夏季施肥。在 6—8 月果实膨大期分次施用。建议选择 45%(18∶5∶22 或相近配方)的配方肥,每亩施用量 40～50 kg。施肥方法采用条沟、穴施或兑水浇施,施肥深度在 10～20 cm。

b."绿月肥+自然生草"模式

柑橘园生草栽培。秋季在柑橘园播种苕子、山黧豆、箭筈豌豆等豆科绿肥,每亩播种量 3 kg 左右,于 9—10 月在降雨后土壤湿润的情况下均匀撒播于行间(一般在距离树基 0.5 m 以外种植绿肥),于翌年春天 3—4 月刈割翻压后作为肥料,或者让绿肥自然枯萎覆盖于柑橘园。5—8 月柑橘园自然生草,到 40 cm 左右或季节性干旱来临前适时刈割后覆盖在行间和树盘,起到保水、降温、改土培肥等作用。

春季施肥。3 月在绿肥翻压的同时配合施用配方肥。建议选用 45%(20∶13∶12 或相近配方)高氮中磷中钾型配方肥,每亩用量 30 kg 左右,施肥方法采用条沟、穴施,施肥深度为 10～20 cm,注意补充硼肥。

夏季施肥。通常在 6—8 月果实膨大期分次施用。建议选择 45%(18∶5∶22 或相近配方)配方肥,每亩用量 40～50 kg。施肥方法采用条沟、穴施或兑水浇施,施肥深度为 10～20 cm。

秋冬季施肥。于 9 月下旬至 11 月下旬施用,建议选择 45%(14∶16∶15 或相近配方)配方肥,每亩用量 30～35 kg。种植绿肥鲜草达到 2 000 kg 以上的柑橘园,可以不施用其他有机肥。绿肥产量较小的柑橘园适量施用有机肥,每亩施用商品有机肥(含生物有机肥)20～300 kg,或牛粪、羊粪、猪粪等经过充分腐熟的农家肥 1～2 m^3。采用条沟或穴施,施肥深度在 20～30 cm,或结合深耕施用。

c."果-沼-畜"模式

沼渣沼液发酵。根据沼气发酵技术要求,将畜禽粪便归集于沼气发酵池中,进行腐熟和无害化处理,后经干湿分离,分沼渣和沼液施用。沼液采用机械化或半机械化灌溉技术直接入园施用,沼渣于秋冬季做基肥施用。

春季施肥。2 月下旬至 3 月下旬施用。建议选用 45%(20∶13∶12 或相近配方)高氮中磷中钾型配方肥,每亩施用 30～40 kg;采用条沟法施用,施肥深度在 15～20 cm,同时结合灌溉追入沼液 30～40 m^3。

夏季施肥。在 6—8 月果实膨大期分次施用。建议选择 45%(18∶5∶22 或相近配方)配方肥,每亩用量 35～45 kg。施肥方法采用条沟施用,同时结合灌溉追入沼液 20～30 m^3。

秋冬季施肥。每亩施用沼渣 3 000～5 000 kg。同时配合施用 45%(14∶16∶15 或相近配方)配方肥 30～35 kg。于 9 月下旬到 11 月下旬施用,采用条沟或环沟法施肥,施肥深度在 20～30 cm。沼渣施入沟中,再撒入配方肥,混匀后覆土。

d."有机肥+水肥一体化"模式

秋冬季施肥。每亩施用商品有机肥(含生物有机肥)300～500 kg,或牛粪、羊粪、猪粪等经过充分腐熟的农家肥2~4 m^3;9月下旬到11月下旬施用,采用条沟或穴施,施肥深度20~30 cm或结合深耕施用。

水肥一体化。盛果期柑橘园,肥料供应量主要依据目标产量和土壤肥力而定,水肥一体化通过提高肥料利用率,比常规施肥推荐节约肥料,目标产量为每亩2 000~3 000 kg的柑橘园,每亩氮磷钾肥需求量分别为N 15~18 kg、P_2O_5 8~10 kg和K_2O 15~18 kg。

4)柑橘专用有机肥研制及商品化开发

包括农家有机肥的无害化处理技术、柑橘专用有机肥或有机无机复混肥的研制及商品化开发技术等。推广应用N:P:K=13:2:6的橘渣有机配方肥,较过去应用的三元复合肥化肥减少用量51.1%(纯量计算),实现控氮减磷。

纳米碳添加肥可有效改善土壤团粒结构,可改善土壤细菌群落结构的多样性,提高土壤氮磷肥的利用效率,减少地表径流中氮磷的流失,有利于提高水土环境质量。纳米碳添加肥在减肥30%用量下柑橘产量亩产2 760~3 000 kg,较当地专用肥增产14.6%~20%,维生素C和含糖量都有所提高。

③柑橘施肥方式

1)合理施肥

慎施稳果肥。结果少的树可少施或不施稳果肥;结果多的树可在盛花至第2次生理落果前(一般在5月中旬)施用,可土施沼气液、人畜水粪、叶面肥。

足施壮果促梢肥。最好选用适宜当地柑橘生长结果的测土配方专用肥,也可自配以钾肥为主,氮、磷为辅的混合肥。

土壤管理。土壤施肥采用环状沟施、条沟施和全园撒施。成林果园追肥宜采用全园撒施,缓释肥浅沟施。复壮肥每年秋季沿树冠滴水线挖环状施肥沟,沟宽30~40 cm,深度根据树体的吸收根深度而定,随树体冠幅增加,环状沟逐年向外扩展。果树封林后,在两树行间挖条状施肥沟,回填顺序为秸秆(茅草或绿肥)→农家肥→饼肥→普钙→表土和底土,灌足水以保证肥效。施足有机肥,有利于培肥熟化土壤,持续地力。每年进行中耕3~4次,保持土壤疏松。

2)适量施肥

施肥量视树势、树龄、品种、土壤条件等不同而异,一般以每产果1 000 kg施纯N 6~10 kg、P_2O_5 5~8 kg、K_2O 6~10 kg为宜。土壤施肥主要是采后肥和壮果肥,必要时施少量的芽前肥。可采用环状沟施、条沟施和土面撒施等方法。环状沟施,在树冠滴水线处挖沟(穴),深度20~40 cm。如条沟施,则东西、南北对称轮换位置施肥。颗粒缓释肥可采用土面撒施,其他肥料以采用浅沟(穴)施为宜,有微喷和滴灌设施的柑橘园,可进行液体施肥。采后肥占全年施肥量的30%~60%,以有机肥为主,搭配适量的矿物质肥料和微生物肥料,也可在有机肥中搭配尿素等化肥,或使用掺合肥。采果后应尽早施入,而施肥偏迟或结果过多的衰弱果园,也可先采用根外追肥,以尽快补充营养。如遇橘园土壤干燥,应当通过灌水促进肥料的吸收利用。树势明显衰弱,且上年采后肥施用不足的,可施少量的芽前肥(或进行叶面喷洒),芽前肥应以有机肥和无机速效肥配合,有机肥占总施肥量的50%以上(以纯N计),N、P_2O_5和K_2O的比例控制在1:0.8:0.8左右。应避免芽前肥施用过多,特别是无机速效肥过多,造成春梢过旺生长。壮果肥占全年总施肥量的30%~

50%，以有机肥和无机肥配合，施用时间为 6 月中旬前后。如果施用了充足的芽前肥，且以有机肥料为主，则壮果肥的施用量应减少。对结果量少的橘树，也应少施或不施壮果肥。如树势偏弱，则壮果肥适当增加，或在 7 月上中旬至 8 月上中旬再增施一次少量的促梢壮果肥。对早熟温州蜜柑、早橘及结果性能良好，或者结果多而树势弱的树，壮果肥可适当提早到 6 月上旬，对本地早蜜橘、脐橙及结果性能差的品种，则应延至生理落果后期的 6 月下旬施用。

除上述土壤施肥外，必要时还可辅之以根外追肥，特别是微量元素缺乏时，要及时进行叶面喷施补充。开花期发现树势过弱，可喷洒叶面肥，以促进春梢和花蕾（子房）生长发育，减少落花落果。在柑橘谢花 2/3 时，用 0.3%～0.5%的尿素+0.3%磷酸二氢钾+0.2%硼砂喷布树冠，第二次生理落果前再喷一次，可有效提高着果率。春梢停梢后进行根外追肥，可促进坐果、春叶转绿和幼果发育，施用量可略低于开花期，也可结合微量元素缺乏症添加喷施。

3）柑橘施肥定量

柑橘推荐施肥方法及肥料用量。目前，柑橘常用推荐施肥方法主要包括叶营养诊断、花营养诊断、果汁营养诊断及传统的测土配方施肥等。

柑橘"以果定肥"及肥料用量。根据肥料利用率来推算柑橘肥料用量，能够按照柑橘果实的养分携出量和目标产量来考虑肥料用量，即采用"以果定肥"确定肥料用量。

（2）农药减量

柑橘园害虫防控要立足柑橘园生态系统，以柑橘高产、优质、高效、食用安全为目标，实施绿色植保工程：一是实施以土、水、肥为中心的保健栽培，结合整枝修剪、抹芽控梢、生草免耕、种植覆盖物、冬季清园等农业措施；二是以虫情监测、预测、经济价值为指导，根据不同地域、品种、树龄和季节确定主要防治对象，采取相应措施；三是充分发挥自然因素的控制作用，注重保护、助长、释放、移引天敌；四是实行科学用药，保证柑橘园生态持续发展。

①药剂选择

严格按照《绿色食品农药使用准则》（NY/T393）的规定，选择对消灭病虫效果好、对天敌安全、对人畜低毒、对果实和环境无污染的品种。推荐以矿物油、硫制剂（石硫合剂、硫磺等）、铜制剂（波尔多液、氢氧化铜等）、松脂酸钠（松碱合剂）等矿物源和传统的农药为主体。适当使用中等毒性以下的生物源农药。必要时，允许有限度地使用部分特许的低毒（个别中毒）、低残留、选择性的化学合成农药，每年各限用 1 次，而对于剧毒、高毒、高残留或者具有"三致"危害的农药则严禁使用。生态屏障区内农药禁用、限用种类执行国家和农业农村部制定颁布的禁用限用农药名单，其中禁用农药 23 种：六六六、滴滴涕、毒杀芬、二溴氯丙烷、杀虫脒、二溴乙烷、除草醚、艾氏剂、狄氏剂、汞制剂、砷、敌枯双、氟乙酰胺、甘氟、毒鼠强、甲铵磷、甲基对硫磷、对硫磷、久效磷、磷胺、氟乙酸钠、铅类、毒鼠硅。限制使用农药 19 种：氧乐果禁止在甘蓝上使用；特丁硫磷禁止在甘蔗上使用；甲拌磷、甲基异柳磷、特丁硫磷、甲基硫环磷、治螟磷、内吸磷、克白威、涕灭威、灭线磷、硫环磷、蝇毒磷、地虫硫磷、氯唑磷、苯线磷禁止在蔬菜、果树、茶叶上使用；三氯杀螨醇、氯戊菊酯禁止在茶叶上使用；丁酰肼禁止在花生上使用。

大力研制推广高效无害化农药。创新研制新型的高效无害化农药，并进行推广，加强新农药的实验示范，共同提高农药的防治水平与防治效果。长期的实践证明，在柑橘病虫害防治方面，优质的矿物源农药可以发挥更好的作用，如高质量矿物油、石硫合剂和波尔多液等。

②综合防治

1）农业防治

柑橘病虫害防治中常用的方法为农业防控措施，可以减少农药的使用次数及用量，有效降低病虫害的发生程度。栽植人员首先要选择产量高、品质优、适合在当地栽植的柑橘品种建园，且保证园内土壤有充足的养分条件，为果树的生长提供必需的各种养分条件。加强田间管理，提高果树之间的透风透光性，促使柑橘树长势健壮，提高自身的抗病能力；定期排灌、清除园间杂草，防止柑橘树的根系发生沤烂，避免杂草与柑橘树争夺养分、空间、光照等；定期科学施肥、松土，将土壤中的有害幼虫暴露在阳光中杀灭，降低园内虫害基数。

2）物理防治

定期对园内的枯枝、烂叶、病果等进行清理，避免残留的病原菌扩散到健康的果树上产生危害。利用昆虫对光线、性激素的趋向性特点，在柑橘园内悬挂诱虫灯，吸引具有较强趋光性的害虫，也可在成虫交尾期在园内设置性激素，诱惑雄虫前去，干扰其交尾产卵，进而降低园内虫害发生的基数。此外，也可在园内悬挂涂抹了杀虫剂的黄色诱板，捕杀对某些颜色表现敏感的昆虫，如蚜虫。

3）生物防治

在柑橘园内病虫害危害较轻的时候，及早采取生物防治措施，可以起到很好的效果。一是利用天敌。结合柑橘园内虫害发生的类型及特点，针对性地选择天敌释放，比如对于柑橘园内的螨虫，可利用尼氏钝绥螨天敌进行消灭；对于矢尖疥类害虫，可利用红点唇瓢虫进行灭杀。二是以菌灭虫、以菌灭菌。可以选择一些菌类，灭杀病虫害的效果比较好，如对于柑橘中常发生的蚜虫，可释放牙霉菌进行防治；对于柑橘炭疽病的病原菌，可用多氧霉素治疗。此外，病虫害的防治还可以选择一些生物药剂进行防治，虽然其效果不像化学药剂防治得快，但是防治效果具有一定的持续性，因此，在病虫害危害程度不重的情况下，建议推广生物药剂防治。

4）化学药剂防治

当柑橘园内的病虫害发生程度较重时，需要在较短的时间内降低危害，可实施化学药剂防治。在药剂防治中，需要注意以下几个方面：一是选择正规生产厂家生产的防治效果好、毒性低、残留时间短、残留量少的药剂；二是药剂防治时要尽量避免伤害到柑橘果树或者园内的天敌生物，柑橘收获前 30 d 内不能进行化学药剂防治，避免收获时果实中农药残留超标；三是结合病虫害发生的类型选择合适的药剂，针对性用药，并严格按照说明书要求施药，科学选择施药方法，包括稀释后再喷施、直接在发病部位涂抹、注射到虫孔内等；四是药剂交替施用，同一种病虫害的防治药剂要更替应用，选择适宜的浓度，防止病原菌、害虫等抗药能力的增强；五是喷药尽量不要在降雨、刮风等天气情况恶劣的条件下进行，也不要在高温的中午施药。

除以上所提到的防治技术外，果禽共育控害技术即利用果园饲养家禽(鸡、鸭、鹅等)对橘园害虫的控制也能起到一定的作用。

③施药方法

农药施用的方法很多，常采用的有喷雾、喷粉、撒粒、烟雾、熏蒸、土壤施药、种苗处理、包扎和注射法等多种。各种农药的使用效果除它本身的药效外，与使用的药械关系很大。目前，农村普遍而广泛采用的是喷雾法。喷雾中雾滴小才能充分发挥药效，而超低容量喷雾就能达到这个要求。基于上述情况，建议推广先进施药技术，减少田间喷液量，包括弥雾法、低容量喷雾法、超低容量喷雾用机动喷雾器、静电喷药法、丸粒化施药法、药液循环喷雾法、药辊涂抹法、药液和清水分注喷雾法、枪注药肥深施法、表浅土层施药法。

④三峡库区柑橘园典型病虫害防控技术

1)果园有害生物绿色防控技术

作用：有害生物绿色防控即遵循"预防为主、综合防治"的植保方针，根据病虫害发生特点，以生态调控为基础，优先选用农业防治、物理防治、生物防治等防控措施，必要时科学使用化学农药防治。通过实施该项技术，可控制、减少化学农药用量，降低污染，提高果品质量安全水平，同时，降低投入成本。

技术：主要技术包括在柑橘园安装太阳能杀虫灯、使用色板(球)和昆虫信息素诱杀害虫，应用捕食螨以螨治螨，以及人工捕杀天牛、蚌蝉、金龟子、蜷象等害虫，用药防治时尽可能地使用生物源农药。

2)农业综合管理措施

作用：实施农业综合管理措施，可大幅降低柑橘园内病虫基数，改善柑橘园的生态环境，减少病虫害的发生。

技术：对于栽植过密的柑橘园，采取隔行、隔株等方式进行间伐，山地果园密度控制在600~750 株/hm^2，平地果园密度控制在450~675 株/hm^2；对于枝叶过密的柑橘树，采用大枝修剪技术，通过密改稀及大枝修剪，改善柑橘园及树体间的通风透光条件。实施冬耕翻土，冻死部分越冬害虫、虫蛹等；冬季彻底清园，清除枯死的柑橘树、枯枝、落叶，将病残体带出园外集中处理，并进行树干涂白。

(3)坡耕地径流污染拦截与再利用

①山地果园生态护坡技术

作用：在山地柑橘园护坡(土田坎)上种植多年生植物(简称植物篱)，建成生态护坡，实施生态拦截。应用此项技术，可梯次拦截、吸收山地柑橘园上部流失的氮、磷等养分，减少、控制养分流失污染。固土护坡，减轻降雨对地表的冲刷，减少柑橘园水土流失；防止田坎崩塌，保护柑橘园，形成景观，美化柑橘园环境。

技术：在柑橘园护坡上栽植植株矮小、吸肥量大、抗旱力强、固土效果好、四季常青的多年生植物(如麦冬)，建成生态护坡。栽植护坡植物时，应注意合理密植；地面满覆盖前，应及时清除杂草和进行抗旱管理。

②径流拦截再利用技术

作用：径流拦截再利用技术是节水农业技术的具体应用之一。应用该项技术，有利于控制柑橘园氮、磷流失造成的农业面源污染；节约水资源，实现节水、抗旱、治污结合，建议作为山地柑橘园农业面源污染综合治理主推技术之一。

技术：在山地柑橘园建设生态沟渠（草沟）、地表径流拦截池（蓄水池）、灌溉管网等设施，雨季将蓄水池上部农田地表径流拦截储存，干旱时用于灌溉蓄水池下方柑橘园。规划设计时，径流拦截区与灌溉区的面积以1∶(2～3)为宜，拦截池容积以75～90 m^3/hm^2为宜。

（4）生态农业

因地制宜开发多种类型的“种-养”模式。

①针对平原或平缓地区，开展以“猪-沼-鱼-果”模式为主，结合“猪-沼-果”模式，利用沼渣、沼液养鱼种橘，通过对养殖产生有机废弃物的资源化利用，实现养殖场粪便污水“零”排放，尽可能实现物质的生态循环，减少环境污染，加环加链。

②针对丘陵地区，主要采用“鸡-果”种养模式，有条件的农户依然结合“猪-沼-果”模式，实现生态价值和经济价值的统一。

③对于条件较差地区，建议采用“果-草-畜”模式，在山顶森林植被的保护下，半山实施梯级柑橘种植，果园下种植固土较好的多年生牧草，抑制雨水对地表的冲刷，牧草收获喂养圈养的牛羊等。

④针对现有“家庭果园庭院”模式，升级为“果牧渔循环”模式，加环加链；针对现有的柑橘产业基地，着重全面实施循环农业模式；部分区域还可试点“果-沼-猪”“果-沼-菌”“果-沼-蚕”“果-沼-鱼”“果-沼-菜”等多种能源生态模式。柑橘农业园区“柑橘、蔬菜、肥料、饲料、农庄复合生产”循环利用模式是指养殖场产生的人、畜粪尿及屠宰废弃物通过沼气工程生产出沼气、沼液、沼渣，沼气可作为绿色清洁能源为养殖场和柑橘园区提供能量，沼液、沼渣可作为有机肥料回用果林；同时，农业园区内的柑橘园区生产果汁剩余的柑橘皮渣，可通过单细胞蛋白技术生产饲料，供给养殖场。其模式的核心是以饲料技术和沼气利用技术为纽带，形成农业园区废弃物的循环利用模式。

⑤构建全域旅游的“柑橘生态农业+旅游”模式，寓教于农，农业生产和旅游发展、社会教育完美结合，在实现生态思想传播教育的同时提升区域经济发展。

（5）柑橘园智慧田园技术

①柑橘果园管理系统。柑橘作为一种经济作物，管理同样涉及土壤、作物、大气、施肥四个方面，柑橘果园管理系统的应用包括柑橘的生产布局、柑橘的精准施肥和灌溉、病虫害防治、柑橘的生产流通等内容。随着柑橘产业信息化的发展，运用先进的3S技术、数据库技术和分布式计算机技术等研究柑橘的产业化布局和科学管理是世界柑橘产业发展的一个趋势。柑橘果园管理系统可以帮助各级地方政府的主管部门了解本地的柑橘园地分布、品种结构、树龄状况、产量趋势、园地质量及柑橘市场信息等基本情况，做出柑橘种植结构调整、合理布局等实施方案；帮助龙头企业和广大橘农了解自己柑橘园地的生产性能、适种性程度、管理措施、提高质量与产量的办法及柑橘市场情况等，实现柑橘生产管理向科学化、规范化、品牌化、效益化方向发展。

②柑橘旱情预警系统。监测果园的土壤含水量、果叶叶面湿度温度，实现高温、冻害等预警并进行肥水管理。针对柑橘种植特征，对“山顶”“山腰”“山脚”不同海拔柑橘生理生态信息及环境信息进行实时监测。生理生态信息包括植株叶面温度、湿度、植株茎流

及土壤含水量；环境信息包括空气温度、湿度、风速、风向、辐射、降雨量等关键参数。通过定时收集信息参数，进行远程共享、监管，实现高温预警、冻害预报、旱情预警和肥水系统远程管理、智能决策和自动控制。

③山地柑橘园灌溉控制系统。结合土壤水分传感器、空气温湿度传感器、电磁阀及驱动电路组成无线传感器网络节点，设计基于无线传感器网络的山地柑橘园灌溉控制系统，实现柑橘园的土壤湿度监测和精准灌溉，达到农业生产节约用水的目的。

④柑橘园水肥一体化滴灌自动控制装置。通过干电池供电的水肥一体化滴灌定时控制装置，实现建设有独立水池和独立液肥池的柑橘园的水肥滴灌的自动控制。该装置操作简单，既可以进行水肥一体化滴灌，又可以进行清水滴灌，还可将多套装置进行组合实现轮灌，以控制更大的灌溉面积，具有推广应用前景。

⑤丘陵山地柑橘果园双向自动喷药系统。针对不同的柑橘果园及柑橘果树的生长状态，设计了三种不同的喷药模式，即竖直喷药模式、45°喷药模式和对地喷药模式，满足不同果园的使用需求。采用扫描式自动对靶，实现对果树冠层位置的定位。当检测到果树冠层信号时，系统对靶喷射，并根据果树的高矮、喷杆与果树冠层的距离，喷杆能够自动上下、左右移动，解决目前果园喷药质量差、喷药效率低、人工劳动强度大、农药对土壤和环境污染严重等问题。

⑥基于 Web 的柑橘外来有害生物监测预警系统。构建基于 Internet 的集数据采集、数据传输、数据处理和数据表达等功能为一体的柑橘外来有害生物监测预警网络化平台，实现对柑橘外来有害生物标准化、区域化、信息化和智能化的管理，推动柑橘外来有害生物监测预警体系建设，提升柑橘外来有害生物的远程决策和管理水平，达到促进柑橘产业持续健康、快速发展的目的。

（6）三峡库区柑橘种植区面源污染综合防治模式

根据库区生态环境特点和柑橘园农业面源污染发生特征，结合国内外农业面源污染控制的已有研究成果，提出两种多重拦截与消纳农业面源污染防治体系及模式。

模式一：减源-拦截-再利用-修复模式。①源头减量。主要通过施肥管理、调整种植结构、控制养殖业及添加改良剂等方式防治，降低农田磷流失的关键在于减少田面水的排出，如采用浅水勤灌、干旱交替等田间管理。②过程阻断。水土保持耕作法的措施可以有效防控面源污染磷的流失。常见的有修筑梯田、设置缓冲带和边缘带保护性耕作等措施。③养分再利用。利用面源污染中含有氮、磷等养分资源的污染物再次进入农业生产系统，作为植株生长发育所需的营养元素。农业废弃物——秸秆直接还田或者间接还田，不仅可以减少土壤侵蚀发生的程度，还能够使稻麦每年减少 7%～8%的氮、磷流失量。④生态修复。采用生态工程修复措施如水体修复和河岸带修复等，恢复江河湖泊的生态结构和功能，最终提高和强化水体自我修复和自我净化的能力。

模式二：建成旱坡地、水田系统和消落区三重拦截与消纳农业面源污染控制体系。通过旱坡地作物秸秆覆盖、少耕免耕、横坡垄作、垄作区田、坡改梯等措施，在水田采用稻田垄作免耕等措施，在消落区采用消落区合理利用、库岸生物拦截带等措施，构建旱坡地和水田生态系统的生态工程拦截与削减体系，有效控制泥沙、氮、磷和径流。

5.2.6 小结

(1)分析三峡库区柑橘种植区水土流失及面源污染现状，探讨三峡库区柑橘种植区水土流失和面源污染防治的必要性及防治难点。在重庆、湖南、江西开展种植区水土流失及农业面源污染控制项目调研。巫山大昌湖特色循环农业生态示范园区建成环库多业共生耦合循环农业生态系统；赫山区农田面源污染综合控制示范工程推进农田面源污染防治工程建设；江西吉安市井冈蜜柚产业基地项目全面推行“山顶戴帽、山腰穿裙（种果）、山底穿靴（种植）”标准化生产管理。

(2)形成种植区水土流失技术体系，包括耕作措施、生物措施和工程措施，以及清洁小流域综合治理体系。三峡库区坡耕地水土流失治理措施包括推行坡改梯、营造经果林、退耕还林还草、完善坡面水系，并根据不同坡度及土层情况，选取退耕还林、修建梯田、坡面整治等治理措施，形成6°~15°、16°~25°、>25°不同坡度等级的水土流失治理模式。三峡库区紫色土水土流失治理以保持土壤、防治山地灾害为主，以坡耕地综合治理为重点，主要治理措施包括梯田及坡面水系工程、护地堤、塘坝、水土保持林和经果林建设，复合农林业建设等。

(3)构建种植区源头控制、过程阻隔和末端治理的全过程面源污染防治体系。源头控制包括化肥减量及高效利用、农药减量、农田生产管理、节水及田园智慧管理等；过程阻隔技术包括生态沟渠、植被过滤带、植被浅沟、生态护岸边坡、缓冲带和水陆交错带等；末端治理技术包括前置库、生态塘、人工湿地等。

(4)分析三峡库区柑橘种植过程及其产生的生态环境问题，包括柑橘施肥问题、柑橘病虫害问题、农药问题和水土流失问题，根据三峡库区柑橘园的建设和管理具体情况，将水利措施、生物措施、化学措施和农艺措施因地制宜进行有机结合，总结一套适合于三峡库区柑橘园的水土保持技术体系。从柑橘园建设的梯田工程、土壤管理、改土工程、水分管理及排灌工程等5个方面，综合分析了当前三峡库区生态柑橘园建设的水土保持技术，提出三峡库区柑橘种植区水土流失综合防治模式，包括丘陵山区垂直农业生态景观模式建设、上-中-下游空间综合治理体系、山顶-山腰-山脚水土流失综合体系、立体梯级水土流失防治模式以及清洁小流域综合治理体系等。

(5)构建三峡库区柑橘种植区面源污染防治技术体系。在肥料减量及高效利用方面，三峡生态屏障区划分为三级防护区，对柑橘肥料使用提出管控要求，柑橘园采用种植绿肥+有机肥+水肥一体化技术+柑橘专用有机肥研制及商品化开发模式，提出了合理施肥、适量施肥、施肥定量等柑橘施肥方式。在农药减量方面，从药剂选择，到构建农业防治、物理防治、生物防治、化学药剂防治等综合防治技术体系，推广先进施药技术，减少田间喷液量。提出三峡库区柑橘园典型病虫害防控技术，包括果园有害生物绿色防控技术和农业综合管理措施。在坡耕地径流污染拦截与再利用方面，介绍了山地果园生态护坡技术和径流拦截再利用技术。在生态农业方面，因地制宜开发多种类型的“种-养”模式；柑橘园智慧田园技术包括柑橘果园管理系统、柑橘旱情预警系统、山地柑橘园灌溉控制系统、柑橘园水肥一体化滴灌自动控制装置、丘陵山地柑橘果园双向自动喷药系统、基于Web的柑橘外来有害生物监测预警系统。最后，提出了三峡库区柑橘种植区面源污染综合防治模式,包括“减源-拦截-再利用-修复”模式,建成旱坡地、水田系统和消落区三重拦截与消纳农业面源污染控制体系。

5.3 消落区生态修复

根据典型流域消落区特征,在不同维度消落区分类的基础上,结合相关科研成果及应用情况,提出典型流域消落区生态修复技术体系和生态修复方案。

5.3.1 三峡库区消落区形成及分类

5.3.1.1 消落区的形成

三峡工程运行后,根据现行调度方案,坝前水位在145~175 m变化,形成221.5亿m^3防洪库容的同时,水库周边形成面积达302 km^2的消落区(见图5.3-1)。三峡水库消落区的出露特点由三峡水库“蓄清排浊”的调度运行方式所控制。其出露变化过程可分为5个时期:6—9月为低水位运行期,出露面积最大,出露时间110~120 d;10—11月为水位迅速上升期,消落区迅速被淹没;12月前后水库水位稳定保持在175 m,消落区全部被淹没;次年1—4月为水位缓慢下降期,消落区逐渐出露;4月末至5月末,水位进一步下降至145 m,消落区全部出露,处于陆域环境。

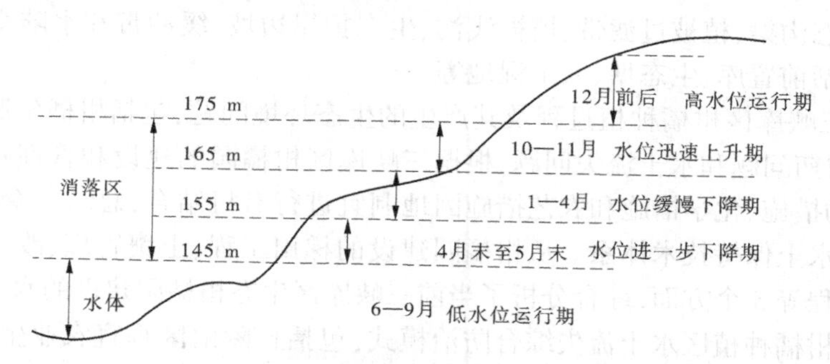

图5.3-1 三峡水库调度运行方式和消落区出露示意图

5.3.1.2 消落区的特征

(1)消落区形状狭长、多分叉,干、支流消落区面积各占一半。三峡库区地处丘陵山地区,长江及支流在地壳间歇性抬升过程中,形成深切河床,河谷岸坡成峡谷或台阶状,使三峡水库成为典型的河道型水库,消落区沿库岸呈狭长型带状分布,支流分叉多,支流消落区面积较大。

(2)地质灾害活动频繁,库岸再造作用强烈。消落区大面积分布的是砂岩、泥岩及其风化残坡积、重力堆积和冲洪积物质,松散堆积物分布广,一般在0~80 m。水库蓄水后,因流水侵蚀和水位涨落应力变化,岸坡稳定性下降,引发消落区地形再造,易发生坍塌、滑坡。

(3)生态资源多功能性,生态系统脆弱。消落区是三峡水库周边陆地生态系统与水生态系统能量、物质和信息转移与转化的活跃地带,具有生态维持、生物多样性保护、水源涵养、水土保持、游憩娱乐、促进国民经济协调发展等多样化功能。同时,受生境急剧变化及大幅度反季节水位涨落节律的影响,消落区原生植被消失,新的物种以一年生草本植物为主,对外界变化的响应敏感,生态系统脆弱。

5.3.1.3　消落区的分类

根据消落区地形地貌、土壤、植物群落、污染物、排污口、岸线利用、边坡变化等情况,叠加消落区及岸线城镇发展需求、经济社会活动等社会因素,综合考虑地方经济社会发展规划、相关功能区划等进行消落区分类。

(1)单维度分类

①土地利用类型。三峡库区消落区背靠城镇、人口稠密、产业集中,是库区社会经济活动的活跃地带。水库蓄水前,消落区大都是优质农田林地,或者是城镇、码头等人口稠密区。按照土地利用类型,消落区可分为城市废弃土地型、农业用地型、荒地滩涂型。水库淹没线以下的城镇、工矿企业、公交用地 12 余 km^2,农林用地 252 km^2,农村建筑用地 4.8 km^2,裸岩和滩地 38.07 km^2。

②人类活动影响。按人类活动影响划分为 4 类:农村消落区、城镇消落区、库中岛屿消落区及受人类活动影响的消落区。

③地表物质。按地表物质,消落区可分为基岩型(硬岩型和软岩型)、松散堆积物质和人工建筑弃土型。

④地貌形态。按地貌形态,消落区可分为河漫滩型、平坝阶地型、浅丘坡型、峡谷陡崖型。

根据小尺度地形地貌的特殊性,将其划分为峡谷型、岛屿型,以及湖盆-河口-库湾-库尾型等 3 类特殊类型消落区。

峡谷型:峡谷地带是长江三峡的标志性特征之一,是长江三峡上游的核心地带。峡谷型消落区地形陡峭,河谷狭窄,水平延伸有限,与其库岸带形成陡崖峭壁,具有很强的视觉冲击力。

岛屿型:石质高丘因海拔高于四周,蓄水期过程中形成岛屿,随水库水位涨落在岛屿底部形成环带状消落区,其面积较小,通常与岛屿上部常年出露部分视为景观整体——岛屿生态系统。

湖盆-河口-库湾-库尾型:长江支流和次级支流多,崎岖盘回、宽窄相间,开敞地地貌是宽谷或小型盆地,地形平缓、开阔,蓄水时开敞地形成宽阔的水面,出口狭窄。

⑤涨落深度。按消落区涨落深度可分为微淹型(<5 m)、浅水型(5~10 m)、中度水深型(10~20 m)和深水型(20~30 m)。

三峡水库消落区水位高程划分标准见表 5.3-1。

表 5.3-1　三峡水库消落区水位高程划分标准

类型	涨落深度/m	水位高程/m	整体出露月份	约出露水面时间/d	状态
深水型	20~30	145~155	6—9 月	120	经常性水淹
中度水深型	10~20 m	155~165	5—10 月	180	半年淹水半年出露
浅水型	5~10 m	165~170			
微淹型	<5 m	170~175	1—10 月下旬	270	经常性出露

⑥坡度。通常坡度分级标准以25°为界,可将坡度<25°的区域划分为缓坡,将坡度≥25°的区域划分为陡坡。

(2)多维度分类

①按出露时间、地形地貌和坡度分类

分为经常性水淹型消落区(缓坡型、陡坡型)、半淹半露型消落区(缓坡型、陡坡型)、经常性出露型消落区(缓坡型、陡坡型)、岛屿型消落区(常淹型、出露型)、湖盆-河口-库湾-库尾型消落区、峡谷型消落区等6大类12个亚类。

②按人类活动影响情况、地表物质和地形地貌分类

可分为下列5大类15个亚类:

1)城市型消落区。即处于城市规划区内。又可分为4个亚类:对城市生态环境、人居生活健康影响大的城市型消落区;地质灾害相对较严重的城市型消落区;有堤防工程的城市型消落区;天然型城市消落区。

2)集镇型消落区。即处于淹没迁建集镇规划区内。

3)农村消落区。指淹没前以农业生产为主的沿江河两岸广阔的搬迁区域。

4)旅游地、库汊及岛屿区。指水库蓄水后难以进行生产的干支流、溪沟库汊河谷及岛屿、滩涂等区域。分为2个亚类:岛屿型消落区、软岩斜坡型消落区。

5)峡谷型自然景观保护消落区。未受人类活动影响的消落区(如高山峡谷两岸所形成的消落区),硬岩陡坡型。

③按地表物质、地形地貌和坡度分类

可分为下列6个类型:

1)峡谷陡坡裸岩型消落区。主要分布在河流切穿背斜核部区段,如巫峡等,岩坡陡峻,一般大于30°甚至更大,消落区狭窄,大部分地段基岩裸露,仅局部有瘠薄的土层,植被稀疏,缺乏开发利用价值。存在的主要问题是崩塌。

2)峡谷陡坡薄层土型消落区。主要在砂岩、碳酸盐岩分布地区,谷坡陡峻,一般大于30°甚至更大,消落区狭窄,大部分地段覆盖有瘠薄的土层,植被稀疏,缺乏开发利用价值,应以防护为主。存在的主要问题是滑坡。

3)中缓坡坡积土型消落区。这种类型消落区分布广,但主要集中出现在向斜低山、丘陵地段,如万州至云阳两岸的大部分地段,地表坡度一般小于30°,消落区宽度在60~120 m,土层厚薄不均,以紫色土为主,部分地段已开垦成梯田、土壤熟化程度高,在成库前是重要的旱作区和以柑橘为主的经果林基地。土壤侵蚀严重,滑坡、泥石流等地质环境灾害比较突出。

4)开阔河段冲积土型(河流阶地、平坝型)消落区。主要分布在向斜丘陵谷地中开阔地区和盆地,如开州区的彭溪河(南河)、普里河流域等,土壤类型为冲积土、紫色土和水稻土,是所在县(市、区)一、二等耕地的集中分布区和粮食稳产高产区,也是今后消落区土地开发重点区域。

5)城镇河段废弃土地型(失稳库岸重点治理型)消落区。分2个亚类:一类是开阔型城镇消落区,如开州等,另一类是边坡型城镇消落区,如万州、云阳、涪陵等。城镇型消落

区重点是沿岸污染防治和边坡失稳的工程治理。

6)支流尾闾型消落区。主要分布在各支流受三峡水库回水影响的尾部区段，主要特征是该区段的支流消落区呈现出“涨水一片，消落一线”，是污染物和泥沙淤积的主要场所和典型的水陆生态系统过渡地带，生态系统敏感度高、脆弱性强。由于水淹没的时间短、水淹的深度较小，可考虑种植一些挺水植物，尤其是芦苇等。

④按涨落深度、坡度、地表物质和人类活动影响情况分类

1)岩质稳定型。边坡类型为岩质且稳定的消落带，不会发生滑坡、崩塌，几乎无土壤和植被。

2)岩质不稳定型。边坡类型为岩质但不稳定的消落带，在涌浪、强降雨侵蚀等的作用下，易引发滑坡、崩塌，缺乏植被自然恢复的基本条件。

3)经常性淹水型。水位高程在145~155 m，10月至翌年5月淹水约240 d。此消落带缓坡居多，植物生长条件差，仅有少数草本植物能正常生长。

4)半淹半露陡坡型。水位高程155~170 m，11月至翌年4月淹水约180 d，5—10月出露约180 d，岸坡坡度≥25°，出露期在降水溅蚀与涌浪侵蚀作用下，易水土流失，岸坡不稳定，要通过适当的工程措施才能恢复植被。

5)半淹半露缓坡型。水位高程145~155 m，10月至翌年5月淹水约240 d，岸坡坡度<25°，易形成缓流、滞流带，具有较强的泥沙沉积能力，受淹时间较短，土壤基质较厚，水土流失相对弱。

6)经常性出露陡坡型。水位高程170~175 m，1—10月出露约270 d，岸坡坡度≥25°，易水土流失，岸坡不稳定。

7)经常性出露缓坡型。水位高程170~175 m，1—10月出露约270 d，岸坡坡度<25°，有较厚较松土壤基质沉积层，耐淹的乔木和灌木、草本植物能够生长，能够形成多层次植被景观，增强固土能力。

5.3.1.4 已采取的保护对策与措施

三峡工程建设期，随着消落区的逐步形成，国家有关部门及地方政府高度重视消落区的生态环境问题，在水库库容和消落区土地资源管理、科学研究及工程治理等方面开展了一系列工作。

(1)消落区管理。三峡工程建设期，为加强水库库容和消落区土地利用管理，国家相继颁布了《长江三峡工程建设移民条例》(2001年2月21日，国务院令第299号)、《关于加强三峡工程建设期三峡水库管理的通知》(国办发〔2004〕32号)、《关于加强三峡工程初期蓄水期水库消落区管理的通知》(国三峡委发办字〔2007〕6号)等政策文件。另外，根据《长江三峡工程建设移民条例》(国务院令第299号)、《三峡后续工作规划》、《国务院三峡工程建设委员会〈关于加强三峡后续工作阶段水库消落区管理的通知〉》(国三峡委发办字〔2011〕10号)、《国务院三峡工程建设委员会办公室〈关于进一步严格三峡水库库容管理的通知〉》(国三峡办发库字〔2011〕23号)等有关文件精神，各区、县、市结合自身实际情况，分别制定了《三峡水库消落区管理暂行办法》，对消落区的管理坚持保护为先、治理为重、科学规划利用和服从三峡水库调度的原则。

(2)消落区科学研究。三峡工程建设期,国务院三峡工程建设委员会办公室、科技部、水利部、生态环境部等先后启动了“三峡库区消落区植被重建示范工程”“三峡水库重庆消落区生态与环境问题及对策研究”“三峡水库消落区生态与环境调查及保护对策研究”“三峡库区消落区生态修复与综合整治技术与示范”和“三峡水库消落区生态保护与水环境治理关键技术研究与示范”等研究项目,主要涉及消落区现状调查、问题辨识及保护对策与措施,以及消落区生态恢复技术研究。

(3)消落区工程治理。三峡工程分期蓄水前,对形成消落区陆域内的建(构)筑物、林木、卫生垃圾、固废、易漂浮物等进行了全面清理;因大面积的消落区刚形成,未针对消落区生态环境问题采取工程治理措施,但结合地灾防治、防洪及城集镇景观建设,在消落区范围内实施了护坡护岸工程。此外,还实施了消落区植被恢复、湿地建设等试点示范项目。

5.3.2 三峡库区消落区环境治理和生态修复方式

消落区作为水库水源保护区的最后一道生态防线,需要其发挥稳定库岸、防治水土流失、减少水库淤积、防止面源污染、修复水库水陆交错带生态、修复消落区景观等功能。因此,有必要对三峡库区消落区的环境治理及生态修复进行研究和实践,在保障河岸安全性与泄洪需求的前提下,尽可能增强河岸的渗透性,构建稳定的生态系统,实现消落区的自我调节和修复。

5.3.2.1 消落区治理分区

根据消落区基本类型,叠加消落区及岸线城镇发展需求、经济社会活动等社会因素,综合考虑地方经济社会发展规划、相关功能区划等,将岸段单元划定为综合治理区、生态修复区和保留保护区3个消落区。

(1)综合治理区

对城镇、人口密集的农村集中居民点、旅游风景区等涉及的陡坡型、平坝型和库尾型3种基本类型消落区,划定为综合治理区。对毗邻城市、集镇或农村人口居住密集的重要岸段实施岸线环境综合整治。遵循水库岸线保护与利用控制规划,以改善生态景观为主的城集镇岸坡尽量采用生态工程措施;对有安全防护需求的城集镇在移民迁移线以下5 m范围内主要采取生态工程措施,超过5 m则采用工程措施。

①对城集镇、景区下缘消落区,因地制宜地采取景观植被恢复或重建、环境整治、湿地公园建设等措施。

②对消落区内岸线利用予以严格控制,相关建设项目必须进行环境影响评估,禁止或限制乱填乱占行为。

③对库区城集镇或农村人口居住密集区下缘坡岸稳定性差、易受风浪侵蚀的土质边坡型消落区,实施工程护堤、护坡及生态护岸等。

(2)生态修复区

城镇周边、旅游风景区、重要湿地等平坝型、岛屿型、库尾型消落区,条件适宜的划定为生态修复区。主要采用植被恢复和人工湿地等修复手段,使其与周边景观相协调,提高生物多样性，减少水土流失。科研试点示范区域、重要旅游风景区和城集镇周边湿地公园、湿地保护区等划分为生态修复区。具体包括：

①已列入国家及地方政府、科研机构等设立的生态修复科学试验和试点示范项目区，且有必要持续进行观测、科学研究的消落区。

②列入国家级和省级自然保护区的实验区，且有必要进行科学试验、教学实习、旅游的消落区。

③重要旅游景区、已实施或列入规划的重要湿地和湿地公园，在保护环境现状的基础上，需辅以人工措施以提升旅游品质或构建湿地生态系统的消落区。

④为满足城市生态公园、江滩风光带等生活、生态建设需要，且已列入《长江岸线保护和开发利用总体规划》岸线保留区的消落区。

⑤因自然灾害等原因破坏了消落区自然环境，需辅以必要的人工治理措施以修复和重构生态环境的消落区。

(3)保留保护区

对采取综合治理和生态修复以外的消落区，划定为保留保护区。对大部分农村消落区和部分城集镇消落区，采取保留保护管理措施，减少和避免人类活动的干扰，以保留自然状态的方式保护其结构与功能。处于岸线稳定性较差的河段岸线、河道治理和河势控制方案尚未确定的或规划进行整治的岸线一般宜划为保留保护区；岸线开发利用条件较差，开发利用可能对河势稳定、防洪安全产生一定影响的河段应划分为保留保护区；对经济发展相对落后、开发利用要求不迫切的支流岸段，一般宜划为保留保护区。

按照人类活动强度和对消落区的影响程度，以库周城镇、居民点分布情况和自然条件为基础，采取一般保护措施和重点保护措施。

①一般保护措施：针对农村集中居民点周边，以及人口密度相对较小、人类活动较少且岸线占用或开发利用较少的农村区域，根据消落区的自然条件，采取一般保护措施。一般以勘界立碑、设置标识牌等方式为主要手段。

②重点保护措施：针对人口相对密集、人类活动干扰较多的城集镇范围内的消落区，采取重点保护措施。保护措施为勘界立碑、设置标识牌和宣传牌，对坡度平缓、环境敏感区局部设置防护网，加密界碑、标识牌和宣传牌，并在人口密集区布设监测设施和配置在线监测设备等。

(4)分区治理方案

以按人类活动影响情况及地形地貌分类为例，详细分析消落区分区治理方案。

①城市型消落区：综合治理区，主要生态功能定位为治理污染、稳定库岸。

②农村集镇型消落区：包括5种基础消落区类型，各类消落区的自然条件、主要的生态环境问题和治理措施都存在一定的差异。

1)软岩斜坡型消落区

软岩斜坡型消落区为综合治理区。该类消落区生态环境保护和治理，应以控制农村面源污染、减少水土流失和防治不稳定斜坡为主。

2)松软堆积缓坡平坝型消落区

松软堆积缓坡平坝型消落区为生态修复区。水深一般在5~15 m,坡度一般小于25°,由于水流速度缓慢,河流泥沙大量沉积形成较宽的河滩和阶地。该区可选择栽种耐湿乔木种类,如池杉、落羽杉、水杉、枫杨等,其苗木应有一定高度,使其经过一段时间生长后,树冠尽快出露于淹没水位线以上。165 m以下区段,主要选择多年生的草本植物栽种。对其根部采取措施进行固定,使之能够抵抗水浪的冲击,实现水土保持和生物缓冲带的生态功能。

3)库尾消落区

库尾消落区为生态修复区。该区地处消落区库尾末端,由此将其称为库尾消落区。水深一般在15~30 m,坡度一般<15°,该区位于三峡水库的回水末端,库水流速慢,河流带来的泥沙在回水末端大量沉积,形成库尾沉积三角洲。另外,河流带来的大量污染物也会在回水末端聚集,使回水末端成为严重污染的地带。应积极开展小流域水土保持综合治理,减少水土流失。

4)湖盆型消落区

湖盆型消落区为保留保护区。坡度5°~15°,水深15~30 m,地势平坦,土地肥沃,农业生产悠久,土地熟化程度高,消落区和水面均广阔,水陆生态系统物质能量传输与转换频繁强烈,为水、陆、两栖生物提供了多种多样的生存条件,是候鸟、鱼类及珍稀濒危水禽与水生生物良好的生存繁衍场所与迁徙通道,是物种生命活动活跃的区域。此类消落区应该作为湿地生态系统保护区,具有保护和丰富库区生物多样化的功能。

5)岛屿型消落区

农村岛屿型消落区分布、面积、泥沙运动规律将随成库后水流特征而定。若岛屿偏一侧,则靠主流线一侧消落区将侵蚀退缩,靠缓流支叉,将加积增宽;若主流直通岛屿,其消落区迎水面将不断侵蚀,再搬运至岛屿下游阴影区堆积,使消落区不断扩大;若岛屿处于水流出峡谷的宽谷段,因流速大减,泥沙沉积,岛屿周边消落区均可能加积扩大。除皇华岛外,其他岛屿型小岛均为低平的坝子,仅很少地方有人居住,可作为生物多样性培育保护区。

③旅游地型消落区

旅游地型消落区为生态修复区。旅游地消落区主要分布在景区附近,景区流动人口多,易随地丢放废弃物质,污染环境,消落区的污染给旅客造成严重的视觉污染,影响旅游者的兴趣和旅游地的声誉。该区域主要的生态功能为生态景观保护。此类消落区首先要在保障库岸稳定安全的基础上,对影响景区的消落区进行治理,开展以绿化美化为中心的综合开发利用和治理规划,与岸坡防护和美化绿化相结合,做好旅游规划设计,将消落区规划建设融汇在整个景区管理之中。

④峡谷型消落区

峡谷型消落区主要由河流横切背斜构造而形成,或是由砂岩和灰岩组成的陡坡,地表基岩裸露,松散堆积物和植被较少。消落区地形陡峭,坡度一般在30°以上;消落区河谷狭窄,宽度仅100~300 m。峡谷型消落区处于自然状态,耕地和居民少。主要生态环境问题是危岩(崩塌)。因此,要尽可能减少人类活动对该类型区的影响,使其保持自然生态状态，同时，对稳定性差，可能危害人身、财产和其他设施安全的危岩，应进行工程治理。

5.3.2.2 消落区生态恢复方式

目前，三峡库区消落区生态恢复治理方式分为自然恢复和人工修复。结合《长江经济带生态环境保护规划》和库岸安全，对岸线环境综合整治的目标和任务进行优化。消落区生态环境保护中总体上应采用以自然修复为主、工程修复为辅的综合治理措施。

保留保护区主要采用自然恢复方式，促进消落区植被自然生长和发育。清洁封育模式是采用封育方法，以消落区生态系统自我恢复为主、人工抚育为辅的一种模式，可应用于植被退化期、土壤流失期的消落区；生态修复区和综合治理区主要采用人工修复方式。人工生态重建模式的优点是时间短、见效快，缺点是生态系统不如自然恢复的生态系统稳定，抗灾害能力较差。145~170 m 消落区生态修复在取得重大技术突破前，仍以自然修复为主，同时加强科学试验研究，170~175 m 消落区生态修复工程可逐步推广扩大。

5.3.2.3 消落区生态恢复方式选择

根据高程和出露时间选择生态恢复方式。

(1)经常性水淹型消落区(缓坡型、陡坡型)。集中分布于万州至秭归坝前的三峡库区中下游长江干流沿岸的宽谷平坝地带，且水位高程在 145~155 m。缓坡型面积较大。该类型消落区出露期较短，适应植被生长条件总体较差，周边居民对该区域开发利用可能性较小，应采取以自然恢复为主、人工生态修复为辅的保护措施，严格禁止对此区域的开发利用。

(2)半淹半露型消落区(缓坡型、陡坡型)。集中分布在长寿至万州长江干流沿岸及渝东北地区的宽谷平坝地带，且水位高程在 155~170 m，是流域内面积最大的消落区类型。该类型消落区出露期较长，大部分具有较好的植被生长条件，周边居民对该区域的开发利用可能性较大，必须严格生态管理，采取以人工生态修复为主、自然恢复为辅的保护措施，禁止无序的开发利用。

(3)经常性出露型消落区(缓坡型、陡坡型)。集中分布在水位高程在 170~175 m 的消落区。其中缓坡型面积较大。该类型消落区出露期最长，绝大部分具有很好的植被生长条件，周边居民对该区域的开发利用可能性最大，应更加注重生态管理，采取以系统性的人工生态修复为主、自然恢复为辅的保护措施。

(4)岛屿型消落区(常淹型、出露型)。常淹型岛屿消落区面积相对较小。该类型消落区出露期基本不具备人工生态利用条件，应采取以自然恢复为主、人工生态修复为辅的保护措施。

(5)湖盆-河口-库湾-库尾型消落区。分布在开州、云阳、巫山、夷陵、秭归、奉节和忠县等区域，面积相对较大。每年 10 月末至翌年 1 月处于全部淹没状态，2—5 月逐步出露，6—9 月呈现整体出露。该类型消落区坡度总体较为平缓，流经该区域的水流速度较缓，泥沙、氮磷营养物质容易淤积、沉积和聚积，土壤基质较为肥沃，其出露期与植被生长周期较为吻合，能够为喜湿植物提供良好的生长发育条件；淹水期间能够为水生生物提供良好的栖息场所。该类型消落区出露期普遍具有良好的植被生长条件，周边居民的开发利用可能性非常大，必须加强该区域的生态管理，采取以人工生态修复为主、自然恢复为辅的保护措施。

(6)峡谷型消落区。峡谷型消落区是指两岸消落区坡度均在25°以上，且消落区邻接的影响区同样较为陡峭的峡谷地带消落区，主要分布在巫山、巴东、涪陵、云阳和秭归等县(区)。峡谷型消落区每年11—12月全部淹水，次年1—5月水库水位退至145 m后全部出露，但随之进入长江汛期，消落区下部频繁遭受不定期淹没，直至10月末又将全部淹没于水下。由于陡峭的岸坡，消落区形成之前，基质表层发育、残存少量的土质层，周边耕地和居民较少，基本处于自然状态；消落区形成后，水库水位涨落使库岸水位发生显著的抬高和降低，在水流侵蚀作用下，消落区表层土质流失殆尽，形成一种“裸岩”景观，仅有零星草丛、灌木生长。因此，该类型消落区出露期不具备人工生态利用条件，应采取以自然恢复为主、人工生态修复为辅的保护措施。

基于上述分析可知，半淹半露型、经常性出露型和湖盆-河口-库湾-库尾型3种类型消落区面积相对较大，可根据其类型特征采取以人工生态修复为主、自然恢复为辅的措施，防止消落区的水土流失等生态环境问题，发挥水库生态屏障带的作用。经常性水淹型、岛屿型、峡谷型3种消落区面积相对较小，消落区基质不利于植被的生长，生态恢复与利用价值相对较弱，可采取以自然恢复为主、人工生态修复为辅的措施。

对于水位高程170 m以下、淹水时间在180 d以上的消落区，以自然修复为主、人工修复为辅，特别是对坡度大、土壤立地条件差、水土流失问题突出的消落区，可运用坡改梯、挡土护堤等稳固土壤的工程措施，营建水土保持能力强的灌草植被；对于水位高程170 m以上、淹水时间在180 d以下的消落区，以自然修复与工程措施相结合，根据不同功能区的定位和要求，采用必要的工程措施在保证安全性的前提下，重点营建具有强大生态功能的湿地森林植被，同时塑造优美的消落区景观。

5.3.3 三峡库区生态恢复及生态系统构建

5.3.3.1 *消落区生态修复措施*

三峡库区水位涨落大、地质结构复杂，单纯生物恢复难以达到预期目标，必须将工程措施和生物措施相结合。

(1)工程措施

①护岸工程措施

为减少由库岸消落区地质灾害所造成的危害，可在消落区建设如下地质灾害防治工程。

1)建立排水系统。包括排除地表水、地下水和截断地下水的工程等。在坡面上设置排水孔和排水沟，以及在地下水出漏比较多的岸坡设盲沟，疏导贯通引水，能够有效地排除地下水，降低库水位的滞后效应，减小库岸带土体受到的地下水的压力，平衡库岸土壤的受力条件，从而减小库区水位骤降对岸坡造成的破坏。

2)固坡抗滑。抗滑工程能够减缓岸坡物质的整体滑动，分散整体滑移，使其改变为个块滑移或个块滑落。常用的抗滑工程有抗滑锚桩、抗滑板桩和抗滑挡土墙等。当消落区有重要设施建设直接影响其安全时,可采用挡土墙加固。

3)固化工程护坡护岸。在易受风浪或船行波侵蚀的部位,采用护坡增强库岸的抗冲性和稳定性。固化工程护坡护岸技术:护坡常采用干砌片石、浆砌片石和预制板桩等,下部护坡和河床护底可采用抛石、石笼、沉排、土工织物枕、土工膜袋、钢筋砼块体等形式或者采用混合式护坡。当消落区有重要设施、水库坍岸直接影响其安全时,可采用挡土墙加固。岩土锚固技术是通过埋设在地层中的锚杆,将结构物与地层紧紧地连锁在一起,依赖锚杆与周围地层的抗剪强度传递结构物的拉力或使地层自身得到加固,从而增强被加固岩土体的强度,改善岩土体的应力状态,以保持结构物和岩土体的稳定性。

②土地整理工程措施

对于具备适宜的工程地形地质条件(有一定高差)、易通过以挖补填实现占补平衡的,可采取开挖和回填相结合的方式,使部分消落区永久淹没水下、部分永久出露水面,达到减小消落区面积和改善生态环境的目的。具体做法是:对下河段进行开挖,使其降低至防洪限制水位以下;对上河段回填垫高至正常蓄水位以上。通过土地整理,以增加移民安置容量。为避免占用防洪库容,应以挖补填,保证库容占补平衡。

(2)生物措施

生物措施也称为植物或林草措施,是重新创造、引导或加速自然演化过程。在消落区构建具有自我稳定维持机制的植被,提高消落区植被覆盖率,利用其降解吸收消落区的污染物质,阻截消落区陆上污染物和降低土壤侵蚀、稳定消落区库岸,提高消落区的生态环境质量和景观质量,才能从根本上解决消落区生态问题。其具有成本低、持续性好、生态服务功能强等优点,适合大面积推广应用。

针对三峡库区库岸带的实际情况,库岸消落区的滑坡问题及水土流失防治应当列为当前生态治理工作的重点。应充分利用植物的生态作用,以植被修复、重建及优化为主要手段,增强库岸带的稳定性。

(3)工程+生物措施

由于三峡水库水位涨落大、地质结构复杂,仅有生物措施显然是不够的。工程措施应同时展开,甚至先于生物措施开展。工程措施只有与生物措施相结合才能产生最有效的水土流失治理效果。生态护坡采用生物和工程相结合的技术,即坡面防护+植被的技术手段,兼顾固化护岸和植物护岸的优点,既起到了护岸的作用,又增加了消落区的景观美学价值。生态护坡分为缓冲型、加筋型、格梁支持型、空心砖咬合型等7类(见表5.3-2)。

表5.3-2 生物+工程模式护坡技术

类型	生物工程技术	适宜地带
缓冲型	铺设碎石、柔性生态袋	坡脚、缓坡
加筋型	三维高强度土工塑料网、香根草双层 加筋复合植被柔性板块技术	缓坡

续表 5.3-2

类型	生物工程技术	适宜地带
格梁支持型	菱形框格梁技术、人形框格梁技术	缓坡
空心砖咬合型	水泥砌块咬接技术、防冲刷基材生态护坡技术	坡度>1:1.5
孔穴植生型	燕窝植生型多孔混凝土护岸技术、燕窝植生穴技术	陡坡、岩石岸坡
植被混凝土型	植被混凝土生态防护技术、防冲刷基材生态护坡技术	陡坡、岩石岸坡
地形整治型	亲水绿化平台,削坡筑台、造地护岸技术	城市岸坡

三峡水库消落区生态护坡原则及技术难题:①三峡水库消落区植被恢复为世界性难题。暂时工程上采用更环保的材料进行坡面防护,如选择具有自然机制、明度相对较低的块石,即用自然石料和水生植物代替水泥堤坝,构筑生态型护岸。②160~170 m 采用生态护坡。③对较窄消落区采用植生带护坡(如开州消落区 168~175 m)。将植物种子夹在多层无纺土工织物或天然纤维垫里,直接在护坡表面快速绿化。

(4)消落区治理和生态修复

根据消落区库岸坡度、库岸高度和库岸地质条件等实际情况,组合应用工程+生物措施并举的技术体系,开展消落区治理和生态恢复。采用碾压堆石体、衡重式挡墙、抛石、浆砌块石脚槽、生态砖等对消落区库岸进行固脚,采用生态连锁植生块、生态砖、预制混凝土块、混凝土框格砌块、浆砌块石等对消落区库岸进行护坡;在消落区种植耐淹植物,构建人工植被,以降低消落区土壤侵蚀,增加消落区植被覆盖,提高消落区土壤生态系统与消落区外环境的联系;通过建设排水沟和排水箱涵提高消落区的排水能力;通过建设车道、马道、人行梯道等提高消落区的通行性和亲水性。

5.3.3.2 消落区生态恢复

消落区生态恢复以恢复生态学理论为指导,根据流域生态系统的特点和植物的生物、生态学特性,基于自然地理性规律、生态演替及生态位原则,通过生境物理条件改造、先锋植物培育、种群置换等手段,使受损退化消落区生态系统重新获得健康。根据消落区的构成和生态系统特征,消落区生态恢复面临的问题主要表现在三个方面:一是适合消落环境的植被筛选;二是提供适应植被生长的环境;三是生态系统结构与功能恢复。

(1)植被恢复

①植物筛选

植被作为生态功能的主体,在消落区生态修复中至关重要,植被恢复是改良区域生态系统的根本性措施。在针对性地开展适应性植物群落恢复试点基础上,选择支流沿岸面积较小的、具有土壤基质的农村缓坡和中缓坡消落区予以实施。根据消落区水位节律、生境特点及其功能,植物种类选择应遵循如下原则:以选择水陆两栖生长的本地物种为主,生长节律与库区未来水分节律尽量一致;具有好的耐淹性,退水后能够很快恢复生长能力;具有发达的根系,固土效果好;减污截污能力强,能有效拦截流向水体的有害化学物质和氮、磷等其他物质;满足三峡库区沿岸景观需求,与环境相协调。

1)耐淹植物选择及配置

受三峡水库水位涨落影响,消落区呈周期性淹没,出露时间与大部分河岸湿地刚好相反。因此,选择的物种须具备耐冬季水淹特性。耐水淹植物需要适应 0~30 m 的水淹深度、4~6 个月的完全水淹、水下强力水流的冲击。

a. 三峡水库蓄水后消落区优势植物

三峡水库蓄水后优势植物汇总见表 5.3-3。

表 5.3-3　三峡水库蓄水后优势植物汇总

高程/m	物种
自然消落区	狗牙根、溪边野古草、棒头草、双穗雀稗、丝茅、斑茅、硬秆子草、野古草、芒、白羊毛、看麦娘、金丝草、五节芒、扭黄茅、斑茅、白茅、鼠草、南毛蒿、小白酒草、芫荽菊、球结苔草、窄叶野豌豆、天蓝苜蓿、马棘、头花、秋华柳、犬问荆、接骨草、小灯心草、小藜、疏花水柏枝、轮叶白前、苦、葎草、石龙芮、三脉种皂草、中华蚊母树、小叶蚊母、地瓜、宜昌黄杨、小叶黄杨、粉团蔷薇、马桑
145~155	狗牙根、牛鞭草、狼把草、光头稗子、苍耳、球穗飘拂草、香附子、喜旱莲子草、水蓼
155~165	狗牙根、扁穗牛鞭草、狼把草、苍耳、喜旱莲子草、水蓼、狗尾草、马唐、升马唐、小白酒草、黄花蒿、酸模叶、黄花醉浆草、铁苋菜
165~175	狗牙根、扁穗牛鞭草、狼把草、苍耳、喜旱莲子草、水整、狗尾草、马唐、升马唐、小白酒草、黄花蒿、酸模叶、铁苋菜、艾蒿、一年蓬、加拿大蓬、野胡萝卜、接骨草、紫苏、龙葵、尾穗苋

b. 耐淹恢复物种

已有许多研究者对三峡库区消落区植被的群落结构和耐淹性进行了大量调查研究,开展了消落区适生植物的筛选,并通过大量淹水模拟试验对植物的耐淹耐旱程度进行了测试,初步研究成果表明:池杉、落羽杉、水松、枫杨、秋华柳、南川柳、桑树、黑杨、柳树、水杉、羽脉山黄麻、地果、新银合欢、水紫树、疏花水柏枝、中华蚊母、枸杞、黄荆等木本植物,狗牙根、牛鞭草、喜旱莲子草、香附子、芦苇、荫草、双穗雀稗、羊茅、香根草、铺地黍、野古草、硬秆子草、暗绿蒿、菖蒲、水蓼等草本植物能耐一定程度的水淹,可以考虑列为消落区植被恢复物种。

根据《三峡库区消落区植被生态修复技术规程》(LY/T 2964—2018),三峡水库消落区植被生态修复的植物种类有池杉、落羽杉、中山杉、立柳、竹柳、水桦、枫杨、水杉、南川柳、秋华柳、中华蚊母、小梾木、桑树、杭子稍、狗牙根、扁穗牛鞭草、香附子、块茎薹草、卡开芦、野青茅、火炭母、野古草、甜根子草、香根草、芦苇、荻、地瓜藤等 27 种。

c. 耐淹植物配置

根据不同高程的水淹时间、不同植物的耐水淹能力进行配置。

低矮草本区：145～160 m 消落区。植物选择以匍匐草本为主，主要品种为耐淹性能极强的狗牙根和双穗雀稗等优势种。

高大草本(高草)-灌木区：160～170 m 消落区。该区域植被恢复是以多年生草本及耐水淹灌木为主，除狗牙根、双穗雀稗草坪外，选用牛鞭草、块茎苔草、暗绿蒿、硬秆子草，并适当辅以一些耐水淹能力较好的灌木如秋华柳、中华蚊母等。

乔灌草混种区：170～175 m 消落区。该区域的植被恢复采用乔-灌-草相结合的方式，树下部种植草灌，构建丰富的层次感。草本以林下匍匐生长的草本为主，可在该区域内种植经济防护林，如枸杞、桑树、杨树等。在工程措施布局方面，根据不同的坡度和土壤情况，采取适当的工程辅助措施。

2）景观植物选择及配置

消落区整治工程中景观植物配置：高程为 155～170 m 的护坡构件上种植耐水淹、具有景观功能的灌草，如牛鞭草、香根草等；170 m 以上的区段，种植适宜生长、具有景观观赏价值的乔灌草，如落羽杉、垂柳、紫藤、芦竹、牛鞭草等。

库岸绿化带景观植物配置：在消落区整治工程的水域周边消落区回填工程和库岸整治工程区域均需进行岸线绿化工程布置。应尽量采用耐淹性好、生长快、抗病虫害、形状优美的乡土树种，如水杉、池杉和柳树类；同时考虑季节特点，辅以观花观叶乔木，下层可配置花卉和灌木。其中，灌草湿生带和挺水植物带因地制宜分布，或带状分布，或交错块状分布。

3）耐污植物选择及配置

应以截污去污能力强的植物为主，如扁穗牛鞭草、狗牙根、水菖蒲、芦竹等。高程为 170～175 m 的区段，宜采用景观发展模式，种植高密度的适宜生长、吸污去污能力强且具有观赏价值的乔灌草，如垂柳、紫藤、香根草等。

②植被配置

植被配置模式包括草本植物过滤带模式、草本-灌木二带模式、草本-灌木-森林三带模式、挺水-沉水植物模式、攀爬植物模式等。

1）草本植物过滤带模式

该模式主要适用于消落区下部水淹时间长的深水区域，建设由单种或多种多年生草本植物组成的植物带，主要目的是减少流失水土入库量、吸收和降低营养源和污染物及恢复和增加野生生物的生境。植物带宽度在 5 m 左右。本模式建设的关键技术包括消落区坡面土层恢复技术、物种选育和引入技术、群落演替控制与重建技术。

2）草本-灌木二带模式

该模式主要适用于坡面较缓的与农业用地接壤的区域。在消落区栽种耐湿和水淹生境的灌木，消落区以上栽种 2～3 行高密植本土灌木，主要功能是稳定堤岸、营养物去除和为野生生物提供生境。灌木带以上建设 6～7 m 的夏季生长的草本植物，首选茎秆硬且结实、生长密集且根系发达的物种，主要目的是减缓坡面漫流、促进泥沙沉积、吸收营养源和降解污染物。建设的总植被宽度在5 m以上,关键技术包括消落区灌木筛选和移栽技术、种群动态调控技术。

3)草本-灌木-森林三带模式

该模式主要适用于城区内缓坡消落区治理和景观建设。临近水面消落区植被带由耐水淹速生树种组成,同时间种慢生树种。主要功能是稳定堤岸、去除营养物和营造景观,每8~10年可收获一次木材。涉及的关键技术主要包括水土流失控制技术、木本植物筛选和引入技术。

水库生态缓冲带结构示意图见图5.3-2。

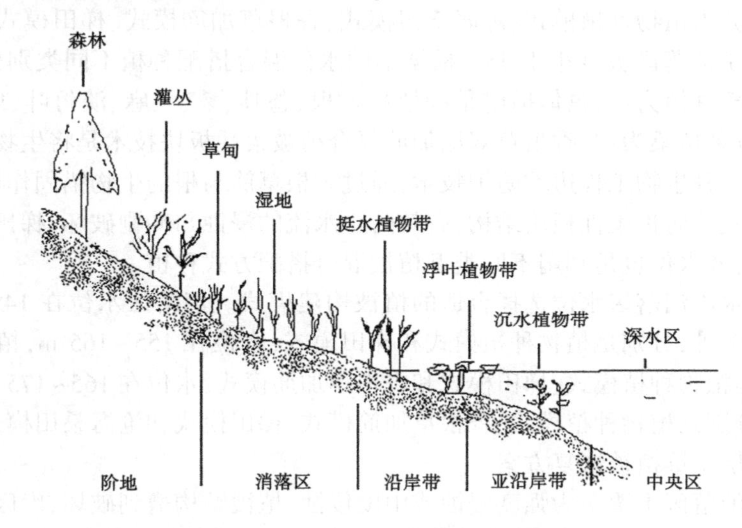

图5.3-2 水库生态缓冲带结构示意图

4)挺水-沉水植物模式

在植物生长季节,调节坝将水位稳定维持在较稳定的高度,这样为挺水植物和沉水植物生长提供了可能的生境条件。本模式包括两个植物带:主要由高大挺水植物组成的挺水植物带,城区内和景观节点可以移栽具有良好景观效果的植物;水面下由沉水植物组建的沉水植物带。挺水-沉水植物群落建设的主要目标是维持优良水质、为水生生物提供生存环境。涉及的关键技术包括底质改良技术、水体流向控制技术、物种筛选和引入技术、群落演替控制与维持技术。

5)攀爬植物模式

该模式适用于坡度大、土壤少的陡坡石砾地,即在175 m以上区域种植向下攀爬生长的藤本植物,这类植物具有落地生根、生长迅速的特点。植被带宽度5 m。涉及的关键技术包括攀爬植物筛选与引入技术、群落演替控制与维持技术。

针对不同的坡度和地形地貌的消落区植被配置方案如下:

a.相对宽广平缓的冲积地段植被恢复以构建灌丛+乔木或建立岸边滩地竹林为建群种群落,实现消落区对河岸带耕地水土流失、面源污染的过滤作用,减少泥沙、污染物进入河道。

b. 深切、陡峭的河谷地段植被恢复以矮灌丛+簇状杉木林群落构成，重点是加强管理，严禁砍伐，间以人工种植乡土乔木，加快消落区植物群落的演替。

③植被构建模式

结合国内外已有的研究成果和消落区环境条件，根据工程实施后所形成的多样性的生境，筛选具有景观功能、水土保持能力、吸附污染物的物种，进行植被构建。首先以草先行，选择一些适合本地区气候及环境的草本植物，如芦苇、荻、香蒲、灯心草、百合草、香根草及一些牧草等形成草本群落。其次，在草本类植物生长的同时，进行灌木及乔木的栽种。可选用蚊母、柽柳、杞柳、意杨、马桑、水杉、竹类等植物。

构建模式分为植物种植模式、沧海桑田模式、香根草加筋模式、梯田模式等。植物种植模式一般用于消落区坡度小于25°，根据不同水位混合搭配种植不同类别植物；沧海桑田模式以饲养桑种植为主，具体措施是种植狗牙根、苍耳、桑、竺麻、淡竹叶、中山杉、柳树等植物，其中以种植桑为主；香根草双层加筋复合植被柔性板块技术是将生物措施和工程措施相结合的一种生物工程边坡防护技术，通过香根草筋与根的生物锚固作用，形成整体式的双层网状立体防护柔性板块结构，有效防止水流的浸蚀与冲刷破坏；梯田模式体现在呈小梯田形状，各水位也是利用不同类型植被混合搭配方式种植。

根据三峡水库消落区水位选择合适的植被构建模式。消落区水位在145~155 m，植被构建模式有两种，分别是植物种植模式和梯田模式；水位在155~165 m，植被构建模式有三种，分别是植物种植模式、梯田模式和香根草加筋模式；水位在165~175 m，植被构建模式有四种，分别是植物种植模式、香根草加筋模式、梯田模式和沧海桑田模式。

④不同基层土壤植被恢复方案

三峡水库消落区土壤多为强度侵蚀或中度侵蚀，植被结构遭到破坏，库区泥沙淤积严重，直接威胁三峡库区生态环境。为改善生态环境，必须进行植被恢复，加强森林防护体系建设。林种、树种的布局须因地制宜，因害设防，综合治理。为此，将三峡库区库岸按基层土壤的构成情况分为基岩、沙质、泥质三种，根据不同立地特征，采取相适宜的生态防护措施。

1)基岩库岸。其基层土壤主要由比较坚硬的砂岩、石灰岩构成，土层厚度薄，在25 cm以内，坡度较大，多为30°以上，立地条件恶劣，林木、草本难以生长，常规方法营造植被困难。

2)沙质库岸。其基层土壤主要由河流冲积沙构成，土层较厚，地势低而平缓。为防止土壤侵蚀，减少河流泥沙，改善水质，调节气候，因地制宜地营造水土保持林、水源涵养林、薪炭林等，结构配置以乔、灌、草相结合，树种应选择耐淹品种。

3)泥质库岸。其基层土壤主要由页岩、砾岩构成，发育为紫色土。林种选择以防护林为主，并结合当地农民的经济需要，配置用材林和林产品加工原料林，同时还应考虑景观配置。树种宜选择速生、萌蘖能力强、根系较发达且比较抗湿的品种。

(2)植物生境营造

消落区生境的恢复是运用生态工程技术手段，建立并稳固消落区土壤基质，营造消落区植物生长的基本条件。生境的创造与改善是植被恢复的前提，实施内容包括稳定基底和基质、恢复并优化土壤结构及改善土壤条件等，为植被生长繁殖提供稳定可靠的基础。

学者们对于适宜植物生长的生境构筑的研究大致可以归纳为对驳岸土壤基质进行加固的生态护坡技术研究，以及对驳岸进行形态上的改造使其适应水位消涨的水位变动适应性的策略研究。

①护岸技术

对于坡度较大的库岸，采取混凝土、干砌石等进行护坡；各种新型生态型护坡技术在创造植被生长条件和稳固库岸方面效果显著，如防冲刷生态型护坡构件、防浪消能高渗透性生态混凝土构件和植被混凝土护坡绿化技术、燕窝植生穴、铺砌防冲刷生态型护坡构件。

②水位变动适应性策略

1）对于具备较好工程地形地质条件的，则采取开挖与回填相结合的方式，以挖补填实现占补平衡，来减小消落区面积和改善生态环境。

2）采用湿地公园梯田式矮坝、反坡梯田、鱼鳞坑进行分层蓄水，以及基塘系统，拓展和创新了逆境生态设计和生态修复理论。

3）富有生态智慧的消落区景观基塘系统、多带多功能缓冲系统、滨水空间小微湿地群、"环湖小微湿地+林泽-基塘复合系统"生态湖湾、"多塘湿地系统+消落区护岸植被+河口景观基塘"生态工程，是应对季节性水位变化、优化生态服务功能的重要技术和生态实践模式。

（3）消落区生态系统构建

采用分区调控法，根据库区流域特点及自然资源的垂直分布特征，可将库区流域消落区划分为生态屏障区、消落区缓冲区和综合开发利用区3个区域，在分区的基础上进行各分区内的生态修复措施布局与设计。

①建设生态屏障区

1）森林防护林建设

a. 建设森林防护林的原因

根据三峡库区丘陵地带的特点，在山脊、分水岭和水土流失严重地段，设置森林防护林带。三峡水库正常运行存在的最大问题是泥沙淤积和库岸坍塌。水库泥沙主要来源有两个方面：一是由沟谷系统流入库区的泥沙；二是因水库蓄水对库岸的冲淘，引起库岸坍塌而形成的泥沙。为了防止三峡水库的泥沙淤积问题，须因害设防，营造库岸生态防护林，建立消落区防护林体系。消落区防护林建立的目的是减缓水流速度与减弱挟带泥沙能力，保护河岸免遭水流的侵蚀，固定堤岸；改善微域气候条件，提高景观质量。

b. 消落区防护林的构成

防护林是以拦泥挂淤、护岸护坡、延长水库使用寿命为目的的防护系统，防护林的植被配置围绕其功能来进行。根据三峡库区的实际情况，在长江两岸由低到高可设置库岸防浪灌木林带、防风防蚀林带、水流调节林带、山脊防护林带4条防护带。防浪灌木林带、防风防蚀林带以护岸护坡为目的；水流调节林带、山脊防护林带以防止地表径流、控制水土流失为目的。这4条防护带共同构成消落区防护林体系。

防浪灌木林带从水位线以下开始布置，以耐水湿灌木为主，如灌木柳等，因其具有较强的弹性，能很好地削弱波浪的冲击力量。同时，可借助于其发达的根系固持岸坡土壤，增强抗蚀能力。灌木林可采用高密度、宽林带设置,株行距 1 m×1.5 m 或 1.5 m×1.5 m。

防风防蚀林带主要起防风、控制起浪和护坡护岸的作用,紧靠防浪灌木林带,林带宽度在 10 m 以上,林带结构采用紧密结构或者疏透结构。乔木树种株行距 2 m×3 m。距岸边较近的地方可选择垂柳、旱柳、乌桕、池杉、落羽杉、水松、水杉、三角枫等耐水湿的树种;距水面较远的地方可选择松属、柏属的树种。

水流调节林带配置在岸坡的中间地段,起分散、减缓地表径流速度,增加渗透量,变地表径流为土内径流,阻截暴雨径流的作用。沿等高线布设,与径流线垂直。乔木以松科、樟科等深根性的树种为主,灌木树种以根系发达的荆棘树或杂竹为主。

山脊防护林带设置在山脊线,截留雨水,防止山体崩塌。山脊地表多为自然分布的马尾松残次林或荒山,须进行修复或重建。树种以松科、栎类为主,采用乔、灌结合,针、阔混交的方式造林。

c. 库岸防护林配置

三峡水库的库岸较长,地形千差万别,类型多样。不同类型的库岸,其防护林的配置不同。综合三峡库区库岸的特点,可将其划分为平缓库岸、陡峭库岸、深切河槽库岸三种不同的类型。

平缓库岸。一般立地条件相对较好,护岸林的设置可根据土壤侵蚀程度和利用情况来确定。在岸坡上可采用根蘖性强的乔灌木树种来营造大面积的混交林;在靠近水位的一边可栽 3~5 行耐水湿的灌木;在岸坡侵蚀和崩塌不太严重,且岸坡平缓的库岸,紧靠灌木,可营造宽 20~200 m 的乔木护岸林带,采用的树种为耐水湿的杨、柳类;在岸坡侵蚀和崩塌严重的地段,造林要和工程措施结合起来,库岸上部比较平坦的地方采用速生和深根性树种,如刺槐、杨树、柳树、水杉等,营造宽 20~100 m 的林带;靠近水边的林带边缘栽植宽 3~5 m 的灌木,如灌木柳等。

陡峭库岸。侧冲蚀严重,常易倒塌。因此,护岸林应配置在陡岸岸边及近岸滩地上,以护岸防冲为主。4 m 以下的陡岸造林,可直接从岸边开始;4 m 以上的陡岸造林,应以岸坎临界高度的高处按土体倾斜角(安息角)引线与岸上交点作起点造林。采用乔灌混交的方式,适宜的树种为刺槐、杨树、柳树、水杉等,并与近岸滩地林带相连。

深切河槽库岸。护岸林应沿岸布设,使林带与山谷边缘森林相连,树种以桤木、山地灌木柳、香樟等为主。

d. 防护林建设模式

防浪乔灌木植物带的建设模式。防浪乔灌木植物带处于消落区下部,主要功能是减缓波浪对库岸土壤的冲淘,减少土壤泥沙流失,美化库岸景观。按吃水深度顺序排列,包括湿生乔灌木带、水生灌丛带、湿生草甸带、漂浮植物带、沉水植物带。该模式需要进行长期深入的试验研究。

水流调节森林植物带建设模式。水流调节森林植物带处于消落区上部,全年大部分时间露出水面,其功能是除减缓波浪对库岸土壤的冲淘,减少土壤泥沙流失外,还可涵养水源,保持水土,美化库岸景观。典型建设模式有:池杉、枫杨、酸枣林模式营造生态经济兼用型防护林;水桦、池杉、杜仲等经济林模式;笋材两用竹、池杉、水杉模式。

e. 退化林地修复

退化林地修复技术包括改进林木更新方式和营林技术；增加林地投入；开展多种经营；种植果木，重建丘陵植被；采用立体种植模式改造低产林地。

2）建设生态屏障带

生态屏障带是三峡库区 175 m 库岸线至第一层山脊（平均距离 600 m）的缓冲区域。虽然这部分不属于消落区，但它与消落区的生态环境保护有关。在缓冲带建设中，既要考虑生态效果，又要考虑景观效果，还要考虑经济效益，使生态保护和经济发展能够很好地结合。沿水库周边建设有一定纵深的绿色屏障，利用庞大植物根系加固库岸，减少水浪对库岸的冲击，阻挡泥沙和杂物直接进入水库，使其具有转化面源污染物的功能，防止库外地表径流冲刷库岸。在林、草品种上应严格选择，在不同树种、草种和林、草种结构上实现优化，在建设上进行科学规划和有步骤实施。根据复合生态技术建设的目标和功能及三峡库区的实际情况，在 175 m 至征用线之间，以生态利用为主，采用林-农、林-果、林-牧利用生态保护模式。

3）农业生态恢复

消落区农业生态恢复，重点是坡耕地的治理和果园的改造。该区内的坡耕地是库区流域严重的土壤侵蚀区，这些坡耕地坡度大，土壤贫瘠，缺乏必要的水土保持措施，农产品单位面积产量低，继续耕作不但不会大幅度提高粮食总产量，反而会加剧水土流失，应实施退耕还林还草，在立地条件较好的地方，以植树造林为主，较差处则要先封坡种草，为造林做准备。比较成熟的方法是在地块间开辟隔离带，选择速生且具有多种经济价值的树种种植篱笆或种植草带，建立农林复合体系，一方面可以有效地防止水土流失；另一方面可以将因耕地面积减少带来的损失通过隔离带经济林木的收益补偿回来。在坡度太大而无法建立隔离带的地方，直接修筑梯田，降低耕地的坡度。在种树恢复地表植被时，注意乔、灌、草相结合，建立良好的植被结构。

a. 丘陵陡坡地带生态恢复。消落区以上的陡坡地段坡度基本上在 35°以上，多数地段粗沙砾质或半风化层裸地表，植被稀疏，需要采用工程措施，采用等高方式建立平行沟垄，沟内移土种植马尾松，垄上种植草被或耐旱灌丛，逐步恢复植被。

b. 消落区阶地生态恢复。土地多为缓坡（8°～15°），以旱作耕地为主，水源较好的区域开发为梯田，阶地虽垦殖率高，但多数仍属粗放型耕作，土地肥力不足。三峡水库正常蓄水后，该地段是居民主要农业生产资料来源。因此，提高该地段的土地肥力和土地利用率是该区域生态恢复的重点方向，主要措施包括：平整土地，采用工程措施将全部土地依地形特征建成梯田，减少区域水土流失；修建排水措施，沿垂直梯田方向修建排水沟；改变目前单一、低效的农业生产模式，引入高效农业生产。

c. 阶地坡面生态恢复。坡面坡度在 15°以上，部分区域坡度在 35°以上。不能按上游坡度≥25°消落区退耕模式来处理，需要根据坡面的地基稳定性、坡面特征，采用工程方式进行梯田模式的平整，以减少水土流失。根据建设后的梯田性能及经济目标，种植采用纯旱作模式或优质柑橘+旱作农林复合模式。阶地坡面旱作布局：阶面下部坡度相对缓和区域采用梯田旱作模式，阶面中部坡度较大区域为柑橘+旱作农业复合生态系统模式，阶面上部以旱作梯田为主。

4）建设水库周边绿色屏障

沿水库周边，即 175 m 高程以上约 30 m 宽的带状范围，按灌丛乔木-耐湿灌丛-灌草布局建设有一定纵深的绿色屏障。对于岸边带难以生物稳定的类型，根据实际需要，采用工程措施加以固定，在此基础上进行岸边带植被恢复。绿色屏障植被恢复采用草本-灌木二带模式。消落区植被由两层植被带构成，主要适用于坡面较缓的与农业用地接壤的区域。栽种耐湿和水淹生境的灌木，消落区以上栽种 2～3 行高密植本土灌木，主要功能是稳定堤岸、去除营养物和为野生生物提供生境。灌木带以上建设 6～7 m 夏季生长的草本植物，以减缓坡面漫流、促进泥沙沉积、吸收营养源和降解污染物。植物配置应以截污去污能力强的扁穗牛鞭草、狗牙根、水菖蒲、芦竹等植物为主。

②建设缓冲区

1）缓冲区生态恢复模式

a. 近自然模式。近自然模式是在消落区水淹较深的下部区域或土壤贫瘠地带种植草本，在水淹较浅的中、上部区域或土壤肥沃地带种植乔木的一种模式，可应用于植被退化期和土壤流失期的消落区。

b. 生物工程模式。生物工程模式是一种植物措施与工程措施相结合的模式，在植物生长初期由工程措施为植物提供必需的立地条件，后期由植物根系弥合工程措施与坡岸间的空隙，可应用于处于土壤流失期和岩石裸露期的水库消落区。生物工程模式可用的生物工程技术可分为缓冲型、加筋型、格梁支持型、空心砖咬合型等 7 类。

c. 水塘湿地模式。水塘湿地模式是在平坦、低洼地带建设小型湿地的模式，主要应用于出露期与植物生长期同步的冬涨夏落型、尚处于植被退化期的消落区。水塘湿地模式形成的小型湿地可以拦截、利用消落区上游的营养物质，增加库区的生境及生物多样性。

d. 清洁封育模式。清洁封育模式是采用封育方法，以消落区生态系统自我恢复为主、人工抚育为辅的一种模式，可应用于植被退化期、土壤流失期的消落区。

2）分区修复技术措施

a. 实施林泽工程

在消落区筛选种植耐淹且具有经济利用价值的乔木、灌木，形成冬水夏陆逆境下的林木群落。根据三峡水库消落区的水位变动规律、高程、地形及土质条件等，以海拔高度 160～175 m 作为林泽工程的实施范围。种植耐淹的乔木（种类包括落羽杉、池杉、水松、水杉、乌桕等）、灌木（包括桑树、枸杞、长叶水麻、秋华柳等），通过乔、灌配置，营建消落区生态屏障带。林泽工程主要采用以下两种模式：

湿生乔木+湿生灌草模式：湿生灌草主要构建于海拔高度在 170 m 以下的区域，种植桑树、秋华柳、枸杞和狗牙根等适生灌草。湿生乔木主要构建于海拔高度 170～175 m 的区域，种植植物以池杉、落羽杉、水松、水杉、乌桕等湿生乔木为主。

灌木+湿生草本植物模式：适用于坡度在 15°～25°的消落区，主要构建草本植物带和湿生灌木林带。湿生灌木主要构建于海拔高度在 165～170 m 的区域，种植植物有桑树、枸杞、长叶水麻、秋华柳等。湿生草本植物主要构建于海拔高度在 165 m 以下的区域，草种选择狗牙根、牛筋草等。

b. 草地径流控制

一般消落区坡度小于 25°,根据不同水位混合搭配种植不同类别植物。草地植被构建技术包括:

植被缓冲带技术。缓冲带是一项实用工程技术措施。库湾消落区所采用的植物缓冲带、植物过滤带及生态溢流堰修复模式,是对水库主要面源污染入库通道的控制。沿三峡水库的两岸消落区补种湿生树种和草本植物,促进植被更新,并在消落区上部建立植被缓冲带,在林下种植灌草植物,形成多层次覆盖,既充分利用消落区水热和土地资源,充分发挥了土地生产潜力,又有效拦截、净化经过消落区的污染物,减小水土流失程度和范围,不仅可以保护和加固堤岸,而且可以改善旅游景观。

植被护岸技术。植物根系的固结作用可使库岸土体和岩块的抗冲强度增强,固结作用的大小与植被的密度、种类、根深等有关。一般而言,由于植物根系的固土能力有限,单纯的植被护坡适宜于坡度较小的消落区。

退化草地修复技术。在消落区水淹较深的下部区域或土壤贫瘠地带种植草本,在水淹较浅的中、上部区域或土壤肥沃地带种植乔木,可应用于植被退化期和土壤流失期的消落区。退化草地修复技术包括:荒草地建成人工草地,采取等高带状种植法,种植品质较好及竞争力强的牧草;水土流失严重的裸地,增加植被覆盖,种植耐贫瘠的牧草品种,同时配合适当的水土保持工程。

c. 农耕地生态恢复

三峡水库正常蓄水 175 m 后,消落区河滩地水田全部淹没。因此,145~175 m 消落区生态系统恢复主要是针对蓄水后河边带及影响区生态恢复及其措施。消落区生态系统重建,需要根据水位调蓄规律,考虑蓄水后土地淹没对当地农民生产生活的影响,农耕地消落区生态恢复需要因地制宜,以最大限度地满足当地农民生活需要为目标进行生态恢复方案的制订与实施。三峡库区退化耕地的修复和重建技术体系包括土壤肥力恢复技术和水土流失控制与水土保持技术。土壤肥力恢复技术包括少耕免耕、绿肥与有机肥施用、生物培肥、化学改良、聚土改土、土壤结构熟化等技术。水土流失控制与水土保持技术包括坡面水土保持林草、生物篱笆、土石工程(小水库、谷坊、鱼鳞坑等)、等高耕作、复合农林牧等技术。退化坡耕地修复技术包括坡改梯整治、农耕农艺和植物篱生态过滤网带等技术。农耕农艺技术包括:种植技术,如横坡种植法、“目”字形种植;覆盖技术,如地膜覆盖、秸秆覆盖;粮经果复合垄作技术。

d. 水塘湿地

通过建设水塘、生物篱堤、石堤、基塘工程来营造沼生湿地,湿地内种植湿地乔木、耐水淹草本、灌丛、水生植物等来构建乔灌草群落。

前置库技术。针对城镇周边、地形平缓、面积较大、生态环境问题突出的支流库尾消落区,修筑水位调节坝,形成支流库尾的前置库。通过合理调度,缩小水位变化幅度,并辅以生物措施,维护湿地生态景观。

多功能生态浮床技术。生态浮床又称人工浮岛、生态浮岛,是绿化技术与漂浮技术的结合体,由浮岛框架、植物浮床、水下固定装置及水生植被组成。浮岛植物可以选择各类适生湿地植物,通过植物根部的吸收和吸附作用,削减富集于水体中的氮、磷及有机物质,从而达到净化水质的效果,创造适宜多种生物生息繁衍的环境条件,在有限区域重建并恢复水生生态系统,同时创建独特的水上花园立体景观。在三峡水库的库湾、湖汊等水流相对平缓的区域,可实施生态浮床工程。

基塘工程。基塘工程是基于中国传统农业文化遗产中的基塘模式,如珠江三角洲的桑基鱼塘模式。适用于季节性水位变动的基塘工程模式,就是在三峡水库消落区的平缓区域,在坡面上构建水塘系统,塘的大小、深浅、形状根据自然地形和湿地生态特点确定,充分利用消落区自身丰富的营养物质,种植具有观赏价值、净化功能、经济价值的湿地作物、湿地蔬菜、水生花卉等,构建消落区基塘系统。基塘工程适用于小于15°的平缓消落区。

鸟类生境再造工程。根据鸟类生态学和生态工程学原理,采取以生物措施为主、工程措施为辅的方式,进行湿地鸟类栖息地修复和重建。通过湿地地形重塑、生境修复和再造,构建近自然湿地生态体系,增加区域内群落多样性、物种多样性和景观多样性。具体实施内容包括:

地形重塑:通过挖塘、浅滩开挖、开拓沟渠、土堤建设等,构筑河岸洼地、水塘,以及将洼地、水塘与河流相连的沟渠系统,形成适于水鸟栖息的湿地生境。

越冬水鸟(开州区澎溪河)见图5.3-3。

图5.3-3 越冬水鸟(开州区澎溪河)

底质改造:根据鸟类生态学原理,在原有细沙和黏土底质基础上,在局部区域铺沙、铺设细卵石,形成细沙、卵石、水体镶嵌的异质性斑块,满足鸟类生境的需求。

植物配置:根据不同区域消落区的水位特征,按照各种植物的生态习性进行合理配置,在湿地物种的选择上,既要考虑易栽培、易繁殖,又具有一定的景观价值和经济价值,尽量把库岸的乔、灌、草和水体的挺水植物、浮叶植物和沉水植物进行合理搭配,在短期淹没区和淹没区边缘种植湿生植物,形成适于鸟类生存需求的多种湿地植物群落共存的生境格局。

③综合开发利用区建设

消落区的出露阶段与库区光雨热资源的集中期基本同步,部分地段土壤肥沃、不易滋生昆虫杂草,具有较高的生产潜力和利用价值,并且合理开发消落区对促进库区经济发展、库区生态修复和环境保护也有积极作用。但由于受水位变化情况和地质地貌条件制约,消落区土地利用较一般的土地,存在周期性、局部性和风险性及效益的有限性等。由于各消落区的形成时间和持续时间不相同,加上各地区水文气候条件、地质地貌及水土条件存在较大差异,因此消落区开发利用存在多种方式,主要是根据水库多年运行调度、水位变化规律、生态环境状况及当地气候、水文、土壤条件等因素,选择合适的利用模式,如农业、林业、草业、养殖业、渔业及旅游业开发利用等。

1)多功能湿地农业

基于三峡水库水位调控规律,消落区成陆时间主要分布在5—10月的植被生长季节。为保证区域农民基本的物质需要,在消落区生态恢复过程中充分论证水库水位调控的节律特征,在保证消落区生态、环境安全的前提下,实现消落区的综合利用,提高居民经济收入。可根据当地的农业生产特征,选择开阔、平缓、土地肥沃的消落区上部地段进行适宜的农业生产。

消落区多功能湿地农业模式:以发展湿地特色农业并形成产业化为目标,进行消落区湿地空间优化配置、湿地作物近自然管理(不施用农药和化肥),集成消落区湿地农业多功能耦合关键技术、湿地农业生态保育和生态环境修复技术,形成以多功能生态友好型农业为基础的消落区湿地农业模式及其技术体系。在土地利用上重点发展林-农、林-果、林-牧、林-渔等组合模式的复合生态系统,以控制土壤侵蚀和水土流失,保持土壤有机质和理化性状,促使生态系统良性循环等。

"沧海桑田生态经济工程"进行饲养桑种植模式:将草、灌、木进行有机结合,桑树植物根系发达,成活率极高,可有效提高土体抗剪能力。具体措施是种植狗牙根、苍耳、桑、苎麻、淡竹叶、中山杉、柳树等植物,其中以种植桑为主。

2)湿地公园或湿地保护区模式

在农村缓坡、中缓坡消落区适宜区段开展湿地保护恢复。选择面积大、地貌类型多样、条件适宜的区段开展湿地多样性保护工作。可结合湿地公园及湿地保护区建设,在生态脆弱和与经济社会发展密切相关的消落区开展湿地恢复与综合治理试点,通过植被恢复、湿地景观打造等措施,逐步恢复消落区湿地生态功能,维持和促进消落区湿地生态系统健康,构建以湿地保护和生态修复为主的湿地公园体系,保护湿地生态系统,维持湿地多种效益持续发挥,改善区域生态状况,充分发挥湿地多种功能效益。

3)观光旅游业发展模式

发展消落区观光旅游业是一个重要方向。重要旅游景点消落区景观整治应与旅游观光相结合,塑造优美的消落区景观。实施景观生态系统建设工程,包括装饰护坡设计和生态浮动平台设计。打造人文自然景观;对未整治库岸实施植被恢复和重建,消除视觉污染,修复生境,恢复景观。坡度平缓的地段可种植池杉、落雨杉、垂柳等植物。通过发展挺水植物,提高土地利用率,增加库岸抗浪蚀的能力,改善沿岸地带生态环境,为鲤鱼、鳊鱼等经济鱼类提供良好的天然产卵场所和栖息环境;同时,形成"水上森林""水中树"的奇观。

5.3.4 消落区生态修复方案

按消落区高程、出露时间和坡度三个维度将消落区分为经常性淹水型、半淹半露陡坡型、半淹半露缓坡型、经常性出露陡坡型及经常性出露缓坡型5种类型,提出生态修复方案。

(1)经常性淹水型。水位高程在145~155 m,10月至翌年5月淹水约240 d。此消落区缓坡居多,植物生长条件差,仅有少数草本植物能正常生长。采取坡改梯、挡土墙技术,种植狗牙根、香根草、牛鞭草等植物。

(2)半淹半露陡坡型。水位高程在155~170 m,11月至翌年4月淹水约180 d,5—10月出露约180 d,岸坡坡度≥25°,出露期在降水溅蚀与涌浪侵蚀作用下,易发生水土流失,岸坡不稳定,要通过适当的工程措施才能恢复植被。采取必要的工程石笼护岸护坡措施,保证坡岸的稳定性和安全性,种植中山杉、南川柳、秋华柳等植物。

(3)半淹半露缓坡型。水位高程在145~155 m,10月至翌年5月淹水约240 d,岸坡坡度<25°,易形成缓流带、滞流带,具有较强的泥沙沉积能力,受淹时间较短,土壤基质较厚,水土流失相对弱。以自然修复为主、人工修复为辅,可以种植山杉、南川柳、狗牙根等植物。

(4)经常性出露陡坡型。水位高程在170~175 m,1—10月出露约270 d,岸坡坡度≥25°,易发生水土流失,岸坡不稳定。采取必要的人工措施网格梁护坡,种植相应的植物如中山杉、池杉等。

(5)经常性出露缓坡型。水位高程在170~175 m,1—10月出露约270 d,岸坡坡度<25°,有较厚较松土壤基质沉积层,耐淹的乔木和灌木、草本植物能够生长,能够形成多层次植被景观,增强固土能力。为景观营造的重点区域,以耐水生的乔木为主,因地制宜地营造水上森林等多层次植被景观。

5.3.5 小结

(1)总结三峡库区消落区环境治理和生态修复方式。分析三峡库区消落区的形成及特征,根据消落区基本类型,叠加消落区及岸线城镇发展需求、经济社会活动等社会因素,综合考虑地方经济社会发展规划、相关功能区划等,对消落区按土地利用类型、人类活动影响情况、地表物质、地貌形态、涨落深度、坡度等单维度或多维度进行分类。消落区恢复治理方式分为自然恢复和人工修复。三峡库区消落区采用以自然修复为主、工程修复为辅助的综合治理措施,将消落区以岸段单元划分为综合治理区、生态修复区和保留保护区。其中,保留保护区主要采用自然恢复,生态修复区和综合治理区主要采用人工修复,并根据高程和出露时间选择不同的生态恢复方式。

(2)形成三峡库区生态恢复及生态系统构建技术体系。三峡库区消落区生态修复措施包括工程措施、生物措施和工程+生物措施。消落区生态恢复以恢复生态学理论为指导,根据消落区的构成和生态系统特征,通过消落区植物筛选、生境恢复、消落区生态系统构建3部分完成消落区生态恢复。植物筛选包括耐淹植物、耐污植物和景观植物的选择和配置。消落区生境恢复运用护岸技术和水位变动适应性策略。消落区生态系统构建采用分区调控法,将消落区划分为生态屏障区、消落区缓冲区和综合开发利用区3个区域,在分区的基础上进行各分区内的生态修复措施布局与设计,并制订按高程和出露时间分类及按高程和坡度分类的消落区生态修复方案。

(3)建议构建由内部特征、功能特征与外部环境组成的指标体系,对消落区湿地生态系统进行健康评价,评价不同利用整治模式下消落区的健康状况,为消落区管理提供决策参考。此外,还须加强对消落区区域水环境、生态系统的监测,进行区域生态系统过程、变化的研究,对潜在的生态、环境问题提出预警和对策措施。

5.4 农村饮水安全技术

根据典型流域农村自然条件、经济水平、饮水现状,重点围绕水源地保护、净水工艺、供水设施、监测预警、应急处理等方面,从技术可行性和实用性的角度,构建农村饮水安全技术体系。

5.4.1 三峡库区安全饮水存在的问题

三峡库区大部分农村以山坪塘、山泉水为供水水源,水源规模小、类型多、分布散。饮水安全问题体现为水源数量不足、水量不够,蓄水池容量不够、渗漏,管网未入户、破损,水质较差等。具体表现在:一是部分高山地区存在季节性水源不足;二是山坪塘、溪沟等水源水质较浑浊,暴雨天尤为严重,面源污染对水源安全产生一定威胁;三是水质水量保证率低,净水工艺比较落后,应急处理机制不完善;四是供水管网存在覆盖不够、破损、未接通入户等情况;五是水源地水质监测有待加强。

5.4.2 农村饮水工程构成及安全供水评价指标

5.4.2.1 供水工程组成

供水工程由取水工程、输水工程、净水工程和配水工程四部分组成。

(1)取水工程。一般由取水构筑物和取水泵站组成,用于从水源提取原水。取水构筑物包括水源和取水头部。取水泵站包括泵房、水泵机组和控制系统。根据水源种类不同,地下水取水构筑物有管井、大口井、辐射井、渗渠、引泉池和截潜流设施;地表水取水构筑物有固定式、移动式、山区潜水河流式、湖泊水库取水构筑物。

(2)输水工程。包括输水管道和附属设施,用于将取水工程集取的原水输送至净水工程。

(3)净水工程。亦称净水厂,一般由净水构筑物或净水设备、消毒设施和清水池组成,用于对原水进行净化处理和消毒,使其达到《生活饮用水卫生标准》(GB 5749—2022)要求。

(4)配水工程。主要由配水泵站、配水管网及调蓄构筑物(高位水池、调节水池)组成,用于将净化处理和消毒后的达标水配送至用户,并满足水量和水压要求。

5.4.2.2 农村饮水安全卫生评价指标

依据水利部和卫生部2004年发布的《农村饮用水安全卫生评价指标体系》,将农村饮用水分为安全和基本安全2个档次,评价指标包括水质、水量、方便程度和保证率4项。4项指标中只要有一项低于安全或基本安全最低值,就不能定为饮用水安全或基本安全。农村饮用水安全卫生评价指标体系见表5.4-1。

表 5.4-1 农村饮用水安全卫生评价指标体系

评价指标	安全	基本安全
水质	符合《生活饮用水卫生标准》（GB 5749—2022）	符合《农村实施〈生活饮用水卫生标准〉准则》
水量	可获得水量不低于 40~60 L/(人·d)	可获得水量不低于 20~40 L/(人·d)
方便程度	人力取水往返时间不超过 10 min	人力取水往返时间不超过 20 min
保证率	供水保证率不小于 95%	供水保证率不小于 90%

结合我国当前实际情况,农村饮水安全的内涵应体现在:水量充足稳定、水质符合规定,饮用水水源地能维持良好生态环境且有完善的饮水工程管理制度和应急管理体制,能够确保人们安全饮用水的需求。即两方面内容,一是水源取水安全;二是饮水工程的建设、运行、管理和维护的安全及应对突发事件的应急反应能力。因此,现阶段全面反映农村饮水水源地安全内涵的评价体系应包括 5 个方面:水量、水质、生态、工程、应急反应能力。水量安全评价即对水源地来水状况和供水能力的评价;水质安全评价即对水体水质要素进行单项及综合评价;生态安全评价即对水源地点源及面源污染进行评价;工程安全评价即非水资源因素对饮水工程影响的评价;应急反应能力评价即针对水源地发生突发事件应具备的防控、响应、恢复能力的评价。

5.4.3 农村饮水安全技术体系构建

针对农村分散式饮水供水短缺、蓄水池供水水质较差、水质水量保证率低、净水工艺比较落后、应急处理机制不完善、便利性不足等问题,本次重点围绕水源地保护、净水工艺、供水设施、监测预警、应急处理等技术,构建农村饮水安全技术体系。

5.4.3.1 饮用水水源开发与保护技术

(1)饮用水水源安全体系构建的原则

①选择不易污染的水源。水源的选择应从技术和经济两方面综合考虑。由于地表水易受到工业废水、农灌尾水不同程度的污染,因此以地表水为饮用水水源会增加水质净化难度。同等条件下,地下水源不易受污染,易于防护,卫生条件好,宜优先选择水质符合要求的地下水。当地下水短缺或水中含氟、锰、铁等物质过高、水味苦咸或遭受工业有害废弃物严重污染致使水质恶化时,考虑地表水。

②严把水源工程关。确保水源水质符合国家饮水卫生标准,应建立坚持在水源工程开工前检验相关水源水质的制度,并尽量建造全封闭水源构筑物,避免污染物直接污染。

③加强水源卫生防护。作为生活饮用水水源,应设置卫生防护地带,划分不同的水源保护区,并规定相应的保护措施。

④强化水质监测。加强对供水水源地的监测工作,建立健全严格的水质检验制度,及时全面掌握水源水质的动态变化。水源水质监测与评价应包括监测点的布置、监测项目、监测时间、监测频率的确定、监测方法的选择和水质评价等内容。其中,具体监测项目可

针对不同水源,按水源环境质量标准及水源污染的实际情况加以确定。

(2)供水水源分类及原则

①农村供水水源分类

按水源位置,供水水源分为地表水源和地下水源,地表水源主要包括山涧水、水库水、蓄池水、湖泊水、河流水、溪沟水和塘坝水;地下水源则主要包括泉水和井水。

按供水规模,供水水源主要分为集中式水源和分散式水源。集中式水源主要包括水库蓄水、湖泊或河流中抽水、大型水井引水,少数地区也存在山泉水蓄水集中供水等情况;分散式水源主要包括蓄池水、山涧水、泉水、手压型或小型水井等。

②水源选择原则

1)水质良好、便于卫生防护,符合《生活饮用水水源水质标准》(CJ 3020—1993)的要求;地表水源水质应符合《地表水环境质量标准》(GB 3838—2002)的要求,地下水源水质应符合《地下水质量标准》(GB/T 14848—2017)的要求。当水源水质不符合上述要求时,不宜作为生活饮用水水源。若限于条件需加以利用,应采用相应的净化工艺进行处理,处理后的水质应符合《生活饮用水卫生标准》(GB 5749—2022)的要求。

2)选用地下水源时,其允许开采量应大于设计取水量;选用地表水源时,其设计枯水流量的保证率应不低于90%。当单一水源水量不能满足要求时,可采取多水源或调蓄等措施。

3)符合区域水资源统一规划和管理要求,并按照优质水源优先保证生活饮用的原则,妥善处理与其他用水之间的关系。

4)淡水资源缺乏或开发利用困难,但多年平均降水量大于250 mm时,可建造雨水集蓄工程;水资源缺乏,但有季节性缺水时,可利用已有的引水设施建造引蓄供水工程;有良好地下水源,但用户少、居住分散时,可建造分散式供水井。

5)居住分散、经济条件差,但地下水资源丰富的贫困山区农村,优先考虑地下水作为农村供水水源,但要做到采补平衡,确保水资源的可持续利用。

6)高氟(砷)水地区,尽量开凿深井,开采水质良好的深层承压水或从其他地方引水。

7)有足够山泉水地区,一般水质都较好,建议选用山泉水作为农村供水水源。

8)有多个水源可供选择时,应优先选用地表水,合理开采地下水,防止超采。地下水按照"泉水→浅层地下水→深层地下水"的顺序选择;地表水按照"水库水→山溪水→湖泊水→河水"的顺序选择。除此之外,还应考虑供水的可靠性、建设投资、运行费用、施工条件等,进行全面的经济技术比较,然后择优确定。

(3)供水水源监测

农村饮用水源监测包括水量、水质监测,关键是水质监测。监测对象为窖池水、库塘水(水库、湖泊、塘坝型水源)、地下水和溪流水四种类型。

①监测指标

不同的水源地的水质评价指标体系不同。窖池型:总大肠菌群、细菌总数、氨氮、亚硝酸盐、浑浊度、pH 值;河流型:粪大肠菌群、铁、锰、氟化物、pH 值、高锰酸盐指数;湖库型:总氮、总磷、高锰酸盐指数、透明度、氨氮、叶绿素;地下水:总硬度、总大肠菌群、氟化物、硝酸盐、细菌总数、氨氮。

根据农村饮用水水质特点和现行《生活饮用水卫生标准》(GB 5749—2022)，农村饮用水水源地水质监测指标可以分为必测指标和选测指标。必测指标包括感官性状和一般化学指标、毒理学指标和细菌学指标3类指标项目。感官性状和一般化学指标：色度、浑浊度、臭和味、肉眼可见物、pH值、铁、锰、氯化物、硫酸盐、溶解性总固体、总硬度、耗氧量、氨氮。毒理学指标：砷、氟化物、硝酸盐。细菌学指标：菌落总数、总大肠菌群、耐热大肠菌群和大肠埃希氏菌。选测项目一般为各地结合当地的饮用水水源地水质状况适当增加监测指标。建议选择上述水质指标作为各类水源地水质评价指标，但不排斥各地因地制宜地选择其他指标。

②农村饮用水水源监测系统

1)地表水自动监测系统

由于地表水水源易受到地形、气象、水文、季节变化、需水条件及可能突发性水污染事故等因素的影响，其水质和水量随时间和空间而变化，因此需要对地表水水环境进行大范围高效、高精度的时空连续动态监测。农村地表水水源自动监测系统按照拓扑结构可分为分布式和集中式两种监控系统。

2)地下水自动监测系统

目前尚无统一的建设规范要求，处于探索阶段，需要因地制宜地选择通信方式、信息流程和监测站功能及监测设备配置等。站网布设是在站网调整及站网规划的基础上，收集、整理相关的水文、地质、水利工程分布、地下水补排关系和机井设施等资料，对现有地下水监测井及监测资料进行总结、整理后建成地下水自动监测站网，及时准确地反映地下水动态变化信息。

(4)农村饮用水水源保护区划分

①库塘水水源保护区划分。依据湖泊、水库型饮用水水源地所在湖泊、水库规模的大小，对湖泊、水库型饮用水水源地进行分类。农村湖库水水源保护区一般设三级，即一级保护区、二级保护区和水源涵养区。特殊情况下可只设一级保护区。

②农村塘坝水水源保护区。一般只设一级保护区，其范围为雨水储存塘坝及人工创造的集水区，且仅对集体使用的供人畜饮用的塘坝水设水源保护区，各家各户的塘坝水由各家自行保护，不设保护区。

③农村窖池水水源地。只需设置一级保护区，其范围为窖池及集水场。各家各户的窖池由各家自行保护，不设保护区。

(5)农村饮用水水源地污染防控技术

农村饮用水水源量大面广，饮用水源受到生活污水、化肥、农药、养殖畜禽粪便、工业废水等污染。因此，需开展工业点源污染、农村生活污染、农村面源污染、农业废弃物、畜禽和水产养殖污染等各类污染源的防治工作。

5.4.3.2 取水工程

取水工程包括取水构筑物和取水泵房。地下水取水构筑物按照含水层的厚度、含水条件和埋藏深度可选用管井、大口井、辐射井、复合井、渗渠及相应的取水泵或取水泵站。

地表水取水构筑物按水源种类可分为河流、湖泊、水库及海水取水构筑物。地表水取水构筑物按照地表水水源种类、水位变幅、径流条件和河床特征等可选用固定式(岸边式、河床式)取水构筑物、活动式(浮船式、缆车式)取水构筑物、斗槽式取水构筑物。山区河流可以选用低坝式取水构筑物或底栏栅式取水构筑物;在缺水型饮水困难地区还有雨水集取构筑物。

5.4.3.3 净水工艺

水厂净化是保障供水水质的核心环节,集中式净水厂工艺选择较为成熟,本次重点围绕农村分散式饮水工程存在的供水短缺、蓄水池供水水质较差等问题,阐述分散式水源净水工艺。

(1)农村地表水源分类

按原水水质条件和水处理要求,农村地表水水源大致有以下5类。

①未受污染或轻度污染的地面水。水体符合国家规定的《地表水环境质量标准》(GB 3838—2002)Ⅰ、Ⅱ类水体的水质指标,且浊度和水温均属正常范围,主要是去除浊度和达到微生物学卫生指标。

②微污染的地面水。水体受环境污染,某些指标已超过Ⅰ、Ⅱ类水体水质指标的规定。主要污染物为氨氮、有机物(高锰酸钾耗氧量)、挥发酚和BOD_5等。

③高浊度地面水。长江上游河段,洪水期大量泥沙流入水体,形成高含沙量的原水。长江高浊度水则指洪水期经常出现(20~30 d)、浊度大于1 000 NTU,且数次出现5 000 NTU以上的浑水。

④低温低浊地面水。一般是指冬季水温在0~4 ℃、浊度低于30 NTU的地面水。

⑤高含藻地面水。高含藻地面水主要出现在湖泊和水库。由于受污水排放和农业施肥等影响,不少湖泊富营养化日趋严重,氮、磷的含量高,造成藻类大量繁殖。在富营养化湖泊水中,藻的数量一般为每升几十万到每升几千万个,给常规处理工艺带来困难。

农村分散式净水工艺的选择和运行应与原水水质相适应,以健康风险控制为根本目标,经济合理地进行技术运用和工艺组合,其中强化常规处理过程的效率是改善出水水质的工艺基础。我国农村地区水源类型复杂,地质和气候条件差异较大,因此农村饮用水工程设备的选择,应根据不同地区水源类型、村镇规模、管理要求考虑,以确保农村饮水安全工程发挥实效,实现工程建设“建得成、用得起、管得好、长受益”的目标。

(2)净水工艺基本要求

①水厂配备的净水设施、设备必须满足净水工艺要求;必须有消毒设施,并保证正常运转。

②水处理剂和消毒剂的投加和储存间应通风良好,防腐蚀、防潮,备有安全防范和事故应急处理设施,并有防止二次污染的措施。

③水厂不得将未经处理的污泥水直接排入地表生活饮用水水源保护区水域。

④净水工程设计应考虑任一构筑物或设备进行检修、清洗或停止工作时仍能满足供水水质要求。

(3)净水技术及设备分类

①农村常用净化技术选择

常规水处理工艺处理的对象是水中悬浮物和胶体杂质，以混凝、沉淀、过滤、消毒为主组成的水处理工艺应用最广，也是最基本的水处理手段。

1)混合形式的选择

混合形式一般分为4种：管式混合、隔板混合、水泵混合及机械搅拌混合。

a.管式混合。优点是混合快速，安装、维护简单，造价低，运行费用低。缺点是混合效果一般，流量减少时，在管中易产生沉淀。

b.隔板混合。其靠水流本身消耗能力来产生大的紊流，以达到混合目的。虽然此种池型不需机械设备，但对流量变化适应性差，能耗大，增大了后续构筑物的埋深。

c.水泵混合。适用于一级泵站距净化构筑物较近的情况，一般用在水量较小的工程上，缺点是：药品易腐蚀水泵，造价高，运行费用高。

d.机械搅拌混合。其依靠外部机械供给能量，使水流产生絮流，水头损失小，适应各种流量变化，能使药剂迅速而均匀地分布在原水胶体颗粒上，具有节约投药量等优点；缺点是增加相应的机械设备，需消耗电能，也就相应增加了机械设备的维修及保养工作。

2)絮凝池类型选择

絮凝、沉淀是水处理最重要的工艺环节。絮凝过程是微小颗粒接触碰撞的过程。如果能在絮凝池中大幅度地增加湍流涡旋的比例，就可以大幅度地增加颗粒碰撞次数，有效地改善絮凝效果。这可以在絮凝池的流动通道上增设反应设备来实现。一般常规的反应池有穿孔旋流反应池、涡流反应池、孔室反应池、折板絮凝反应池、隔板反应池、机械反应池、网格栅条反应池、翼片隔板反应池。

a.穿孔旋流反应池、涡流反应池、孔室反应池。结构简单，造价低，施工方便，但反应效果比较差，大型水厂一般不宜采用。

b.折板絮凝反应池、隔板反应池。虽然反应效果好，所需反应时间也相对较短，但结构较复杂，造价高，水头损失较大，对大水量且存在低温、低浊情况的不宜采用。

c.机械反应池。反应效果好，可以根据水量的变化进行调节，使絮凝处于最佳状态，水头损失小，但机械设备维护管理比较复杂。

d.网格栅条反应池。在垂直水量分向上放置网格或栅条，水流通过网格或栅条的孔隙时，水流收缩，过孔后水流扩大，形成良好的絮凝条件。因此，反应效果较好，反应时间较短，构造简单，施工方便。

e.翼片隔板反应池。反应效果理想，反应时间短，仅需8~12 min，施工简单，安装方便，对原水水量和水质变化的适应性较强，可适应难处理及微污染水质，絮凝效果稳定。

3)沉淀池类型选择

农村供水工程中沉淀池的主要类型有平流式沉淀池、斜管(板)沉淀池等。

a.平流式沉淀池。具有施工方便，水力条件好，对原水水质、水量变化适应性强，操作管理简单等优点；但有占地面积大，不采用机械排泥装置时排泥较难等缺点。一般适用于大中型水厂。

b. 斜管(板)沉淀池。占地面积小,沉淀效率高,一般在中小型水厂、旧池改造中应用较多。斜管沉淀池是高效沉淀池,其单位面积负荷很高,沉泥多,一般斗式穿孔管排泥能达到很好的排泥效果。

4)澄清池类型选择

澄清池是利用池中积聚的泥渣与原水中新生成的沉淀物颗粒相互接触、吸附,以达到泥渣较快分离的澄清装置。澄清池主要包括机械搅拌澄清池、水力循环澄清池、脉冲澄清池、泥渣悬浮式澄清池。

a. 机械搅拌澄清池有若干泥渣作循环运行,即泥渣区中有部分泥渣回流到进水区,与进水混合后共同流动,待流至泥渣分离区进行澄清分离后,这些泥渣又返回原处。

b. 水力循环澄清池与机械搅拌澄清池的工作原理相似,不同的是它利用水射器形成真空,自动吸入活性泥渣与加药原水进行充分混合反应,省去机械搅拌设备,构造简单、节能,维护管理方便。

c. 泥渣悬浮式澄清池是指澄清池在运行时,有一层由于水的流动而悬浮着的活性泥渣层。水在通过泥渣层时相互接触,进行混凝反应,完成水的澄清。

d. 脉冲澄清池是一种泥渣悬浮式澄清池,它利用悬浮层中的泥渣对原水中悬浮颗粒的接触絮凝作用来去除原水中悬浮杂质,具有占地面积小、处理效果好、生产效率高、布水较均匀及节省药剂等特点。

5)滤池类型选择

过滤一般是指以石英砂等粒状滤料层截留水中悬浮杂质,从而使水得到澄清的工艺过程。滤池一般有以下几种形式:

a. 虹吸滤池。平面布置有圆形和矩形两种,适用水量范围一般为15 000~10 000 m^3/d,土建复杂,池深大,反滤时要浪费一部分水量,变水头等速过滤,水质不如降速过滤,中小型水厂一般不采用。

b. 普通过滤池。适用于中小型水厂,单池面积一般不超过100 m^2,运行稳妥可靠,采用沙滤料,材料购置方便,池深适中,过滤效果好。

c. 钟罩管敞开式滤池。造价低、不需要大量阀门设备;结构简单;能自动连续运行,不需要冲洗水塔或水泵;节约用水,节约电耗。

d. 微滤机。其是一种转鼓式筛网过滤回收固液分离装置,借助于设备网筛回转的离心力,在较低的水力阻力下,拥有较高的流速性,从而截留悬浮物。筛网空隙特别小,能够截留住微小纤维和悬浮物。

6)消毒技术选择

水的消毒处理是生活饮用水处理工艺中的最后一道工序,其目的在于杀灭水中的有害病原微生物(病原菌、病毒等),防止水致传染病的危害。消毒剂的种类很多,其各种性能差异也较大,可根据各水厂处理水质的实际情况选择。农村供水消毒方法主要包括二氧化氯、次氯酸钠、紫外线、臭氧、漂白粉(或漂粉精)、缓释消毒剂等。

②强化净化技术选择

水源受到工业废水和生活污水的污染,水经常规处理后仍难以达到出水水质目标。

就水源受污染的现状分析,最突出地反映在氨氮及有机物(COD、TOC、BOD_5)等的超标上,由此也带来了嗅、味和色度等问题。目前,对于微污染水的处理采用了生物氧化和臭氧、活性炭处理技术,以及目前处于研究阶段的高锰酸钾氧化、光激发氧化、光催化氧化及超声与紫外联合辐照等技术,近年来对膜处理的应用也引起了极大关注。

(4)农村净水工艺比选

农村饮水工程水处理工艺实际应用时需根据水源情况、用户对水质的要求等因素进行处理。

①未受污染或轻度污染的地面水处理

通常采用常规水处理工艺。供水工程水处理的原理和工艺流程一般为:水源→混凝→沉淀→过滤→消毒→用户。

1)水质符合《生活饮用水卫生标准》(GB 5749—2022)要求的地下水,可只进行消毒处理。

2)原水浊度长期不超过 20 NTU、瞬时不超过 60 NTU 时,可采用接触过滤、消毒的净水工艺。

3)原水浊度长期低于 500 NTU、瞬时不超过 1 000 NTU 时,可采用混凝、沉淀(或澄清)、过滤、消毒的净水工艺。

4)原水含沙量变化较大或浊度经常超过 500 NTU 时,可在常规净水工艺前采取预沉措施,高浊度水应按《高浊度水给水设计规范》(CJJ 40—2011)的要求进行净化。当高浊度原水含沙量较高时,采用自然沉淀,浑液面沉速很低时需要采用混凝沉淀。对高浊度水的混凝剂,要求具有较高的聚合度、较大的分子量和较长的分子链,多选用高分子絮凝剂。高浊度水沉淀构筑物有平流式沉淀池和辐流式沉淀池,并发展了旋流絮凝沉淀池等多种形式。

a. 常规混凝–沉淀–过滤技术比选

水处理构筑物类型及适用条件见表 5.4-2。

表 5.4-2　水处理构筑物类型及适用条件

<table>
<tr><th colspan="2" rowspan="2">处理工艺</th><th rowspan="2">构筑物名称</th><th colspan="2">适用条件</th><th rowspan="2">出水悬浮物含量/(mg/L)</th></tr>
<tr><th>进水含沙量</th><th>进水悬浮物含量/(mg/L)</th></tr>
<tr><td rowspan="5">高浊度水沉淀</td><td>自然沉淀</td><td rowspan="2">天然预沉池:平流式或辐流式预沉池,斜管预沉池</td><td>10~30</td><td></td><td rowspan="2">2 000</td></tr>
<tr><td>混凝沉淀</td><td>10~120</td><td></td></tr>
<tr><td rowspan="3">澄清</td><td>水力循环澄清池</td><td>≤60~80</td><td></td><td rowspan="3">一般<20</td></tr>
<tr><td>机械搅拌澄清池</td><td><20~40</td><td></td></tr>
<tr><td>悬浮澄清池</td><td><25</td><td></td></tr>
</table>

续表 5.4-2

处理工艺		构筑物名称	适用条件		出水悬浮物含量/(mg/L)
			进水含沙量	进水悬浮物含量/(mg/L)	
一般原水沉淀	混凝沉淀	平流式沉淀池		一般<5 000,短时间内允许10 000	一般<10
		斜管(板)沉淀池		500~1 000,短时间内允许3 000	
	澄清	机械搅拌澄清池		一般<3 000,短时间内允许5 000	
		水力循环澄清池		一般<2 000,短时间内允许5 000	
		脉冲澄清池		一般<3 000,短时间内允许5 000	
		悬浮澄清池(单层)		一般<3 000	
		悬浮澄清池(双层)		3 000~10 000	
气浮		各种气浮池		一般≤100,原水中含有藻类以及密度小的悬浮物质	一般<10
普通过滤		各种滤池		一般<15	一般<3
接触过滤(微絮凝过滤)		各种滤池		一般≤70	
微滤		微滤机		原水含藻类、纤维素、悬浮物时	

b.消毒技术比选

通过对机制、特点、优缺点、适用条件、安全投加量、投加方式、设备选型及消毒成本进行比选,建议规模较大的农村供水工程选择二氧化氯或次氯酸钠消毒,优点是有持续消毒效果,能够保障管网的微生物安全性;小规模农村供水工程选择紫外线、次氯酸钠或臭氧消毒,优点是不需要购置药剂,方便管理;一户或几户供水可以考虑漂白粉或缓释消毒剂。

②微污染水源净化处理

微污染地表水可采用强化常规净化工艺,或在常规净水工艺前增加生物预处理或化学氧化处理,也可采用滤后深度处理(活性炭吸附、生物活性炭、气浮等)。

1)预处理

预处理可以分为吸附预处理、化学氧化预处理、生物法预处理等。

预沉淀:当原水含沙量变化较大或浊度经常超过500 NTU时,宜采用天然池塘或人工水池进行自然沉淀。

粉末活性炭吸附:原水有机物污染较严重或有异臭异味时,可投加粉末活性炭吸附处理。

2)强化常规处理

强化混凝-沉淀:新型絮凝剂和絮凝技术、高效能絮凝剂-高效率反应器-自动投药控制组合的水厂絮凝集成化技术、接触絮凝-拦截沉淀技术、改性滤料与微絮凝直接过滤技术。

强化过滤:包括混凝沉淀过滤技术、生物慢滤技术及超滤技术。

3)深度处理

当原水中有机物污染较重、常规处理后仍不能满足生活饮用水水质要求时,可采用活性炭吸附、臭氧氧化+活性炭吸附联用、投加氧化剂、生物氧化预处理+常规处理等方式进行深度处理。微污染原水传统处理工艺比较见表 5.4-3。

表 5.4-3　微污染原水传统处理工艺比较

项目		工艺原理	适用超标因子	处理费用	规模化应用领域	缺点
强化水处理	强化混凝	提高絮凝剂用量或性能、优化条件	有机物、浊度	一般	水厂	对氮磷基本无处理作用
	强化沉淀	提高絮凝体沉降性能、优化沉淀条件	有机物、浊度	一般	水厂	
	强化过滤	微生物降解、滤料改性	有机物、浊度、藻细胞、磷、重金属离子	较高	含重金属离子的微污染水	机制需进一步研究,未规模化使用
增加预处理	吸附	吸附剂投加	嗅味、色度、磷	高	含有机污染物的微污染水	吸附剂回收利用困难
	化学氧化	氧化分解	有机物	较高	含有机污染物的微污染水	可能产生有害副产物
	生物氧化	微生物降解	有机物、浊度、氨氮、藻细胞	较高	农村河道修复	处理能力有限,设施分散,管理相对复杂
增加深度处理	臭氧+活性炭	氧化分解后吸附	有机物、氨氮	较高	水厂深度处理	吸附剂回收利用困难
	膜分离	高效过滤	嗅味、色度、有机物、细菌、消毒副产物前体物、病毒等	高	高品质饮用水处理	处理能力有限,成本高
	光催化氧化	紫外光分解有机物		高	尚处于试验研究阶段,无规模使用	高效光催化剂及载体尚需发掘

对于一些特殊的水质，如某阶段污染物指标太高，现有处理工艺难以处理时，宜对原处理工艺流程进行改进。如：浊度的去除，气浮比沉淀效果好；有机物的去除，采用预氧化处理系统可以提升处理效果；藻类超标的水体，可采用预氧化技术，改变沉淀型式，选用气浮工艺等；氨氮超标的水体，可采用生物接触氧化法；耗氧量超标的水体，可根据具体情况增设预处理和深度处理单元，采用粉末活性炭、药剂氧化、活性炭滤池或多种方法相结合的方法。目前，虽然普遍认为采用臭氧、活性炭处理工艺是微污染水的有效处理方法，但由于投资较高及经常运行费用的增加，所以在国内还未广泛应用。

③农村饮用水特殊净化处理

当原水中铁、锰、砷、氟化物、藻类、溶解性总固体含量超过《生活饮用水卫生标准》(GB 5749—2022)的规定时，应进行特殊净化处理。

1)铁、锰超标的地下水应采用氧化、过滤、消毒的净水工艺。

2)氟超标的地下水可采用活性氧化铝吸附、混凝沉淀或电渗析等净水工艺。

3)"苦咸水"淡化可采用电渗析或反渗透、膜处理等工艺。

4)水源水含有大量藻类时，在常规净水工艺前应增加相应处理工艺(气浮等)，并应符合《含藻水给水处理设计规范》(CJJ 32—2011)要求。

④一体化净水设备

一体化净水设备将常规混凝、沉淀、过滤、排泥、反冲洗集于一个罐体内。其适用条件如下：

1)山泉水、水库、湖泊水、山溪水、江河水等水质良好且稳定，可直接选取一体化微絮凝直接过滤设备。

2)需经常规处理农村饮水的水源，如地表水、浅层地下水，可选取一体化净水设备。

3)对农村居住人口分散的山区，选择小型一体化净水设备。

4)需经特殊处理(除铁、除锰)净化后方可饮用的地下水源，可采用特殊处理的一体化净水设备。

国内已开发了一些安装简单、运行效果良好的一体化设备。如一体化微絮凝直接过滤设备将常规处理的沉淀部分取消。原水水质恶劣时，可加装简易的沉淀装置，原水水质洁净时还可去掉絮凝部分。采用这种方式的滤池，可节省投资，减少沉淀池占地；小型一体净水设备(中央净水机)由砂滤、超滤装置等组成，中心管与多路控制阀的出口连接，砂滤装置设于壳体内。为了方便更换滤芯，超滤装置装在设有开口的不锈钢壳体内。其适应浊度为5~30 NTU的场所，可根据净水能力的大小，制成不同直径的罐体，单台设备净水能力可达0.5~2 t/h，可作为家庭或几户联用。

5.4.3.4 供水设施

出厂水的送配是保障用户水质安全的重要过程，从管材选择、管网压力、水流速度及水的化学和生物学特性变化等方面系统考虑饮用水的安全送配。供水管网压力自动监测与报警系统、山区供水管道减压储水装置和管网漏失检测技术及设备，是保障规模化集中供水管网安全运行的关键技术。

管网压力自动监测与安全报警系统：由布置在管道压力监测点的压力监测装置、加压水泵启停的变频控制器和监控中心组成。在设定供水管网的上限压力条件下,通过无线数据传输系统对管网上各压力观测点的压力进行实时监测、现场显示,设定压力下限,当低于设定值时现场可声光报警;当上位机收到某一压力观测点的压力低于设定值时,显示器上显示该观测点名称,工控机立刻启动声光报警系统,方便值班人员在第一时间赶赴现场进行处理。

农村供水管网漏失检测设备:我国农村供水管网管材大量使用PE、PPR、PVC等非金属材料,水压低、缺少阀门井或检查口,许多检漏设备无法使用。听漏仪和听音杆这类设备属于路面听漏设备,直接在地面上使用,检测漏水;使用过程中,不需要与管道或阀门直接接触,对管道的要求不高;操作简单,不需要复杂的设置;设备重量轻,便于携带。其适用于各种供水管材,要求管径在50~300 mm,管网末端压力在2 Pa以上,适合在农村供水管网的检漏工作中应用。

山区供水管道减压储水装置:山区农村供水管网除线路长外,管线沿途地面高差大(有的达100 m以上),导致沿供水管道内水压力变化大。经常因压力过大频繁出现管道破裂及阀门、水表和水龙头损坏事故。实践中为保证管道不破裂,常采用高公称压力管道或在主管道上落差大的部位或在分支管道的首端增设减压阀。

5.4.3.5 水质监测预警技术

供水系统受到水源、制水、输水等多种因素影响,这些因素都会影响最终用户龙头水的卫生安全。集中式农村水厂已开始逐步建设水质检测实验室,保障这些实验室的正常运行需要大量的基础仪器设备、标准品、检验试剂及玻璃容器等。我国各地农村水厂水平不一,但即使是在东部发达地区的农村水厂,除规模较大的少数水厂配有水质检验设备可进行日常化验外,大部分乡镇水厂和村庄水厂无检验设备,也不进行日常化验,存在严重的饮水安全隐患。

饮用水水质监测分为理化监测和生物毒性监测两种方法。理化监测是利用物理、化学手段,对水质综合指标和某些单项指标进行检测;生物毒性监测是利用毒物对敏感生物(如鱼类、水蚤、绿藻和发光细菌)的生理和生化的抑制效应,来反映水体中毒物产生的综合毒性。

大中型农村集中式供水水厂的水质检测通常采用在线监测装置,通过结合余氯、浊度在线监测技术、多参数集成及远程传输技术,集成应用先进成熟的传感器、自动控制系统、计算机、通信网络及专用软件,形成了水质在线自动监测系统,连续、及时、准确地监测水质及其变化,提高监测效率。

对于农村中小型水厂水质检测,建议采用水质简易测定设备。在国外,即使一些经济发达国家,在农村供水水质检测方面仍然采用快速简易的设备和技术。国外水质简易测定设备生产技术保密,售价较贵。目前,国内有便携式余氯、二氧化氯等水质参数理化快速测定箱和携带式细菌培养箱,但应用范围较小。

农村供水系统复杂,要控制的关键点多。国内现有供水水质在线检测主要有pH、电导率、浊度、余氯等项目,仪器仪表质量与国外比较尚有差距,检测仪器的精度和灵敏度有待提高。近年来,国内对适于农村大中型水厂、中小型水厂和分散式供水或现场水质检测的成套技术及设备的开发力度不断加强,陆续出现紫外吸收理化传感器水质监测技术、斑马鱼及大型蚤兼容型生物毒性水质监测技术等新型水质毒性监测工程技术。

5.4.3.6　应急处理技术

在坚持常规水源和储备水源相结合的基础上,亟须建立健全水源地战略储备体系和特枯或连续干旱年及水质受到污染情况下的应急供水体系。针对每个集中式供水的农村饮用水水源地可能发生的突发性事件,制订应急系统等应急处置预案。

(1)建立应急水源

供水规模在 10 000 人以上的村镇集中供水工程,需要建设适度规模的应急备用水源。应急备用水源包括当地备用机井以及附近的湖泊、水库和塘坝。妥善处理好地下水的保护与开发、全面禁采与有限利用的关系,深井布局应充分兼顾边缘供水管网末梢和禁采中作为特种行业用水和观测井保留的已有深井,做到深井封而不填,一旦供水水源发生污染,可以紧急启动深井水源应急。同时,做好湖泊、水库、塘坝等备用水源的保护工作,规划新建一批水库、塘坝等集蓄水、保水和水环境改善于一体的水利工程,做好小水库的除险加固建设,为农村饮水安全提供可靠的备用水源保障。

(2)水源水污染紧急事故处理

当发生水源水污染紧急事故时,应采取以下紧急措施:

①尽快找出水污染事故的排放源,及时向有关部门通报。尽快找出水污染事故排放源,弄清污染物的种类、性质、毒性大小,估计污染物的排放量及水体受污染的程度及范围,及时向有关部门通报,并建议主管部门下令立即停止事故性废水排放。

②对受污染水进行检验分析。采集排放源的废水、受污染水域及邻近水域的水样进行检验分析,查明污染区内及其邻近的生产、生活用水取水点水质受事故排放影响的情况,必要时应采取相应的措施,确保生活用水的安全性。当发生生物性污染事故时,要重点预防水传染病的暴发和流行。

③采取有效措施,使损失降低到最低程度。废水排放事故若波及养殖水体,会导致鱼、虾等具有经济价值的水生物大量死亡而造成经济损失,因此必须尽早发现污染源,采取有效的治理措施,使农民的经济损失降到最低程度。

(3)饮用水污染事故发生后的紧急处理

饮用水污染后特别是集中式供水源受污染后,可引起水传染病或中毒事件。为此,应采取以下紧急措施,控制事故的进一步发展。当事故严重时,还应启动应急预案对事故进行处置。

①迅速组织力量赶赴现场,及时报告和采取救护措施。迅速组织力量赶赴现场,了解事故发生的时间、地点、原因、过程等,查明污染来源、污染途径及污染物种类、性质,及时向有关部门报告,并通知当地和邻近地区的医疗单位开展必要的救护措施。

②迅速采取控制措施。通知有关供水单位,迅速采取控制措施和临时供水措施,并通过多种途径向居民通告在污染事故未解除前,不得擅自饮用污染水。

③制订水质监测方案,掌握水质污染程度和扩散趋势。制订水质监测方案,进行采样分析,及时掌握水质污染程度与扩散趋势。注意发现供水区内人群中所发生的健康异常

现象,配合医疗单位做好病人的治疗工作,采取一切可能措施减少、控制、消除污染物的污染范围和程度,对污染范围广、危害严重的事故要通知邻近地区,以便采取必要的防范措施。

④事故处理结束后编写并上报事故报告书。事故处理结束后,要写出事故报告书,上报有关单位和部门,分析事故发生的原因,总结处理经验,提出防治对策和措施等。

5.4.4 三峡库区农村安全饮水技术集成

5.4.4.1 三峡库区安全饮水技术选择

选择适宜三峡库区典型流域农村水质特点的性价比高、运行维护简单、持续稳定运行的净水工艺、装置和技术,并针对不同水源原水的水质提出水处理工艺流程。

(1)水源水质符合相关标准

①地下水或泉水

水质良好的地下水或泉水,可只进行消毒处理。根据取水方式分为重力自流系统和抽升系统,前者工艺简单,工程投资与运行成本低,管理方便,有条件的地区应优先采用;后者适合于具有良好的地下水源,又无自流条件的地区。

地下水源自流系统工艺流程见图5.4-1。

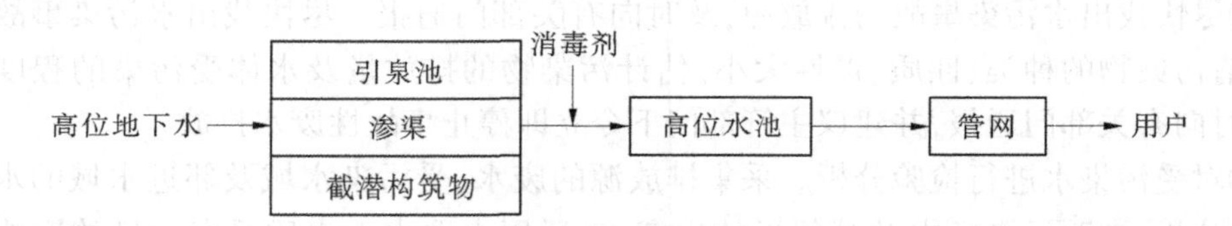

图5.4-1 地下水源自流系统工艺流程

低浊度地下水净水工艺流程见图5.4-2。

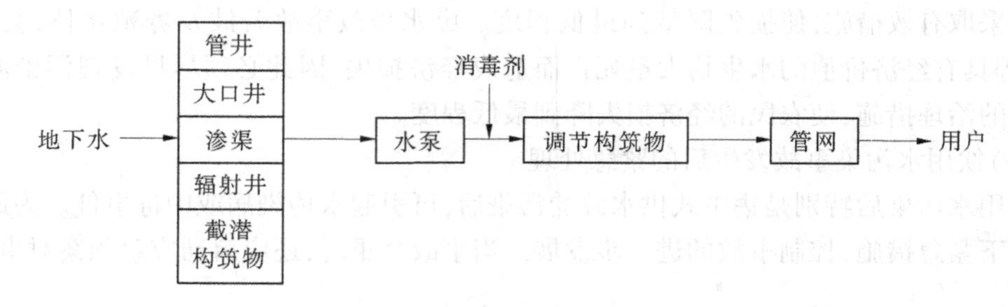

图5.4-2 低浊度地下水净水工艺流程

②地表水

水质良好的地表水源,可进行常规净化、消毒处理。根据取水方式分为重力自流系统和抽升系统,前者工艺简单,工程投资与运行成本低,管理方便,有高位水库、高山湖泊或山溪的地区应优先考虑采用;后者为一种常见的系统,凡具有条件的地方,应尽量减少抽升次数,以降低工程投资和运行成本。

地表水源常规净水工艺流程见图5.4-3。

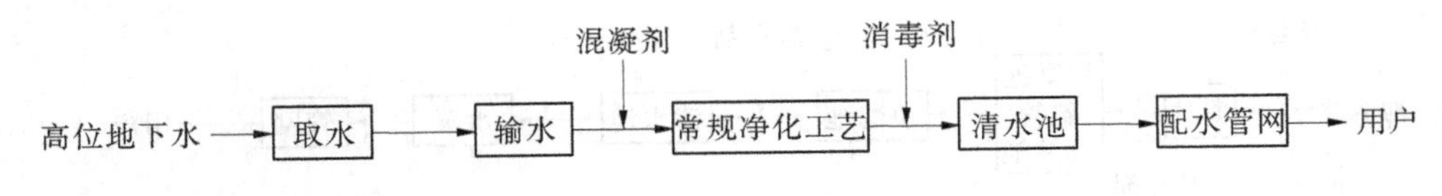

图 5.4-3　地表水源常规净水工艺流程

地表水源常规净水工艺流程(带取水泵)见图 5.4-4。

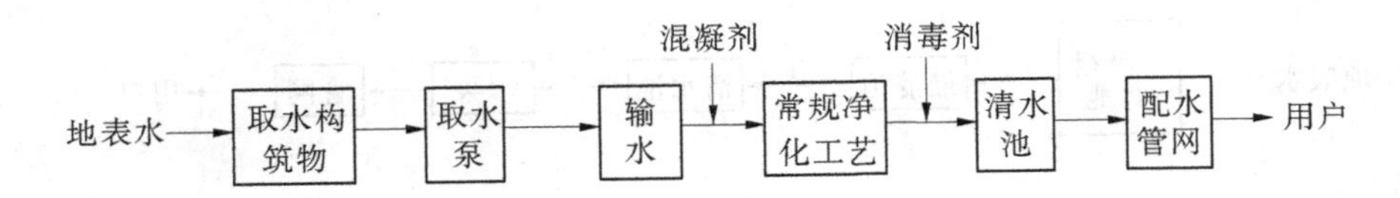

图 5.4-4　地表水源常规净水工艺流程(带取水泵)

③原水浊度

1)原水浊度长期不超过 20 NTU,瞬间不超过 60 NTU 时,可采用接触过滤或慢滤加消毒的净水工艺,如图 5.4-5 所示。

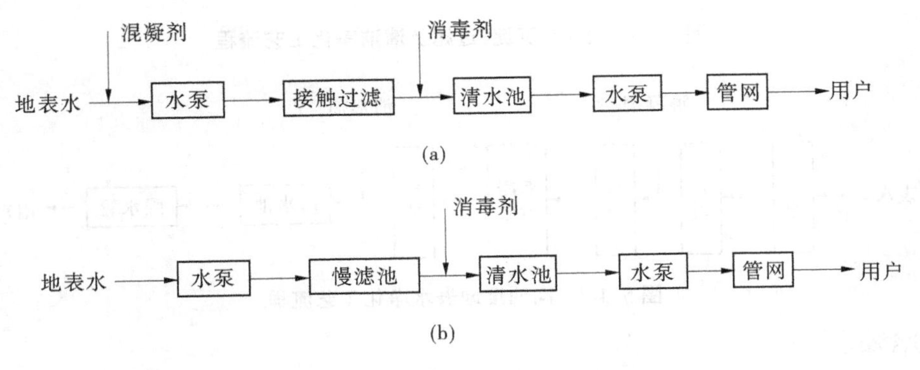

图 5.4-5　低浊度地表水净化工艺流程

2)原水浊度长期低于 500 NTU、瞬间不超过 1 000 NTU 时,可采用混凝沉淀、过滤加消毒的净水工艺,工艺流程见图 5.4-6。

3)原水含沙量变化较大或浊度经常超过 500 NTU 时,可在常规处理工艺前采取预沉淀处理。高浊度水应按《高浊度水给水设计规范》(CJ40)的要求进行净化,工艺流程见图 5.4-7。

(2)水质不达标的水源

①微污染地表水

微污染地表水可采用强化混凝处理工艺,或在常规净水工艺前增加生物预处理或化学氧化处理,也可采用滤后深度处理。

微污染地表水净化工艺流程见图 5.4-8。

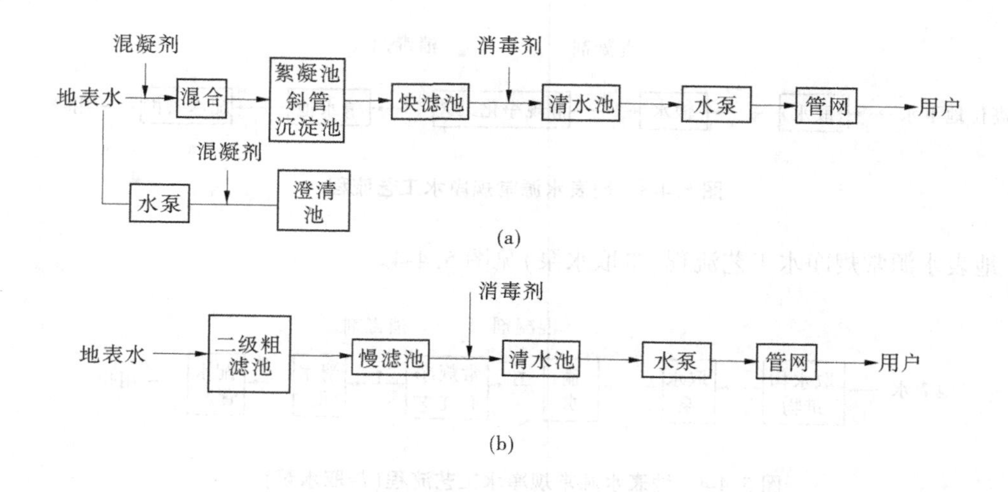

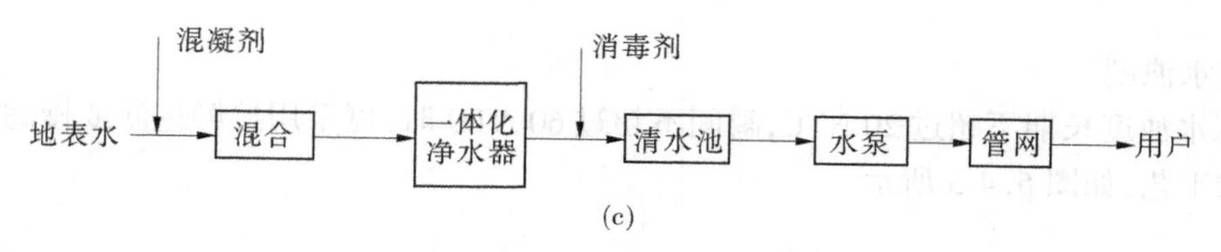

图 5.4-6　混凝、沉淀、过滤及清洁净化工艺流程

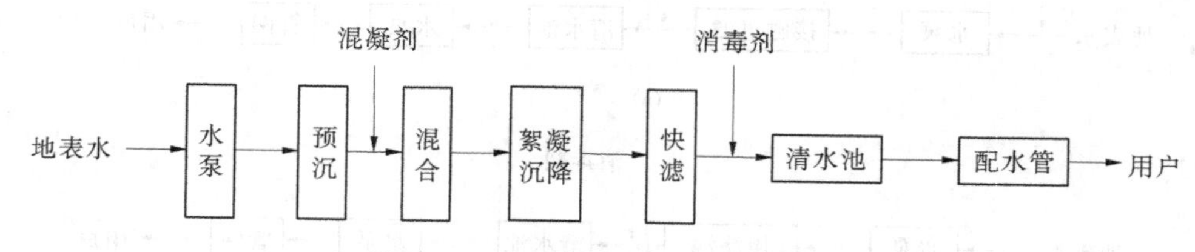

图 5.4-7　高浊度地表水净化工艺流程

②含藻水

含藻水宜在常规净水工艺前增加气浮预处理工艺，并符合《含藻水给水处理设计规范》(CJJ 32—2011)的要求。

含藻地表水净化工艺流程见图 5.4-9。

③铁锰超标的地下水

铁锰超标的地下水，应采用氧化、过滤、消毒的净水工艺。

铁锰超标地表水净化工艺流程见图 5.4-10。

5.4.4.2　三峡库区农村饮水安全工程技术集成

三峡库区农村饮水工程技术集成以高效性、针对性、实用性为原则，以全面提升农村人口的饮水安全水平为目标，针对三峡库区农村饮水在建设、管理、运行等方面存在的主要问题与技术突破口，根据当地的自然条件、经济水平、应用的可行性和实用性，以现有饮水工程技术和高新技术为基础进行筛选、组装与集成，形成三峡库区农村安全饮水成套技术体系。

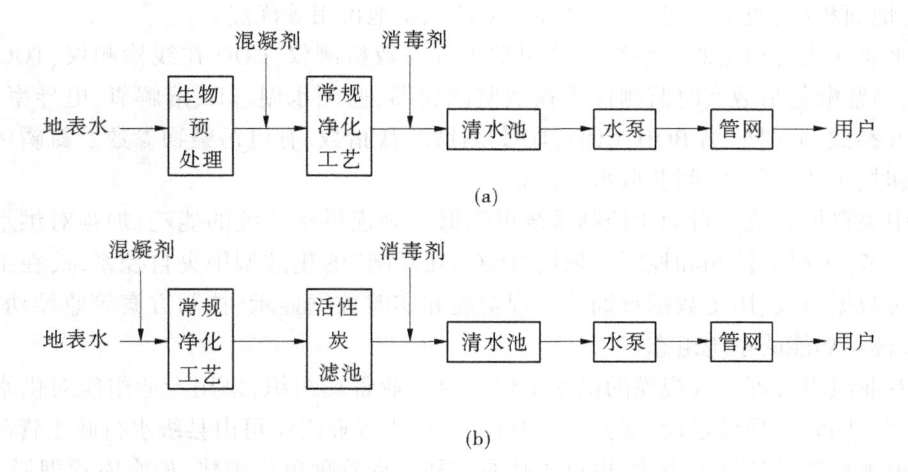

图 5.4-8　微污染地表水净化工艺流程

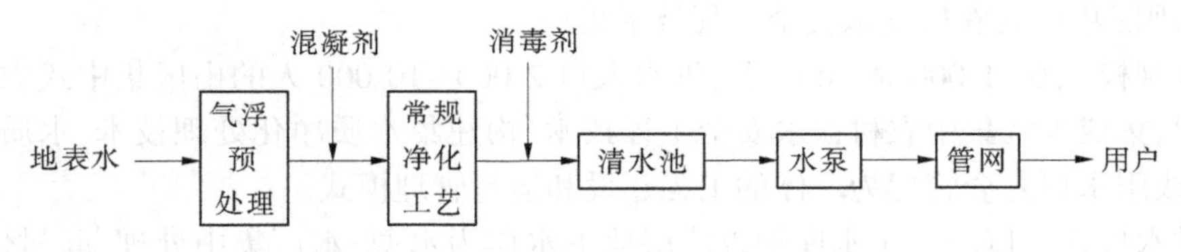

图 5.4-9　含藻地表水净化工艺流程

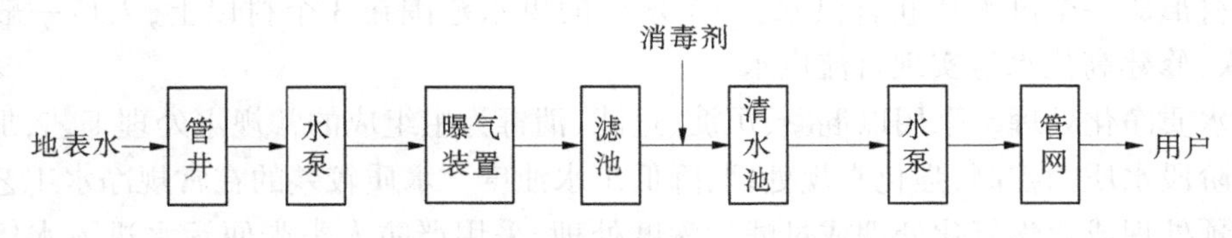

图 5.4-10　铁锰超标地表水净化工艺流程

(1)坝区规模化农村饮水安全工程技术集成

农村供水规模 1 000 m^3/d 以上、供水人口 10 000 人以上的坝区规模化农村饮水安全工程,集成规模化、现代化的坝区集中农村饮水安全工程技术,构建集水质净化处理技术、水质在线监测技术、中央自控系统和自来水公司(厂)为主的专业组织管理为一体的工程建设和运行管理模式。

①供水模式。以现有大中型水库或水库群作为水源,水厂集中处理,城乡联网、一县一网形成规模化发展模式,采取加压泵站直供或利用高位水池自流供水的方式。规模化发展,其水质水量不但容易得到保证,而且供水企业可以充分发挥规模效益,有效降低供水成本,城乡同网可以实现以城带乡、以工补农,从而减轻农民负担。

②水质净化处理。采用集絮凝、沉淀、排污、反冲洗、集水过滤等工艺于一体的一体化净水设备,一体化净水设备是实现水厂自动化管理的重要单元,其由混凝池、沉淀池、过滤池、水质稳定装置、反冲洗装置、水泵及电气控制柜等组成,具有效率高,效果稳定,维修要

求小，占地面积小，便于扩建、改造、再用、搬迁或易地再用等优点。

③水质在线自动化监测系统。采用常规五参数检测仪、COD 在线检测仪、TOC 在线检测仪、高锰酸盐指数实时监测仪等在线监测仪器，监测水温、pH、溶解氧、电导率、浊度等常规五参数，同时监测 BOD、COD、TOC、高锰酸盐指数、有机污染物参数及氮磷污染参数等，实时、快速、第一时间获取水质信息。

④中央自控系统。自动化控制系统可降低大规模供水系统的能耗，加强对供水系统各工艺环节、工况的监测和控制。采用"PLC+互联网"的集散型中央自控系统，在工控机上实现对数据报表、历史数据查询等管理功能和实时数据显示、控制方案等监控功能，以及通信、视频功能的系统组态。

⑤专业组织管理。大规模的供水工程需要专业管理组织，采用专业组织对供水工程进行管理。同时加强计量设施的配备和校准。供水专业组织可由县级水行政主管部门或委托乡镇水利管理站负责组建，也可依托原水利工程管理单位组建，如水库管理局(所)、乡镇水利站等。

(2)坝区集中式农村饮水安全工程技术集成

供水规模 200~1 000 m^3/d 以上、供水人口 2 000~10 000 人的山区集中式农村饮水安全工程，集成坝区集中农村饮水安全工程技术，构建集水质净化处理技术、水质检测技术、乡镇或用水户协会管理为一体的工程建设和运行管理模式。

①供水模式。以现有小水库辅以浅层地下水作为水源、水厂集中处理、联村供水、一乡镇一网形成集中式的发展模式，采取加压泵站直供或利用高位水池自流供水的方式。可几个村形成一个供水片联合供水，一个水厂的供水范围在 3 个村以上，人口一般超过 2 000 人，修建高位水池实现自流供水。

②水质净化处理。采用以混凝、沉淀、过滤、消毒为主组成的常规水处理工艺，加强对各工艺阶段水质的控制，强化常规处理，降低出水浊度。水质较差的在常规净水工艺前增加生物预处理或化学氧化处理或过滤后深度处理，采用严防人类粪便污水进入水体的水源保护措施，加之慢滤池过滤等方法进行物理去除，辅助以膜过滤技术去除超标细菌，最后采用次氯酸钠、二氧化氯、臭氧等消毒灭活。

③水质检测。配备专门的水质检测实验室，根据水源水质、水质检验项目和水厂规模配备基础设备、理化设备和微生物检测设备，使实验室具备检验生活饮用水卫生标准常规指标、消毒剂消毒控制指标、水源水超标物质指标等能力，同时对关键性指标建立在线监测设备。

④乡镇或用水户协会管理。供水工程可由用水户协会管理，也可委托乡镇水利管理站代为管理，或实行分级管理，即村级以上的骨干工程及附属设施由乡镇水利管理站负责管护，村级以下工程由受益村的用水户协会管理，县级水行政主管部门对其监督并提供政策和技术支持。

(3)山区集中式农村饮水安全工程技术集成

供水规模 20~200 m^3/d 以上、供水人口 200~2 000 人的山区集中式农村饮水安全工程、集成适度集中的山区集中式农村饮水安全工程技术，构建集水质净化处理技术和设备、水质检测技术、用水户参与的村集体或用水户协会管理为一体的工程建设和运行管理模式。

①供水模式。以现有小坝塘或山箐作为水源、水厂集中处理、单村供水、一村一网形成适度集中的发展模式。有满足水量和水质的水源时,采取单村供水模式,可建一个高位蓄水池,实现自流供水。

②水质净化处理。可采用生物慢滤技术对水质进行处理。生物慢滤技术以极低的滤速和滤料表面形成的生物滤膜的截留和扫描作用,实现对水中悬浮物和微生物的滤除效果。生物慢滤在自流供水情况下不需要电力,运行维护也不需要特别的技术,投资少、运行成本低、维护简单。

③水质检测。根据水处理措施、经济情况等建立简易实验室,配备便携式 pH 计、便携式浊度仪等检测仪器,同时配备便携式细菌培养箱、余氯测定仪、二氧化氯测定仪、臭氧测定仪等微生物检测仪器。

④用水户参与的村集体或用水户协会管理。可采用在县级水行政主管部门和乡镇政府的指导下,用水户参与的村集体或用水户协会负责工程运行管理和维护。用水户协会按照自愿组织、自愿参加、民主议事、民主决策、互利互惠的原则组建。国家财政补助资金所形成的资产归用水合作组织集体所有。供水工程由用水合作组织经营管理,也可经用水户协商同意后由村民委员会或村民小组负责管理。

(4)山区分散式农村饮水安全工程技术集成

供水规模 20 m^2/d 以下、供水人口 200 人以下的山区分散式农村饮水安全工程,构建集水质净化处理技术和设备、水质检测技术、用水户自主管理为一体的工程建设和运行管理模式。

①供水模式。以雨水作为水源、分散处理、单户供水、一家一户形成分散的发展模式。山区、居住分散地区,由于地形条件、资金原因等无法采用集中供水工程模式时,可利用集雨设备、水窖、水池、水井等实现一家一户的单户分散供水。这种供水模式投资小、施工方便、便于管理。

②水质净化处理。山泉水和集雨水窖水的净化可采用家用慢滤装置进行水处理,条件好的地方采用"随需开启、延时关停"的紫外线杀菌设备进行消毒,条件差的地方采用投漂白粉、含氯消毒片进行消毒。家用慢滤装置采用可调速的滤速控制装置、变截面过滤和子母桶结构,配置紫外线杀菌装置,可使用单一均质滤料,体积小巧,出水全面达标。"随需开启、延时关停"的紫外线杀菌设备具有节省电耗、投资少、运行成本低、运行管理方便、不改变水的口感等优点。

③水质检测。采用便携式快速水质检验设备进行水质检测,配备简单的便携式 pH 计、便携式浊度仪等检测仪器设备。

④用水户自主管理。以用水户为主进行自主管理,对一家一户的水池、水窖、水井等供水工程,实行农户自建、自有、自管、自用的管理模式。用户自主管理产权和管理责任主体清晰,管理积极性、主动性和效益较好。

5.4.5 三峡库区安全饮水工程建设

5.4.5.1 三峡库区安全饮水工程建设原则

(1)应充分考虑水源类型、规模,地形地质条件和服务对象分布、数量等基础条件,综合分析后确定。

(2)饮水设施应符合库区实际,规模适度、注重实效、满足移民群众饮水的基本需求,不宜贪大求全。

(3)因地制宜,尽量就近寻找适宜水源,并根据水质好坏、水量大小,择优选定。有条件的居民点可充分利用已建城镇水厂供水。

(4)应根据不同的水源特性,选取相应取水设施和水处理工程,并根据地形地质条件和居民点分布进行灵活布置。

(5)宜充分利用地形高差,选择重力流方式输水供水,尽量减少提水供水,降低制水成本。

(6)应尽量采用技术成熟可靠、经济合理适用、管理简单实用,在库区有一定的应用基础,能被群众广泛接受和认可的饮水供给方案。

5.4.5.2 饮水工程建设方案

(1)农村饮水工程建设模式

农村饮水工程分为规模化供水工程、联村供水工程、单村供水工程、分散供水工程等,一般在水源条件较好、人口集中地区,工程规模相对较大;在山高坡陡、水源条件差、人口居住分散地区,工程规模一般较小。根据库区农村饮水现状,分为集中居民点和散居民户两种居住类型,分别开展相应的方案布置。

①集中居民点。采取新建管网延伸供水和联片集中供水两种集中式供水工程。

②散居农户。新建单户或联户的分散式供水工程。有浅层地下水的地区,采用浅井供水工程;有泉水的地区,建设引泉设施;水资源缺乏或开发利用困难的地区,建设雨水集蓄饮水工程。

居民点附近有水库可作为人饮水源时,可在水库处设置相应的取水设施。居住位置缺乏高位水源时,若其距江河较近,落差不大,在一定条件下可从江河提水,设置相应的取水设施。对于其他淡水资源极其缺乏,经常发生季节性缺水,只能利用雨水的区域,可在居民点附近地势较高、收集雨水方便处修建雨水集蓄设施来收集雨水。

(2)水处理方案

主要根据供水规模、水源类型、水质特点、实践经验及应用环境进行选择确定。

方式一:对于井水水源,其水质较好,只进行消毒处理即可。

方式二:对于泉水和水库水源,水质较好,采取生物慢滤+消毒方式处理。

方式三:对于堰塘水和江河水水源,水质较差,受污染较严重,浊度较大,采取加药混凝+一体化净水处理+消毒方式处理。

方式四:对于雨水集蓄水源,采用工程措施对雨水进行收集利用,水质最差,采取预沉+生物慢滤+消毒方式处理。

(3)净水设备的结构形式

净水设备的结构形式多为钢筋混凝土结构或集成一体化设备形式。主要设备形式对比见表5.4-4。

表5.4-4　主要设备形式对比

项目		钢筋混凝土结构设备	集成一体化设备
投资费用	建设周期	较长	很短
	土石方工程	较大	很小
	设备及仪表	数量多,维护工作量较大	数量多,维护工作量一般
	征地费用	较大	很小
	总投资	较大	较小
运行管理	自动化程度	一般	高
	日常维护	运行管理较复杂	运行管理较简单
	工作人员	较多,管理人员要求较高	较少,管理人员要求不高
	集成度	低	高
	问题响应及解决效率	一般	较高
	使用寿命	50年	20年

根据不同规模水厂的净水工艺,设计水量大于5 000 m^3/d时,宜采用净水构筑物;设计水量1 000~5 000 m^3/d时,可采用组合式净水构筑物;设计水量小于1 000 m^3/d时,可采用慢滤或净水装置。水厂运行过程中排放的废水和污泥应妥善处理,并符合环境保护和卫生防护要求,贫水地区,宜考虑滤池反冲洗水的回用。供水规模3 000 m^3/d以下的、采用常规净水构筑物净化水质的水厂,可采用一体化净水装置。

(4)输水工程

现状农村饮水输水工程基本上采用管道供水方式,基于库区农村饮水的实际条件,可采用PE管作为输水管材。

由于农村居民点相对分散、供水工程规模较小,输水管道基本上采用单管或下分支状管网供水方式。输水管道原则上地埋铺设,沟谷段可架设支墩、管桥等跨越。

(5)水质保护

对设计选用的供水水源应明确保护措施。首先,抓好《中华人民共和国水法》《中华人民共和国环境保护法》等相关法律的宣传和卫生饮水的教育。其次,在防护地带及水厂生产区设置固定的标志,在饮水工程10 m范围内不得设置生活居住区、牲畜饲养场和厕所,不得堆放垃圾、粪便、废渣和铺设污水管道。在供水水源的影响半径范围内,不得使用工业废水或生活污水灌溉和使用持久性或剧毒性的农药,不得从事破坏深层土壤的活动。供水水源范围内应加以绿化,使之保持良好的环境卫生状况。定期对水源水质情况进行检测，如发现水质异常情况，应立即予以处理。

库区农村供水水源水质主要存在浊度超标、细菌超标等问题，在水处理工程中应设置相应的水质净化、消毒设施进行处理，同时通过水源保护建设，进一步保护饮水水质。

(6)供水范围和供水方式

应根据区域的水资源条件、用水需求、地形条件、居民点分布等进行技术经济比较，按照优水优用、便于管理、单方水投资和运行成本合理的原则确定供水范围和供水方式。

水源水量充沛，地形、管理、投资效益比、制水成本等条件适宜时，应优先选择适度规模的集中供水模式。

水源水量较小，或受其他条件限制时，可选择单村或单镇供水。距离城镇供水管网较近，条件适宜时，应选择管网延伸供水。有地形条件时，宜选择重力流方式供水。有条件时，应按供水到户设计。

当用水区地形高差较大或个别用水区较远时，应进行分压供水。

只有唯一水质较好水源且水量有限时，或制水成本较高、用户难以接受时，可分质供水。有条件时，应全日供水；条件不具备的Ⅳ、Ⅴ类供水工程，可定时供水。

(7)水量保证

根据《村镇供水工程技术规范》(SL 310—2019)和《农村饮用水安全卫生评价指标体系》相关规定，结合三峡库区现状及城乡统筹发展的要求，确定供水量按人均综合用水量每日 60 L，水质执行《生活饮用水卫生标准》(GB 5749—2022)要求。

《镇(乡)村给水工程技术规程》(CJJ 123—2008)规定，用地下水作为供水水源时，取水量应小于允许开采量；用地表水作为供水水源时，设计枯水流量的年保证率宜不低于90%。水源保证率 90%即为 10 年一遇的干旱年，枯水期水源的可取水量低于设计取水量；保证率 95%即为 20 年一遇的干旱年，枯水期水源的可取水量低于设计取水量。《全国农村饮水安全工程“十三五”规划》提出，改造和新建的设计供水规模 200 m^3/d 以上的集中式供水工程的供水保证率一般不低于 95%，其他小型供水工程或严重缺水地区不低于 90%。《村镇供水工程技术规范》(SL 310—2019)规定，干旱年枯水期设计取水量的保证率，严重缺水地区不低于 90%，其他地区不低于 95%。

库区地形基本为山丘，降雨丰富，以蓄水池为主的雨水集蓄利用是重要的水源工程形式。在旱地和园地无法得到水库、山坪塘或引水堰等供水的情况下，修建蓄水池作为其水源。蓄水池供水模式根据实际情况确定。对于有外来水源(水库、塘堰等)的耕园地，可以依托这些水源，将水引至蓄水池，形成“长藤结瓜”型供水模式；对于没有水源但靠近山洪沟的地方，利用山洪沟抢引暴雨形成的山洪到蓄水池；对于既无水源又无山洪沟的坡地，在集雨面做汇水沟，将雨水汇集引入田间蓄水池。

5.4.6 小结

(1)分析了三峡库区农村安全供水存在的问题，构建了农村饮水安全技术体系。农村安全供水评价指标体系包括水质、水量、方便程度和保证率 4 项。农村供水工程由取水工程、输水工程、净水工程和配水工程 4 部分组成。针对三峡库区安全饮水存在的水源数量不足、水量不够,蓄水池容量不够、渗漏,管网未入户、破损,水质较差等问题,重点围绕水源地保护、净水工艺、供水设施、监测预警、应急处理等技术构建农村饮水安全技术体系。

(2)构建了三峡库区农村饮水安全技术体系。选择适宜三峡库区典型流域农村水质特点的性价比高、运行维护简单、持续稳定运行的净水工艺、装置和技术。平原农村安全供水技术方面提出了低浊度、微污染水、含藻水净水工艺流程。山区农村安全供水技术方面提出了水源水质符合相关标准的地下水或泉水、地表水、原水浊度的净化工艺流程;提出了水源水质不达标的微污染地表水、含藻水、铁锰超标的地下水的净化工艺流程。提出了坝区规模化、坝区集中式、山区集中式、山区分散式 4 种三峡库区农村饮水安全工程技术集成体系,构建了三峡库区饮用水安全保障技术体系。

(3)提出了农村饮水工程建设方案。从建设模式、水处理方案、净水设备结构形式、输水工程、水质保护、供水范围和供水方式、水量保证等方面进行分析论证。其中,农村饮水工程模式分为集中居民点和散居民户两种。净水设备的结构形式多为钢筋混凝土结构或集成一体化设备形式。水处理方案主要根据供水规模、水源类型、水质特点,实践经验及应用环境进行选择确定,形成了不同规模水厂的净水工艺和不同水源的水处理方式。

第 6 章　三峡库区典型流域系统治理技术示范

草堂河流域面积 397.3 km^2，流域面积在 5 条典型流域中适中，具有一定的代表性，此外，奉节县已组织实施全县范围内生活污水厂网河一体化、草堂湖岸线及消落区综合整治等项目，结合前期的研究，选择草堂河流域为对象，进行系统治理技术示范。

6.1　农村生活污水治理技术示范

草堂河流域是全国著名的“奉节脐橙”原产地和主产区、奉节县国家现代农业产业园重要组成部分、紧邻白帝城 5A 级文化休闲风景区、奉节县主要的后靠移民安置区，是奉节县未来最重要的经济增长极。草堂河流域土地垦殖系数高，流域水土流失率 65.83%、石漠化土地面积约占流域面积的 25%，5 条典型流域中问题较为突出；农村生活污水大多未经处理排入水体，监测断面水体有富营养化趋势和爆发水华的潜在风险。结合“三水”共治系统治理关键技术集成，对影响草堂河流域水环境质量的农村生活污水、柑橘种植区水土流失和面源污染、消落区生态修复、农村安全饮水等 4 个问题提出技术方案设计。

6.1.1　草堂河流域基本情况

草堂河流域总人口 113 340 人，其中农村人口 10.5 万人，50 人以上的集中居民点大多沿 S103 渝巴公路和山坡台地以组团形式分布，共 5.1 万人，其他居民以小规模集中居住或散居分布。目前，农村生活污水基本为直排，污水通过沟渠汇流最终汇入草堂河，对草堂河水质造成较大影响。草堂河流域内多为坡地，房屋分布高差较大，管网收集难度大，即使同一个集中居民点内，也存在部分农户生活污水由于地势原因不能收集到污水管网内。经调查，草堂河流域内 3.4 万人的生活污水可以通过污水管网收集后集中处理，其余 8 万多人的生活污水由于地势相对较低、地理位置较偏等原因，只能进行单户或联户处理。草堂河流域农村集中居民点生活污水处理现状如表 6.1-1 所示。

表 6.1-1　草堂河流域农村集中居民点生活污水处理现状

乡镇	农村/社区	生活污水处理现状
白帝镇	浣花社区	建有白帝镇污水处理厂，雨污合流，化粪池出水直排入雨水明沟，管径小，经常堵塞
	黄连社区	600 人（小学 100 人），2018 年村内修建的污水管网已损毁。村内污水处理站尚未建设，居民点生活污水接入化粪池，化粪池出水等家庭排水未经处理直接排放

续表 6.1-1

乡镇	农村/社区	生活污水处理现状
白帝镇	庙垭村	常住人口约600人,农家乐游客日最高峰500人,村内已建化粪池出水任意排放至附近沟渠或农田
草堂镇	柑子社区	居民污水大部分经工业园区污水管网排至草堂工业园污水处理厂。柑子社区道路北侧居民污水已收集至道路主管网,道路南侧居民地势较低,污水未收集;社区东北部集中居民点污水未收集,居民污水直排或直接排入雨水沟;石马中学接至污水主管网的连接管道已损坏,污水渗流
	竹坪村	1组有污水处理站1座,采用A/O+化学除磷工艺,配套二、三级管网3.145 km,处理出水执行《农村生活污水集中处理设施水污染物排放标准》(DB 50/848—2018)一级标准
	七里社区	居民污水大部分经道路污水管网或工业园区污水管网接入草堂工业园污水处理厂,现有污水管网排水条件良好,未出现堵塞或管道损毁现象。七里社区与石马村交界段沿线集中居民点污水未收集
	桂兴村	常住人口985人,双潭小学300人。桂兴集镇和桂兴村沿河流东西两侧分布,地势东西两侧高而中间河流段地势较低,居民生活污水均未收集处理
	中梁村龙王淌社区	120人(最高日流动人口1 000人),该居民点与巫溪县交界,污水收集范围内居民房屋沿国道两侧分布,现状污水沿道路边沟直排至道路低点
	欧营村	200户,居民房屋沿国道两侧分布,现状污水沿道路边沟直排,雨污未分流
	天坪村	70户,居民房屋沿乡道两侧分布,现状污水沿屋后散排
	双凤村	居民点主要沿东、西两侧集中点分布,东、西两侧范围内人口分别为250人和300人;双凤村地势东高西低,大部分区域为梯田,居民生活污水经简易化粪池后直接排入自然水体
汾河镇	白水社区	主路上已建管网,污水通过屋后排水箱涵,排水箱涵末端设有截流井,因时间已久,截留井已破损堵塞,水直接通过溢流口流出,未经处理。沿河部分主管网破损淤堵,影响污水排放
	大洪村	常住人口350人,村内未建设污水管网,污水直接排放
	段坪村	常住人口160户560人,村内未建设污水管网,污水直接排放
	落阳村	常住人口830人,学校人口200人,明月城居民点建设有DN200的管网,管道偏小,堵塞较严重。村内其他位置未建设污水管网,污水直接排放

续表 6.1-1

乡镇	农村/社区	生活污水处理现状
汾河镇	泉坪村 杨叉沟	常住人口 1 091,泉坪小学共 85 人,村内未建设污水场站及管网,污水直排;沙棒子居民点常住人口 250 人,未建设污水管网,污水直排
	天池村	常住人口 380 人,村内未建设污水管网,污水直接排放
	香蕉村胡家梁居民点	常住人口 390 人,村内未建设污水场站及管网,污水直排;香蕉村安置点常住人口 300 人,未建设污水管网,污水直接排放
	小林村	常住人口 850 人,村内未建设污水管网,污水直接排放
岩湾乡	五星村	建有污水管网,大部分居民污水收纳至岩湾乡污水厂处理
	庙坡村 1 组	常住人口 100 人,为小区集中居民点,现状建有污水管网及化粪池,但管网及化粪池长期未使用,已损毁,需重建

6.1.2 治理目标

(1)草堂河流域农村生活污水处理覆盖率达到 80%以上。

(2)出水水质同时满足《农村生活污水集中处理设施水污染物排放标准》(DB 50/848—2018)、《农田灌溉水质标准》(GB 5084—2005)及草堂河流域水功能区的水质排放标准要求。

(3)污水处理设施出水循环利用率达到 60%以上。

6.1.3 技术方案

结合草堂河流域的农村特点,综合对比 CASS 工艺、曝气生物滤池工艺、改良型生物接触氧化工艺等适用于农村污水治理的技术,从效果、建设成本、运行成本、使用寿命、维护管理等方面分析各种技术优缺点。选择处理效果好、建设运行成本低的改良型生物接触氧化工艺作为草堂河流域农村污水处理核心技术。

分散单户生活污水处理采用一体化污水处理罐,处理罐核心技术为改良型生物接触氧化工艺,处理出水水质满足《城镇污水处理厂污染物排放标准》(GB 18918—2002)中的一级 B 标准(TP 除外)。相邻多户集中生活污水处理,采用地埋式一体化污水处理设备,设备核心处理单元为改良型生物接触氧化池,后续有反应沉淀池、清水池。处理出水水质满足《城镇污水处理厂污染物排放标准》(GB 18918—2002)一级 B 标准(TP 除外)。一体化污水处理工艺流程见图 6.1-1。

三峡工程建设期及三峡后续工作针对消落区开展了大量研究,部分生态修复技术及模式已示范应用,库区区县实施了大量消落区综合整治项目,部分生态修复技术嵌入了具体工程项目中。此外,消落区生态系统修复周期长,且本项目经费有限。综合考虑以上因

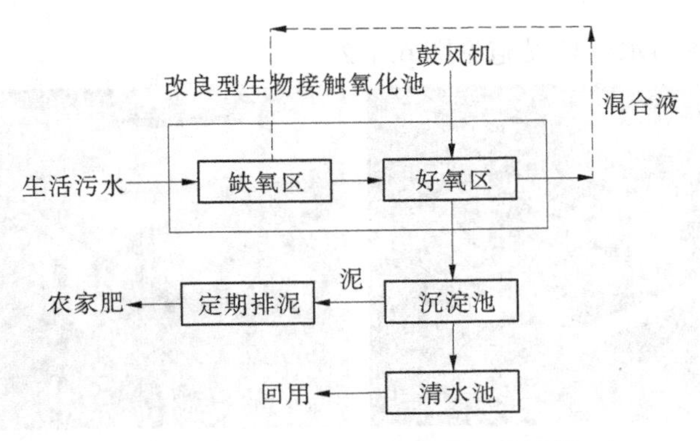

图 6.1-1　一体化污水处理工艺流程

素,本次仅实施农村分散式生活污水处理和农村饮水安全两项技术示范。

示范点位于八阵村转包居民点,奉节县白帝镇东北部,石马河入草堂湖的右岸,踞守草堂湖北畔,省道 S103 渝巴公路下方,与草堂镇接壤,距镇政府 3 km,距县城 15 km。部分厕所已改为水冲厕所,有简易化粪池,部分农户建有沼气池,但已经闲置或废弃;饮水主要引用堰塘(山泉水),由于水量不足,部分农户自行引用山泉水。居民污水主要为户内冲厕污水、洗浴及盥洗污水、厨房污水等,现有排水收集管网不完善,无污水处理设施,部分农户建造了沼气池,但已经闲置或废弃。

本设计选取 6 户已实施厕所改造的农户进行试点示范,其中 1 户建造了沼气池,已经闲置。在完善污水管网和化粪池的基础上,选用改良型生物接触氧化工艺的单户型一体化污水处理罐对污水进行处理,生活污水经过化粪池初步处理后,进入污水处理罐处理。

6.1.3.1　主要设计参数及建设情况

根据八阵村委会提供的资料及相关计算,居民人均生活污水量取 65 L/(人·d),本次设计服务人口为 6 户 23 人,其中,1 户居民生活污水利用现有污水管道及沼气池收集,污水量为 0.5 m^3/d,新增 1 台 1.0 m^3/d 一体化污水处理罐;另外 5 户居民生活污水由现有污水管道收集,污水量为 1.0 m^3/d,新增 5 座三格式化粪池和 5 台 1.0 m^3/d 一体化污水处理罐。

本工程采用 UPVC 排水管,排水管与一体化污水处理罐采用法兰连接。农村污水处理示范工程主要工程量见表 6.1-2。

表 6.1-2　农村污水处理示范工程主要工程量

序号	名称	规格	材料	单位	数值	备注
1	污水管	DN50	UPVC 管	m	120	
2	化粪池	1 m^3	PVC	座	5	三格式
3	挖方量			m^3	30	
4	填方量			m^3	17	
5	分户处理罐	Φ1.4×1.6		套	6	功率 35 W、1 m^3/d
6	弯头	DN50	UPVC 管	个	40	
7	线缆			m	60	

农村分散式生活污水处理设施见图 6.1-2。

图 6.1-2 农村分散式生活污水处理设施

6.1.3.2 效果监测及运行维护

设施建成后，技术人员对 6 户居民和村干部进行了设备运维培训，并在 2020 年 12 月至 2021 年 4 月进行了 3 次现场检查，设备运行正常。根据第三方水质检测结果，出水 COD、TN、TP 浓度得到有效降低，各指标去除率相对较好，对比《城镇污水处理厂污染物排放标准》（GB 18918—2002），设施出水水质总氮、总磷、氨氮、SS、BOD_5 基本达到一级 B 标准，总磷达到二级标准；对比重庆市《农村生活污水集中处理设施水污染物排放标准》（DB 50/848—2018），整体达到一级标准。

污水处理设施各指标去除率见图 6.1-3。

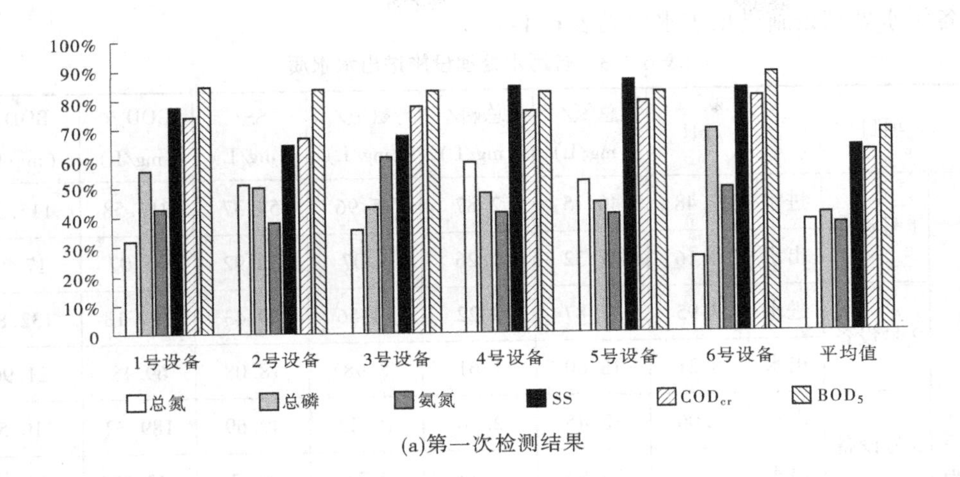

(a)第一次检测结果

(b)第二次检测结果

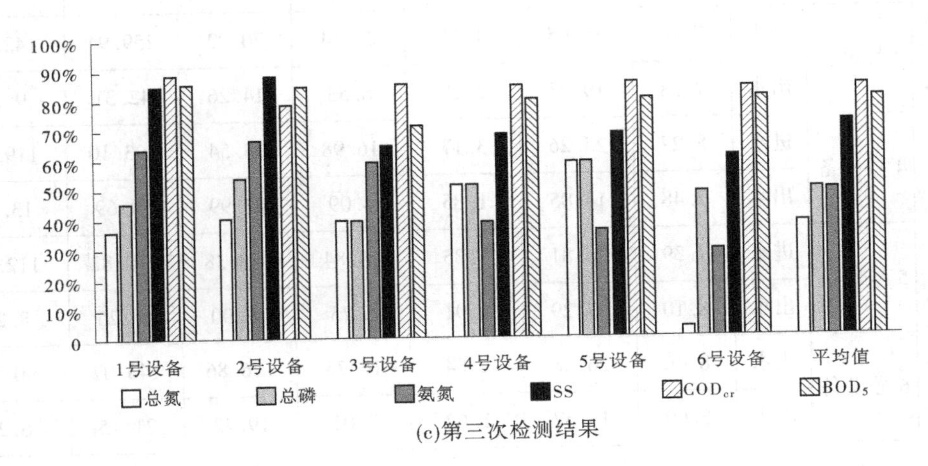

(c)第三次检测结果

图 6.1-3　污水处理设施各指标去除率

各污水处理设施进出水水质见表6.1-3。

表6.1-3　各污水处理设施进出水水质

项目			pH	总氮/(mg/L)	总磷/(mg/L)	氨氮/(mg/L)	SS/(mg/L)	COD_{cr}/(mg/L)	BOD_5/(mg/L)
第一次检测	1号设备	进水	7.48	40.15	2.87	15.96	57.37	213.58	115.26
		出水	8.16	27.32	1.26	9.07	12.92	55.07	17.71
	2号设备	进水	7.95	31.87	3.22	14.56	50.43	207.18	132.84
		出水	8.21	15.60	1.61	8.98	18.08	69.18	21.96
	3号设备	进水	8.06	38.45	2.58	18.23	49.69	189.32	110.50
		出水	7.55	24.83	1.47	7.21	16.3	42.73	18.91
	4号设备	进水	7.89	30.56	2.58	19.96	41.10	210.52	90.86
		出水	7.62	12.66	1.34	11.69	6.56	50.87	16.59
	5号设备	进水	6.75	36.71	3.96	16.68	82.09	303.65	158.80
		出水	7.74	17.54	2.19	9.93	11.31	63.88	28.01
	6号设备	进水	8.12	30.13	2.98	27.19	54.74	180.46	120.18
		出水	7.88	22.42	0.92	13.74	9.24	35.01	13.57
第二次检测	1号设备	进水	7.67	33.10	3.01	20.56	91.02	223.41	118.78
		出水	8.24	21.33	1.78	7.25	14.93	31.58	12.58
	2号设备	进水	7.63	30.38	2.59	18.73	85.74	198.68	130.64
		出水	6.84	15.96	1.24	5.28	12.10	45.34	10.39
	3号设备	进水	7.18	35.95	4.21	22.54	70.22	259.94	142.64
		出水	7.68	19.73	2.10	8.53	14.26	42.31	9.33
	4号设备	进水	8.27	25.26	3.17	16.98	93.54	193.10	119.11
		出水	7.48	14.05	1.85	4.09	22.99	39.69	13.16
	5号设备	进水	7.39	26.81	1.85	16.84	138.38	170.82	112.01
		出水	8.10	17.29	0.91	5.75	16.90	41.25	8.26
	6号设备	进水	8.46	26.28	2.84	16.73	126.86	143.07	90.13
		出水	8.09	14.57	1.62	7.01	19.42	21.15	6.25

续表 6.1-3

项目			pH	总氮/(mg/L)	总磷/(mg/L)	氨氮/(mg/L)	SS/(mg/L)	COD_{cr}/(mg/L)	BOD_5/(mg/L)
第三次检测	1号设备	进水	8.15	28.90	2.46	17.62	120.80	180.73	130.67
		出水	7.88	18.25	1.32	6.35	18.36	20.54	18.74
	2号设备	进水	7.93	32.74	1.89	22.10	90.60	165.23	105.32
		出水	8.20	19.26	0.86	7.26	10.56	34.64	15.63
	3号设备	进水	8.17	30.28	3.22	17.95	87.39	156.34	90.21
		出水	7.96	18.21	1.30	6.30	12.88	44.36	12.36
	4号设备	进水	7.75	28.34	2.58	19.68	150.68	170.25	110.25
		出水	8.02	13.64	1.56	6.16	22.75	33.85	16.33
	5号设备	进水	7.59	26.13	3.16	23.84	130.20	230.14	130.52
		出水	7.44	10.57	2.01	7.42	18.48	45.62	18.69
	6号设备	进水	8.26	32.18	2.37	18.81	110.62	180.49	128.64
		出水	7.97	16.33	1.66	7.30	17.36	34.59	17.20

各污水处理设施出水水质与国家标准和重庆市标准对比见表 6.1-4。

表 6.1-4 各污水处理设施出水水质与国家标准和重庆市标准对比

项目		国家标准 GB 18918—2002						重庆市标准 DB 50/848—2018					
		总氮	总磷	氨氮	SS	COD_{cr}	BOD_5	总氮	总磷	氨氮	SS	COD_{cr}	BOD_5
第一次检测	1号设备	未达一级B标	二级标准	一级B标	一级B标	一级B标	一级B标	未达一级标准	一级标准	一级标准	一级标准	一级标准	—
	2号设备	一级B标	二级标准	一级B标	一级B标	二级标准	二级标准	一级标准	一级标准	一级标准	一级标准	二级标准	—
	3号设备	未达一级B标	二级标准	一级B标	一级B标	一级A标	一级B标	未达一级标准	一级标准	一级标准	一级标准	一级标准	—
	4号设备	一级A标	二级标准	一级B标	一级A标	一级B标	一级B标	一级标准	一级标准	一级标准	一级标准	一级标准	—
	5号设备	一级B标	二级标准	一级B标	一级B标	二级标准	二级标准	一级标准	二级标准	一级标准	一级标准	二级标准	—
	6号设备	一级B标	一级B标	一级B标	一级A标	一级A标	一级B标	未达一级标准	一级标准	一级标准	一级标准	一级标准	—

续表 6.1-4

项目		国家标准 GB 18918—2002						重庆市标准 DB 50/848—2018					
		总氮	总磷	氨氮	SS	COD_{cr}	BOD_5	总氮	总磷	氨氮	SS	COD_{cr}	BOD_5
第二次检测	1号设备	未达一级B标	二级标准	一级B标	一级B标	一级A标	一级B标	未达一级标准	一级标准	一级标准	一级标准	一级标准	—
	2号设备	一级B标	二级标准	一级B标	一级B标	一级A标	一级B标	一级标准	一级标准	一级标准	一级标准	一级标准	—
	3号设备	一级B标	二级标准	一级B标	一级B标	一级A标	一级A标	一级标准	二级标准	一级标准	一级标准	一级标准	—
	4号设备	一级A标	二级标准	一级A标	二级标准	一级A标	一级B标	一级标准	一级标准	一级标准	二级标准	一级标准	—
	5号设备	一级B标	一级B标	一级B标	一级B标	一级A标	一级A标	一级标准	一级标准	一级标准	一级标准	一级标准	—
	6号设备	一级A标	二级标准	一级B标	一级B标	一级A标	一级A标	一级标准	一级标准	一级标准	一级标准	一级标准	—
第三次检测	1号设备	一级B标	二级标准	一级B标	一级B标	一级A标	一级B标	一级标准	一级标准	一级标准	一级标准	一级标准	—
	2号设备	一级B标	一级B标	一级B标	一级B标	一级A标	一级B标	一级标准	一级标准	一级标准	一级标准	一级标准	—
	3号设备	一级B标	二级标准	一级B标	一级B标	一级A标	一级B标	一级标准	一级标准	一级标准	一级标准	一级标准	—
	4号设备	一级A标	二级标准	一级B标	一级B标	一级A标	一级B标	一级标准	一级标准	一级标准	二级标准	一级标准	—
	5号设备	一级A标	二级标准	一级B标	一级B标	一级A标	一级B标	一级标准	二级标准	一级标准	一级标准	一级标准	—
	6号设备	一级B标	二级标准	一级B标	一级B标	一级A标	一级B标	一级标准	一级标准	一级标准	一级标准	一级标准	—

6.2 农业面源污染治理技术示范

6.2.1 基本情况

草堂河流域总面积 397.3 km^2,其中,耕地 91.67 km^2、林地 269 km^2、草地 11.45 km^2。据《重庆市奉节县水土保持规划(2018—2030 年)》,草堂河流域白帝镇、汾河镇、岩湾乡、草堂镇均为水土流失重点治理区域,水土流失治理面积 304.77 km^2,占乡镇土地总面积的 65.83%。其中,轻度侵蚀 107.95 km^2、中度侵蚀 122.5 km^2、强烈侵蚀 38.5 km^2、极强烈侵蚀 26.86 km^2、剧烈侵蚀 8.96 km^2,侵蚀比例分别为 35.42%、40.19%、12.63%、8.81%、2.94%。

草堂河流域是奉节县柑橘种植的主产区,种植规模达 7.2 万亩,占流域总面积的 12.09%,是农民收入的主要来源。柑橘种植主要分布在三峡库区缓坡地带,大面积柑橘林下水土流失隐蔽性高,流失面积大,流失强度高;受人为耕作和除草的影响,大面积柑橘林下处于裸露现状,降雨形成的坡面径流对裸露地表的冲刷形成严重的水土流失危害,既影响经果林下生态环境,造成坡面水土流失,形成面源污染,又影响柑橘的产量,减少了柑橘种植的经济效益。

同时,由于化肥、农药等长期使用,以及农作物秸秆和农田残膜等农业废弃物不合理处置等,其残留物质伴随水土流失进入长江水体,形成的农业面源污染使流域水质受到了严重影响。2015 年,流域内年化肥使用量为 2 548 t,化肥流失量超 1 000 t,化肥使用量平均为 1 325 kg/hm^2,超过发达国家为防止化肥对水体造成污染所设置的 225 kg/hm^2 的安全上限。2018 年 9 月,奉节县柑橘有机肥替代化肥试点项目启动后,白帝镇、草堂镇、汾河镇部分集中成片柑橘林逐步开始了面源污染防治试点工作。

目前,柑橘种植区水土保持和面源污染防治难点主要在以下方面:一是水土流失面积范围广、强度大,且柑橘林下水土流失隐蔽性高;二是农村面源污染成因复杂,随机性大,不容易被监测,潜伏周期比较长,涉及的范围极广,且当前用于防治农村面源污染的措施并不多,末端治理技术较为缺乏。

6.2.2 治理目标

结合草堂河流域水环境计算主要污染物负荷削减分配的量及比例,确定草堂河流域柑橘种植区水土流失防治目标为:水土流失面积减少 10%;面源污染防治目标为肥料施用量减少 20%~30%,作物产量提升 20%~30%。

6.2.3 技术方案

根据草堂河流域水土流失和面源污染防治现状,将水土资源保护、面源污染防治相融合,采取源头减量、过程控制、末端收集的全过程治理思路,同时,通过改良柑橘品种,减少化肥施用量,增加水土保持工程措施、水资源保护措施,强化田间精细化管理,在保障农民增收的前提下,提出纳米碳添加肥减量化技术和智慧化监测管理技术,因地制宜地开展柑橘种植区水土流失和面源污染防治示范。

6.2.3.1　纳米碳添加肥减量化技术

综合考虑草堂河流域水土流失重点治理区的划分和水土流失现状、土壤类型及地形坡度情况，以清洁小流域治理模式为指导，提出水土保持工程措施和化肥减量化技术相结合的纳米碳添加肥减量化技术。即采用减量化施肥方式，适度降低肥料的施用量，通过在肥料中添加纳米碳材料来提升农作物对肥料中N、P等营养物质的吸收能力，从源头减少肥料的施用。同时，增加水土保持工程措施，包括治坡工程、治沟工程和小型水利工程，保护水土资源，以提高水土资源利用效率，减少化肥等面源污染残留物进入长江水体。

6.2.3.2　田间智慧化监测管理技术

以全面收集草堂河流域柑橘种植区生态环境相关数据和空间信息数据为基础，构建田间智慧化监测管理平台，采用土壤、水质、水文气象等各类传感器对柑橘种植区柑橘生长状态、水土流失情况、污染物残留情况进行实时监测发布，并以大数据为手段分析预测柑橘生长趋势、水土流失趋势、水质变化趋势，为柑橘种植区管理员及时调整施肥方式、防治病虫害、节约水资源提供有效的技术支撑。

6.2.4　示范区建设情况

通过整体把握三峡库区农业生产特点和农业面源污染的关键问题，综合考虑作物传统种植方式及示范区的带动影响力，选定在万州区龙沙镇龙安村柑橘种植基地（9°~12°坡地柑橘园）进行200亩塔罗科血橙的种植示范。

6.2.4.1　示范区概况

示范区地点见图6.2-1。

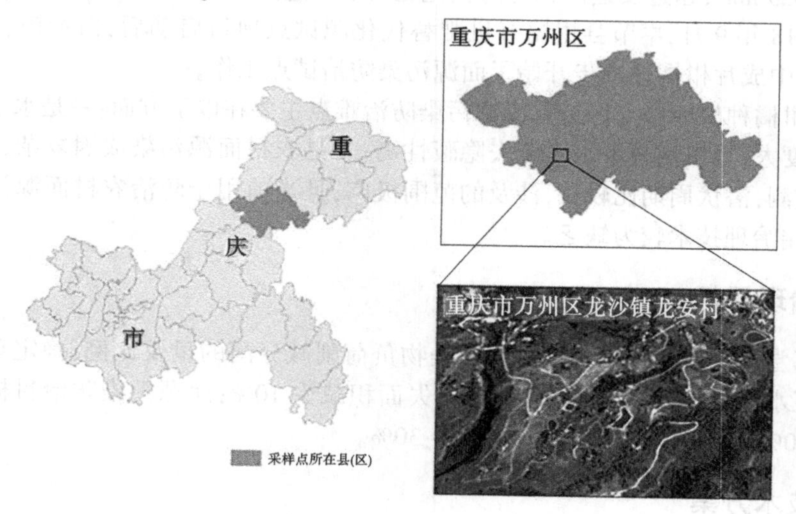

图6.2-1　示范区地点

示范区所在地区属亚热带季风湿润带，四季分明，日照充足，雨量充沛，无霜期长。年平均气温17.7 ℃，其中1月平均气温6.7 ℃，7月平均气温28.5 ℃，年均日照时数924 h，该区域多年平均降水量1 000~1 200 mm，最大降水量1 635.2 mm，降水多集中在5—9

月，且以暴雨居多，约占全年降水量的70%，主要土壤类型为山地黄壤，pH值5.5~7.0。

6.2.4.2 示范作物及肥料

本项目试点示范区作物选定2~3年树龄的塔罗科血橙。

塔罗科血橙(拉丁学名 Citrus sinensis)，果肉带紫红色斑块，汁多味浓，细嫩化渣，果汁有玫瑰香味，口感极好。

6.2.4.3 示范区建设情况

示范区属于重庆市万州区阔丰实业有限公司，该公司在万州区龙沙镇龙安村拥有1 100亩柑橘种植示范推广基地，同时伴有农业科普和农业休闲观光等产业，是集柑橘种植、技术推广、农业休闲观光于一体的新型农业现代化企业。该公司将示范区建设委托于阔丰实业有限公司，并于2016年6月6日签订了项目示范区建设委托协议。示范区工程建设情况如下：

示范区完成管理用房1座，占地面积600 m^2，1#、2#卡口站建设及电路铺设，卡口站设备由成都山地灾害与环境研究所安装，并完成相关监测任务。

6.2.5 试验和示范地布设

6.2.5.1 纳米碳添加肥减量化试验示范

(1)纳米碳添加肥减量化试验

在柑橘园样地中，以当地复合肥为对照，以等量养分的纳米碳添加肥为基础，在柑橘园样地中设置5个纳米碳添加肥与5个当地肥料等养分减量化试验，所用纳米碳添加肥为纳米碳腐殖酸保水肥1号(N:P:K=18:9:18)，由中国矿业大学(北京)研制和提供；所用当地肥料为当地复合肥(N:P:K=15:15:15)，腾升牌复合肥，由涪陵化工股份有限公司生产。试验按施肥量100%(亩用肥150 kg)到减量10%、20%、30%和40%肥料设计。各处理均设3个重复，种植密度为75株/亩，柑橘株距3 m×4 m，排水沟隔离。

试验田布置见图6.2-2。

图6.2-2 试验田布置

(2)纳米碳添加肥示范

2016—2017 年塔罗科血橙种植用肥示范基地面积为 200 亩。每年选择 100 亩应用纳米碳添加肥减肥 30%（105 kg/亩）的示范田，另以当地肥料施用为对照，开展塔罗科血橙应用纳米碳添加肥示范效果比较。采样分析均设 3 个重复。

当地肥料、纳米碳腐植酸保水肥见图 6.2-3。

(a)当地肥料

(b)纳米碳腐植酸保水肥

图 6.2-3　试验所用肥料

(3)施肥方式与时间

施肥采用底肥和追肥两次施肥法。底肥在 3 月 20 日进行，追肥在血橙结果初期 7 月 21 日。施肥方法采取环树穴施，要点是在血橙果树距离树干 15～20 cm 处，分别挖 2～4 个深 10～15 cm 的施肥坑，将纳米碳添加肥均匀施入穴中，然后覆土压实(见图 6.2-4)。

(a)施肥位置

(b)血橙成熟

图 6.2-4　施肥前后

果品计量及采摘见图 6.2-5。

(a)整树采集计量

(b)采摘血橙果品

图 6.2-5　果品计量及采摘

(4)试验指标与方法

试验和示范中,示范区取样测定施肥对塔罗科血橙的生长和品质及土壤性能等指标。

①土壤酸碱度。采用电位测定法测定土壤水浸液的 pH 值。

②土壤有机质。采用重铬酸钾容量法测定。称取风干土样在酸性条件下用 $K_2C_{r2}O_7$ 氧化,放入 170~180 ℃恒温箱沸腾 5 min,冷却后加邻啡罗林指示剂,用 FeSO4 滴定。

③土壤水解性氮。采用扩散吸收法测定。称取风干土样和硫酸亚铁粉铺在扩散皿外室,在内室中加入含指示剂的硼酸溶液,在外室边缘涂碱性甘油,盖上毛玻璃,使毛玻璃完全黏合,再露出一条狭缝,迅速加入 NaOH 液于外室中,使充分混匀;放入 40 ℃恒温箱。24 h 后取出,用微量滴定管以 H_2SO_4 标准液滴定扩散皿内室硼酸液吸收的氨量,终点为紫红色。

④土壤速效磷。0.03 mo1/LNH_4F+0.025 mol/LHCl 浸提——钼锑抗比色法。

⑤柑橘产量及其构成。示范区血橙产量按照试验小区单个果树产量计产;示范区测产按照随机取样 3 个小区,重复 3 次平均计产(kg/树),再按每亩种植 75 株计算亩产,血橙果品称重采用电子天平(感量 1/1 000)。此外,产量构成即测定单果重和单株果树果品数量,分别采用电子天平和直接计数方法。

⑥柑橘品质。果型指数,柑橘纵径/横径;可食率,可食率=可食部分/果实重量×100%;可溶性固形物,阿贝折射仪;可滴定酸含量,指示剂法。

试验过程见图 6.2-6。

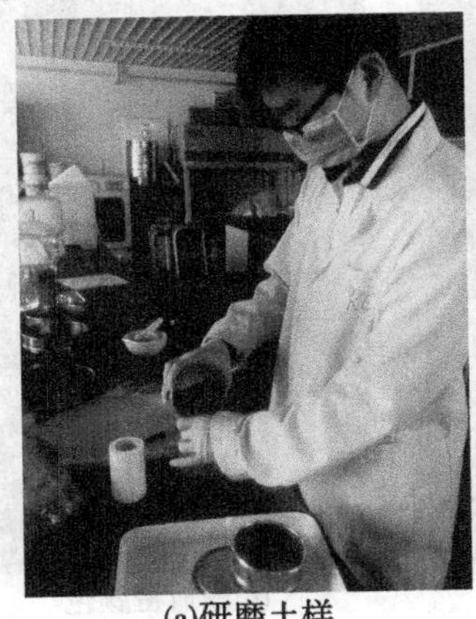

(a)研磨土样

(b)土样预处理

图 6.2-6　试验过程

(c)土壤有机质的测定

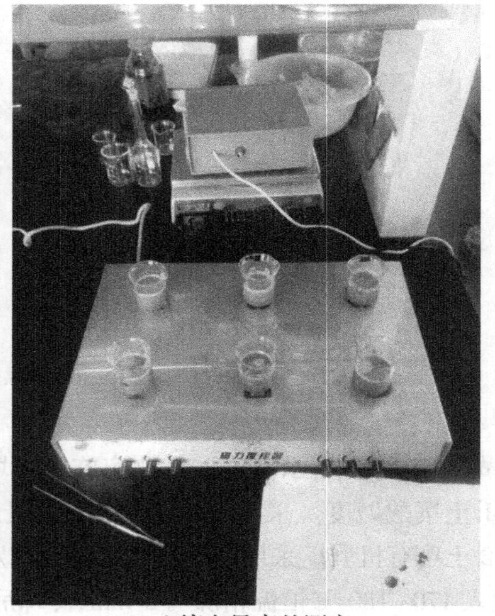

(d)土壤电导率的测定

(e)柑橘叶片测叶绿素

(f)测柑橘新枝枝长

(g)测单果重

(h)测血橙颜色

续图 6. 2-6

6.2.5.2　区域地表径流中氮磷浓度监测

(1)卡口站设置。柑橘面源污染监测布设了2个三角堰卡口站,监测不同施肥处理(当地复合肥施肥与纳米碳施肥)下柑橘果园坡面集水区面源污染通量及其流失负荷。1#卡口站控制面积5 970 m^2,2#卡口站控制面积10 927 m^2。

(2)试验施肥设计。在1#卡口站控制的区域施用70%纳米碳添加肥,2#卡口站控制区域施用70%当地常规肥,田间管理均相同,参考当地农耕习惯。

6.2.6　综合效益评估

通过在塔罗科血橙种植基地进行200亩纳米碳腐植酸保水肥1号(NKP>45%)应用柑橘减量化试验和大面积肥料应用示范,并对区域地表径流中氮磷浓度进行监测,为科学开展纳米碳添加肥产品的综合效益评估工作提供基础数据。

6.2.6.1　纳米碳添加肥增产、节肥效益评估

肥料减量试验示范地血橙果品产量见表6.2-1。

表6.2-1　肥料减量试验示范地血橙果品产量

处理	减肥100%	减肥90%	减肥80%	减肥70%	减肥60%
纳米碳保水肥/(kg/株)	17.22±0.7	14.78±1.43	13.92±1.04	14.83±0.79	12.91±1.19
当地复合肥/(kg/株)	15.55±2.3	13.32±0.87	12.15±1.46	12.62±0.49	11.30±0.65
增产/%	10.72	10.96	14.54	17.57	14.21

注:不同字母表示在水平为0.05($P<0.05$)的差异。

在纳米碳添加肥减量化施用的条件下开展肥料减量试验,血橙果品亩产968.25~1 291.25 kg,平均亩产1104.9 kg;产量较当地复合肥增产10.72%~17.57%,平均增产13.6%。当纳米碳添加肥减量30%的情况下,增产值最高,为17.57%(见表6.2-2)。

表6.2-2　纳米碳添加肥大面积示范血橙果品产量

处理	单果重/g	单株果数量/个	平均单株产果重/(kg/株)
纳米碳保水肥减量30%	186.93	80	14.79±1.56
当地复合肥减量30%	178.51	68	12.13±0.73

通过开展大面积肥料应用示范,在纳米碳添加肥施用减量30%情况下,塔罗科血橙亩产1 109 kg,当地复合肥亩产910 kg,较等量当地复合肥增产21.87%,增产显著。在果品产量构成中,纳米碳添加肥较当地复合肥料的血橙果品单果重和单果树产果数,分别提高5.1%和17.6%,说明增产主要是提高了血橙单果树的结果数量。

6.2.6.2　纳米碳添加肥对作物品质改良效果评估

果品品质见表6.2-3。

表 6.2-3 果品品质

处理	可食率	果形指数	可滴定酸	固形物
当地复合肥	77.9±0.8	0.975±0.017	0.52±0.01	13.42±0.28
纳米碳保水肥减量 30%	78.0±1.1	0.966±0.024	0.56±0.19	12.33±0.25

在纳米碳添加肥施用减量 30%的情况下，血橙果品的品质较施用常规肥料的有所改善。其中，血橙果品的维生素 C 含量提高 7.7%，但可溶性固形物和可溶性糖差异不大。

6.2.6.3 纳米碳添加肥大面积示范血橙经济效益

纳米碳添加肥大面积示范血橙经济效益见表 6.2-4。

表 6.2-4 纳米碳添加肥大面积示范血橙经济效益

处理方法	平均单株产量/(kg/株)	亩产量/(kg/亩)	示范地总产量/t	总产值/万元	肥料成本/(元/亩)	经济效益/万元
纳米碳保水肥减量 30%	14.79	1 109	221.8	110.9	294	105.02
当地复合肥减量 30%	12.13	910	182	91	231	86.38

纳米碳添加肥大面积示范血橙果品经济效益柱状图见图 6.2-7。

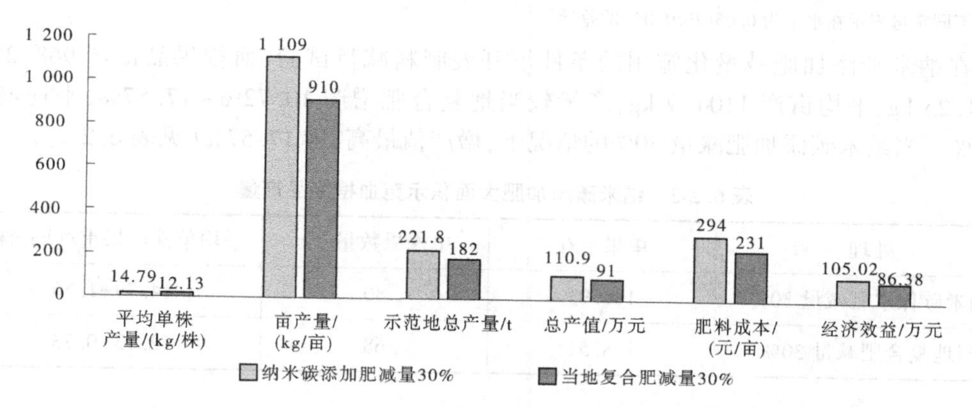

图 6.2-7 纳米碳添加肥大面积示范血橙果品经济效益柱状图

从肥料价格上看，按血橙商品价 5 元/kg，柑橘用纳米碳添加肥 2 800 元/t，当地常规肥料 2 200 元/t 计算，纳米碳添加肥减量 30%时，较当地复合肥使血橙亩产值增效 995 元。200 亩示范基地血橙产量和产值分别达到 22.18 万 kg 和 110.9 万元，分别较当地复合肥增产 3.98 万 kg 和增收 19.90 万元，经济效益增加 18.64 万元。

6.2.6.4 纳米碳添加肥对种植业面源污染减排效果评估

(1)纳米碳添加肥对土壤 pH 和有机质的影响

柑橘园的土样 pH 见表 6.2-5。

表 6.2-5 柑橘园的土样 pH

处理	第一次	第二次	第三次	柑橘园土壤 pH 分级标准	
当地复合肥	4.82	4.28	5.35	适宜	4.8~5.4
纳米碳添加肥肥减量 30%	5.42	4.89	6.2	最适	5.4~6.6

柑橘园土样有机质见表 6.2-6。

表 6.2-6 柑橘园土样有机质

处理	第一次/%	第二次/%	第三次/%
当地复合肥	0.91	0.97	0.98
纳米碳添加肥减量 30%	1.11	1.04	1.20

pH 土样背景值存在差别,每次土样 pH 跟各处理无明显关系,说明纳米碳添加肥对土壤 pH 无明显影响。

有机质土样背景值存在差别,与各处理无明显关系,说明纳米碳添加肥对土壤有机质无明显影响。

(2)纳米碳添加肥对示范区区域地表径流中氮磷的影响

①柑橘园示范区的降雨特征

监测区属三峡库区中部亚热带湿润季风区,降雨主要集中在 5—9 月,本试验主要监测时间为 2016 年 10 月至 2017 年 9 月柑橘全年生长期,选择每月最强降雨日进行全天监测,日降水量见图 6.2-8,在试验期间监测区降水量 1 058.4 mm,最大次降水出现在 7 月 7 日,降水量为 100.5 mm;最大雨强出现在 8 月 4 日,达 30.9 mm/ h。

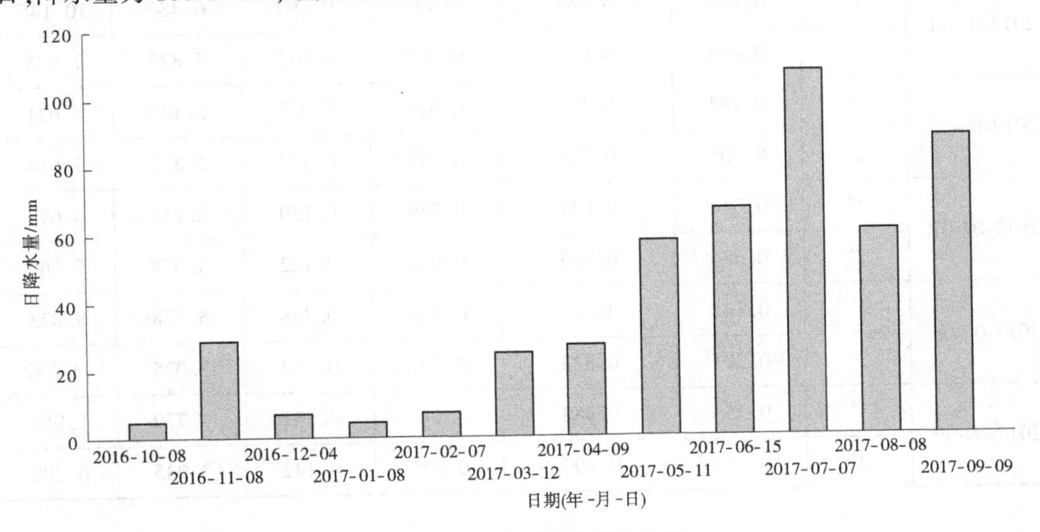

图 6.2-8 监测期间日降水量

②纳米碳添加肥对示范区卡口站径流中氮磷的影响。

次降雨地表径流氮磷浓度见表 6. 2-7。

表 6. 2-7　次降雨地表径流氮磷浓度

采样日期（年-月-日）	卡口站编号	磷酸盐/（mg/L）	可溶性总磷/（mg/L）	总磷/（mg/L）	氨氮/（mg/L）	硝氮/（mg/L）	总氮/（mg/L）
2016-10-08	1#	0. 071	0. 11	0. 167	0. 009	0. 871	2. 203
	2#	0. 108	0. 101	0. 206	0. 058	0. 139	2. 712
2016-11-08	1#	0. 258	0. 359	0. 368	0. 011	1. 622	3. 385
	2#	0. 268	0. 362	0. 374	0. 003	1. 917	3. 419
2016-12-14	1#	0. 098	0. 184	0. 24	0. 003	0. 204	2. 386
	2#	0. 022	0. 081	0. 204	0. 192	0. 443	2. 639
2017-01-08	1#	0. 022	0. 107	0. 344	0. 009	0. 015	2. 194
	2#	0. 139	0. 313	0. 461	0. 021	0. 013	2. 218
2017-02-07	1#	0. 219	0. 25	0. 316	0. 028	0. 936	3. 064
	2#	0. 331	0. 409	0. 409	0. 024	2. 003	4. 412
2017-03-12	1#	0. 253	0. 33	0. 375	0. 015	1. 53	3. 379
	2#	0. 27	0. 347	0. 394	0. 016	2. 219	3. 874
2017-04-09	1#	0. 314	0. 463	0. 538	0. 022	3. 987	7. 009
	2#	0. 441	0. 587	0. 784	0. 085	5. 468	8. 016
2017-05-11	1#	0. 396	0. 565	0. 66	0. 097	6. 487	10. 145
	2#	0. 454	0. 617	0. 788	0. 042	3. 873	7. 075
2017-06-15	1#	0. 284	0. 452	0. 526	0. 053	2. 182	4. 621
	2#	0. 305	0. 523	0. 593	0. 114	2. 827	5. 614
2017-07-07	1#	0. 544	0. 637	0. 759	0. 139	2. 784	4. 699
	2#	0. 684	0. 785	0. 922	0. 122	3. 078	5. 062
2017-08-08	1#	0. 142	0. 24	0. 342	0. 348	5. 578	8. 823
	2#	0. 201	0. 323	0. 391	0. 352	7. 075	11. 342
2017-09-09	1#	0. 354	0. 483	0. 577	0. 131	3. 779	5. 959
	2#	0. 363	0. 497	0. 595	0. 142	3. 935	6. 202

按《地表水环境质量标准》（GB 3838—2002），两个卡口站地表径流水质均处于劣 V

类。同时监测也发现，由于监测期间并未采集到侵蚀泥沙，柑橘果园氮素主要通过径流流失，且以硝态氮流失为主，占50%~60%，氨氮仅占20%左右。综上可知，施加70%纳米碳添加肥的地表径流中氮磷含量比施加70%传统肥时要低，说明纳米碳添加肥可以减少地表径流中氮磷的流失。

次降雨地表径流氮磷流失负荷见表6.2-8。

表6.2-8 次降雨地表径流氮磷流失负荷

采样日期（年-月-日）	卡口站编号	降水量/mm	总氮/（kg/km^2）	总磷/（kg/km^2）
2016-10-08	1#	4.8	0.54	0.07
	2#	4.8	0.68	0.08
2016-11-08	1#	28.6	3.21	0.56
	2#	28.6	4.57	0.92
2016-12-14	1#	6.8	1.58	0.16
	2#	6.8	1.94	0.23
2017-01-08	1#	4.2	0.67	0.07
	2#	4.2	0.89	0.09
2017-02-07	1#	7	0.95	0.08
	2#	7	1.03	0.09
2017-03-12	1#	24.6	2.11	0.28
	2#	24.6	3.85	0.51
2017-04-09	1#	26.8	4.32	0.39
	2#	26.8	5.76	0.68
2017-05-11	1#	57.3	87.66	14.85
	2#	57.3	109.69	10.79
2017-06-15	1#	66.9	78.62	13.84
	2#	66.9	106.15	12.18
2017-07-07	1#	107.5	352.28	61.2
	2#	107.5	369.45	79.28
2017-08-08	1#	60.3	21.01	1.09
	2#	60.3	27.37	1.3
2017-09-09	1#	88.2	209.32	25.46

表6.2-8为2016年10月至2017年9月次降雨地表径流氮磷流失负荷,可以看出1#卡口站径流氮、磷流失负荷分别为762.27 kg/km^2、118.05 kg/km^2,2#卡口站径流氮、磷流失负荷为1 012.51 kg/km^2、152.75 kg/km^2,2#卡口站氮、磷流失负荷比1#卡口站分别高24.7%和22.7%。

6.2.7 取得的研究成果

肥料减量试验示范:以当地复合肥(NPK>45%)为对照,以等量养分的纳米碳添加肥为基础,进行施肥量100%(亩用肥150 kg)到减量10%、20%、30%和40%肥料试验。实地测产证明,纳米碳添加肥的血橙果品亩产968.25~1 291.25 kg,平均亩产1 104.9 kg;较当地复合肥增产10.72%~17.57%,平均增产13.6%。其中,纳米碳添加肥施肥量减量30%时,较当地复合肥增产17.57%为最高。

大面积肥料应用示范:建设200亩塔罗科血橙种植的用肥示范基地,在纳米碳添加肥施用减量30%条件下,塔罗科血橙亩产1 109 kg,较等量当地复合肥增产21.87%。

血橙果品品质有所提高,其中血橙果品维生素C含量提高7.7%,可溶性固形物和可溶性糖得到保持。

纳米碳添加肥减量30%较当地肥料使血橙亩产值增效995元。200亩示范基地血橙产量和产值分别达到22.18万kg和110.9万元,分别较当地肥料增产3.98万kg和增收19.90万元,经济效益增加18.64万元。

通过纳米碳添加肥与常规肥料的对照施用,对比1#和2#卡口站的监测数据,2#卡口站径流氮磷流失负荷显著高于1#卡口站氮磷流失负荷,说明施加纳米碳添加肥时地表径流面源氮磷流失负荷低于施加常规肥料时的面源氮磷流失负荷,在一定程度上减少了肥料中氮磷等营养物质的流失,是从源头控制面源污染的有效途径。

综上所述,该试验示范针对库区作物和土壤条件,基本实现了在农业现有传统施肥的基础上作物增产10%以上、减少肥料用量30%以上、降低肥料养分损失20%以上的预期目标,肥料利用率明显提高,示范作物种植成本明显降低,面源污染得到一定程度的控制,既能提高果农经济收益,又可保护种植区域生态环境,兼顾经济效益与环境效益。开展纳米碳添加肥试点示范,是对三峡库区面源污染防治措施的积极探索,为纳米碳添加肥在三峡库区开展面源污染治理和农田减肥、增效、增产的示范推广提供了样板,建议进一步向全库区进行示范推广。

6.3 消落区生态修复治理技术示范

6.3.1 消落区基本情况

草堂河流域消落区类型多,生境复杂,局部区域以安全性为主,已经采取了工程护坡的方式进行了治理,部分坡度缓和区域,植被覆盖情况较好,部分消落区现状生态条件较差,坡度大且无植被覆盖。消落区涉及岸线全长26.24 km,面积1.89 km^2。按岸坡地形坡角分类,可将库岸分为:缓坡库岸(库岸地形坡角小于20°),岸线全长5.83 km,消落区

0.41 km^2；中缓坡库岸（库岸地形坡角在20°~30°）岸线全长10.59 km，消落区1.34 km^2；陡坡库岸（库岸地形坡角大于35°）岸线全长9.82 km，消落区面积0.14 km^2。

目前，草堂河消落区治理存在的主要难点有：一是草堂河作为白帝城旅游景区和奉节县全域旅游打造的重点景区，消落区生态修复如何体现景观最大效益；二是草堂河大部分消落区地势坡度较大，生态缓坡纵深小，区域环境负荷高，流域陆上污染排放和水土流失如何在该区域形成有效的拦截和阻隔。

6.3.2 治理目标

（1）结合白帝城旅游景区打造，消落区生态修复重点以景观生态修复为主。

（2）因地制宜，缓坡地带消落区生态修复以耐淹草甸生态系统为主，构建趋于稳定的植物群落。

6.3.3 技术方案

结合白帝城旅游景区打造和污染排放、水土流失拦截和阻隔的功能需求，因地制宜，采取梯级湿地塘修复模式、近自然模式、库岸环境综合治理模式等生态修复措施。

6.3.3.1 治理模式

（1）缓坡地带消落区水塘湿地和梯级湿地塘修复模式。水塘湿地模式是在平坦、低洼地带建设小型湿地的模式，主要应用于出露期与植物生长期同步的冬涨夏落型、消落区尚处于植被退化期的区域。水塘湿地模式形成的小型湿地可以拦截、利用消落区上游的营养物质，增加库区的生境及生物多样性。水塘湿地模式可以在三峡水库坡度<25°的消落区运用，但水位涨落过程中对消落区地形的重塑、侵蚀会造成基塘系统破坏，消落区地形破碎等情况，因此建议将水塘湿地模式的适用范围缩小至水流速度较小的库湾、河口、湖盆等泥沙淤积地带，且建议通过石笼网等措施进一步加强塘基的结构稳定性。水塘内可种植荷花、鸢尾、千屈菜等湿地植物。

梯级湿地塘修复模式是在消落区平坦、低洼汇水地带结合原有梯级台地的地形结构上，进行地形改造形成梯级湿地塘的技术，根据地势条件构建四层不同高差生态带，即台地带、梯田带、水田带和入水缓坡带。此类模式在枯水季节能提供优质的履绿景观，丰水季节全淹没的状况下也不会造成大面积的生态破坏。同时，该技术还能防止水土流失，为植被的恢复提供良好的条件。

（2）陡坡地带近自然模式。近自然模式是在消落区水淹较深的下部区域或土壤贫瘠地带种植草本，在水淹较浅的中、上部区域土壤肥沃地带种植乔木的一种模式，可应用于植被退化期和土壤流失期的消落区。自然河滨带、植被退化期消落区上生长的植物是重要的适生物种来源。草本宜选用耐水淹时间长的狗牙根、扁穗牛鞭草等植物，乔木宜选用耐寒、耐热、耐旱的中山杉和水桦树等植物。

（3）景区城镇库岸环境综合治理模式。旅游景区、城镇周边的消落区，根据功能利用需求，采用生态修复、工程治理和景观打造的库岸环境综合治理模式。在生态护岸的基础上，利用水位变化展开“弹性的生态修复设计”。依据不同的水位线，通过增加游憩、教育、休闲功能创建不同的主题体验区，让消落区随时间的变化、水环境的变化呈现出多样的效果。

6.3.3.2 植物配置

根据不同物种耐淹性的差异,沿海拔从低到高依次选择草本、灌木和乔木构建复合群落。

(1)消落区下部(海拔 160 m 以下高程带)。全年淹水时间长(5~6 个月),淹水深度深(> 15 m),可构建低矮的多年生禾草群落。如以耐水淹时间长的狗牙根、扁穗牛鞭草、铁线草等植物为主进行配置,形成低矮的多年生禾草群落。

(2)消落区中部(海拔 165~170 m)。该区域全年淹水时间较长(4~5 个月),淹水深度较深(5~10 m),可构建高大草丛或灌丛群落。如以卡开芦、甜根子草等高大草丛为主,配以秋华柳、枸杞、疏花水柏枝等小灌木,构造高草丛或灌丛植被群落。

(3)消落区上部(170 m 以上高程带)。该区域全年淹水时间短(3~4 个月),淹水浅(0~5 m),可营建灌草复合群落。如以小株木、中华蚊母树、等灌木为主,配以狗牙根、扁穗牛鞭草等草本,营建灌草复合群落,根据景观需要亦可选择耐水淹能力较强的中山杉、水桦树进行植物配置,构建乔灌草群落。

6.4 农村饮水安全技术示范

6.4.1 基本情况

草堂河流域农村人口 114 811 人,其中,68 500 人已通过城镇自来水或小型水厂供水解决了安全饮水问题;34 200 人通过小型水库、山坪塘、山洪沟等集中蓄水池供水,水质一般未净化直接使用;12 111 人通过房前屋后的坑塘或排水沟等单户蓄水池供水或未建蓄水池供水,已建单户蓄水池,水质未净化直接使用,或未建蓄水池,从附近水塘里挑水直接使用。

草堂河流域农村分散式饮水主要存在供水短缺、蓄水池供水水质较差等问题。山坪塘、山洪沟等水源水质较浑浊,暴雨天尤为严重,同时为保证供水水量,蓄水池容积较大,停留时间过长,造成水中细菌超标,水质不达标,存在较大的饮水安全问题,亟须找到适合草堂河流域农村分散式供水的净水工艺和设备,对水质进行净化,保障居民饮水安全。

6.4.2 治理目标

每人每天可获得的饮用水量不低于 40 L,水质符合国家《生活饮用水卫生标准》(GB 5749—2022);供水水源保证率不低于 95%;供水到户或人力取水往返时间不超过 10 min。

6.4.3 技术方案

根据草堂河流域农村饮水现状,分集中饮水和分散饮水 2 种分别提出相应的方案。针对流域农村饮用水浊度高、微生物菌群超标等问题,本次采用技术集成的过滤和消毒方法。

(1)集中饮水。采取新建管网延伸供水和联片集中供水 2 种集中式供水工程。

(2)分散饮水。新建单户或联户的分散式供水工程。有浅层地下水的地区,采用浅井供水工程;有泉水的地区,建设引泉设施;水资源缺乏或开发利用困难的区域,建设雨水集蓄饮水工程。

6.4.4 农村分散式饮水安全工程

本次选择的示范点为白帝镇八阵村四组居民点,分布在 S103 渝巴公路南侧,共有 23 户,约 89 人。饮水水源来自高速公路上方的山泉水,高程在 350~400 m,平均径流量大于 2.0 m^3/s。通过长约 3 km 的 DN100 钢管输送至居民点上方约 500 m^3 矩形高位水池内,用户通过 DN25~DN32 橡胶软管自蓄水池接水至家中使用,管道露天敷设。经检测,水质符合《地表水环境质量标准》(GB 3838—2002)Ⅱ类水质标准。

(1)主要建设内容及规模

本工程中水源取水构筑物及输水管道完好,本次主要增加 1 套净水设施、设备房等。

本次饮水安全工程设计现状年为 2020 年,仅考虑自然增长率,以 2025 年为设计水平年,供水人口 92 人,供水规模为 10.58 m^3/d。

(2)设计供水量计算。

用水量计算见表 6.4-1。

表 6.4-1 用水量计算

设计人口/人	居民生活用水		公共建筑用水量/(m^3/d)	浇洒道路和绿地用水量/(m^3/d)	管网漏失水量和未预见水量/(m^3/h)	最高日总用水量/(m^3/d)
	用水定额 q/(L/人)	用水量/(m^3/d)				
92	100	9.20	0	0	1.38	10.58

本工程净水设备会产生 10%~20%的废水,每日工作时间 5 h,产生的净水储存在储水罐内。经计算并结合设备选型,净水设备产生量为 5 t/h。储水罐容积为 5 m^3,原水箱容积为 3 m^3。

(3)供水工程方案

本次沿用原有水源,经净水设备处理后送至储水罐,沿配水管道向居民供水。工艺流程见图 6.4-1。

(4)水处理系统设计

①净水设备

1)现场施工条件

低压动力电源:AC 380 V±5%,50 Hz,3P+1N;

低压控制和照明电源:AC 220 V±5%,50 Hz,3P+1N+1PE;

操作用直流电源:DC 24 V;

原水给水流量:≥5.5 t/h。

2)5 t/h 过滤设备工艺说明

加药装置:协助悬浮物、泥沙等的加速沉淀。

原水泵:从原水水箱中抽水,用于提升原水供水压力,满足后续处理设备正常运行需

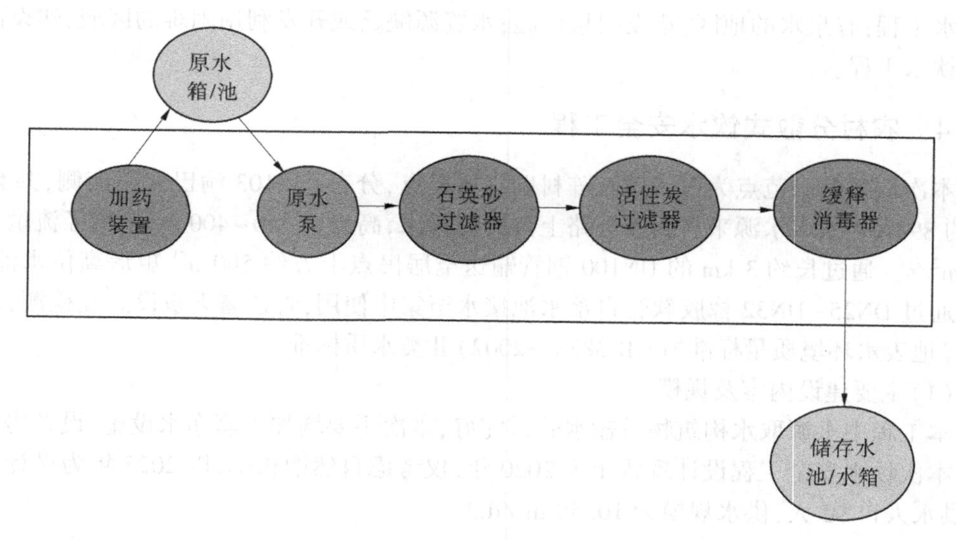

图 6.4-1　工艺流程

要的压力和流量。原水泵与原水水箱上的低水位动,当原水水箱处于低水位时,原水泵停止输送,避免原水泵在无水状态下工作而损坏。水泵过流部件材质为 SUS304 不锈钢。

石英砂过滤器:利用石英砂去除并控制原水中的颗粒性杂质、悬浮物等,属于压力式快滤设备。含有悬浮物及颗粒的水流过滤料层时,滤料缝隙对悬浮物起筛滤作用,使悬浮物易于吸附在滤料表面。若在滤料表层截留了一定量的污物形成滤膜,随着时间推移,过滤器的前后压差将会很快升高,直至失效。此时需要利用逆向水流反洗滤料,使过滤器内滤料面的截留物剥离并被水流带走,恢复过滤功能。过滤器的过滤罐体材质选用玻璃钢内衬 PE 制作,耐压高、重量轻,耐腐蚀,寿命长,高强度,卫生无毒,每一个滤罐出厂前都经过 0.8 MPa 试压,设计流速 10~15 m/h,反冲洗强度 15~18 L/(m^2·s),反洗排水接入地沟。

活性炭过滤器:利用活性炭的吸附特性将水中的有机污染物、微生物及溶解氧等吸附于炭的表面,增加微生物降解有机污染物的概率,延长有机物的停留时间,强化生物降解作用,将炭表面吸附的有机物去除;还可去除水中的异臭异味、色度、重金属、合成洗涤剂及脱氯等。此外,活性炭的选择吸附性,不但可吸附电解质离子,还可使 COD 得到很好的控制和降低。该设备具有吸附、生物降解和过滤处理的综合作用,不但可保证处理效果稳定,而且具有效率高、耐冲击负荷、占地小、操作管理简便易行且运转费用低等优点。此外,作为反渗透装置的前处理,可有效防止反渗透表面的有机物污染,而不受其本身进水温度、pH 和有机混合物的影响。过滤器罐体材质选用玻璃钢内衬 PE 制作,耐压高、重量轻,耐腐蚀,寿命长,高强度,卫生无毒,每个滤罐出厂前都经过 0.8 MPa 试压,设计流速 10~12 m/h,反冲洗强度 10 L/(m^2·s),反洗排水接入地沟。

缓释消毒器:采用自动稀释延时压力加氯工艺,以含量 80%以上的强氯固体药剂为主要原料,将水与药剂合理混合后所产生的消毒杀菌液投加到储水罐起到灭菌的作用。缓释消毒器的结构较简单,操作方便,不用专人维护,可以自行控制消毒药剂投入量,制作成本和使用成本低,效果好。

3)设备详细配置清单

净水设备详细配置清单见表6.4-2。

表6.4-2 净水设备详细配置清单

名称		型号	数量	单位	备注
原水箱		3 m³	1	个	不锈钢
加药装置	加药箱	100 L	1	个	PE
	计量泵	DMS200	1	台	
	搅拌泵	适配	1	台	
	絮凝剂	粉状	1	袋	
	电控箱	适配	1	个	
原水增压泵		≥5 t/h	1	台	
石英砂过滤器	过滤罐	500 mm×1 750 mm	1	个	玻璃钢
	上下布水器	布水器	1	套	
	全自动控制阀	时间型	1	台	全自动
	石英砂	级配	7	袋	优质石英砂
活性炭过滤器	过滤罐	500 mm×1 750 mm	1	个	玻璃钢
	上下布水器	布水器	1	套	
	全自动控制阀	时间型	1	台	全自动
	活性炭	果壳	6	袋	
消毒	缓释消毒器	适配	1	台	
电控系统	机架	不锈钢	1	套	用于泵及控制箱的连接
	电控箱	适配	1	个	
	电器元件	适配	1	批	
	接线端子	适配	1	批	
	液位浮球开关	适配	1	批	
	液位控制	适配	1	批	
其他	管件	U-PVC	1	批	
	接头	U-PVC	1	批	
	三通	U-PVC	1	批	
	弯头	U-PVC	1	批	
	直接	U-PVC	1	批	

②设备房

为保证供水安全、延长设备使用寿命,新建设备房1座,采用单层钢板房结构,尺寸6 m×3 m,建筑面积18 m²,层高3 m。通过现场踏勘,并结合用户需求,最终选在居民点上方、高速公路下一处较平整的地方新建设备房，进行场地平整，形成高 0~1.5 m 的挖方边坡，设计采用 1∶1.00 放坡+植草护坡防护，坡顶设置截水沟，坡脚设置排水沟。设备房地面标高为 264.5 m，场地平整后采用 18 cm 厚水泥稳定碎石基础+20 cm 厚 C25 混凝土面层硬化。本次设计输配水管道可直接利用现有的管道。

（5）主要工程量

主要工程量见表 6.4-3。

表 6.4-3　主要工程量

序号	名称	规格型号	单位	数量	备注
1	净水设备	0.5 t/h	套	1	
2	304 不锈钢原水箱	3 t	个	1	
3	304 不锈钢储水箱	5 t	个	1	
4	铜电线	ϕ2.5 mm	m	200	
5	电表		块	1	
6	UPVC 排水管	DN75	m	60	设备反冲洗水外排
7	C20 混凝土结构排水沟	$B\times H$=0.4 m×0.4 m	m	40	
8	场地硬化		m^2	18	18 cm 厚水泥稳定碎石基础+20 cm 厚 C25 混凝土面层
9	挖方		m^3	65	
10	植草护坡		m^3	60	
11	钢板房	$L\times B\times H$=6 m×3 m×3 m	座	1	

农村分散式饮水处理设施见图 6.4-2。

(a)

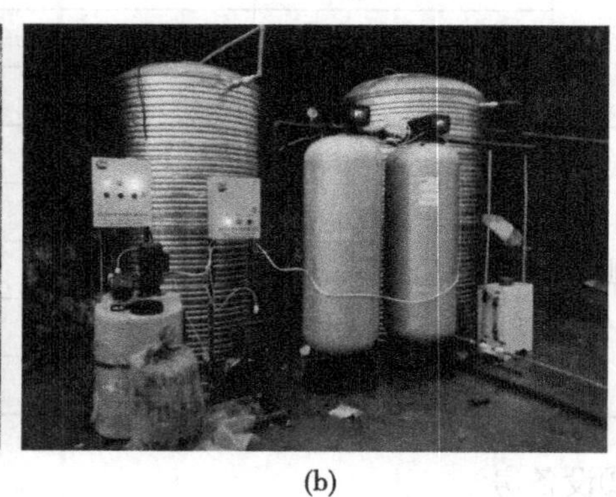

(b)

图 6.4-2　农村分散式饮水处理设施

(c)

(d)

续图 6.4-2

(6)效果监测及运行维护

2 次现场检查结果显示,设备运行正常,水量能够保证居民正常生活需要。第三方水质检测结果显示,出水可满足《生活饮用水卫生标准》(GB 5720—2022)标准要求,大肠杆菌和浊度超标的问题得到有效解决,其他水质指标较之前有较大改善,能够满足八阵村四组居民点饮水水质的要求,保障了居民健康。

第7章　三峡库区典型流域系统治理效益分析

典型流域综合治理是指在水土流失地区，以小流域为单元，采用综合措施对流域内水土资源的保护、改良和合理利用，其目的在于充分发挥水土资源的经济效益、生态效益和社会效益。全面地评价、计算和预测典型流域治理效益是评估流域治理效果的重要手段，也是编制典型流域治理规划及实施和决策的基础。

7.1　流域综合治理效益的评价方法

7.1.1　小流域治理效益的基本概念

小流域综合治理效益一般包括经济效益、生态效益及社会效益。经济效益的一般概念是指人们在保护、改良与合理利用小流域水土资源的过程中所取得的经济利益，它包含人们进行经济活动的效率、效果和收益。所谓效率，是指经济活动的结果与劳动量（或时间）的比率，它只表明经济活动和劳动速率的高低，而不说明有效成果的多少。所谓效果，是指经济活动中取得的有效成果（符合社会需要的有用成果），其表达式为

效果=有效成果/(劳动消耗+劳动占用)或产出/投入或所得/所费

如果有效成果多，产出大于投入，或所得大于所费，就说明效果好；反之，则说明效果差。所谓收益，是指在经济活动中国家、集体和个人获得的实际利益。效率、效果和收益三者既有区别，又有联系。其中，效果是经济效益的核心，在考察经济效益时，既要抓住效果这个核心，又要注意效率和收益这两个部分。

从经济效益的外延来看，主要包括以下三个方面。

7.1.1.1　宏观效益与微观效益

微观效益是宏观效益的基础，只有抓好微观效益，宏观效益才能比较理想。反过来，宏观效益是微观效益的前提和条件，只有宏观效益得到了保证，微观效益的实现才能有正常的外部条件。因此，在处理二者关系时，必须坚持微观效益服从宏观效益的控制和调节的原则，把宏观效益与微观效益很好地统一起来。

7.1.1.2　直接效益与间接效益

在小流域综合治理的经济活动中，一些措施不仅能够获得直接的经济效益，而且有间接的效益。例如，植树造林，不仅可以直接为人们提供木材和林副产品，更重要的是，它能够维持和保持自然生态系统的良性循环，从而给整个流域内经济的发展和人类生存条件的改善带来巨大的实际利益。因此，在评价过程中，将两者统一考察，客观地反映出各项措施的间接效益是非常必要的。

7.1.1.3 眼前效益与长远效益

有些经济活动，从眼前和短期来看，能够取得较好的经济效益；但从长远来看，取得的效益是负值，甚至造成一定的损害。例如，农、林、牧业上的滥垦、滥伐、滥牧等“掠夺式”经营，从眼前看可能有一定效益，但它却造成资源的极大浪费和破坏，严重危害了人类生存的条件，从长远来看，根本谈不上什么经济效益。有些经济活动，从眼前看，是没有什么效益，但从长远来说，是有很大效益的，非进行不可。因此，在加速治理过程中要使人民逐步增加经济效益，必须把眼前效益、近期效益与长远效益很好地结合起来。

小流域治理的生态效益主要是指水土保持措施的生态平衡作用给人类带来的利益，它使暂时失去平衡的生态系统重新趋于平衡，使恶化了的自然环境向有利于人类生产、生活和土地资源更新的方向发展。小流域综合治理的发展，促进了流域内土地的合理利用，调整了农村产业结构，有效控制了土壤侵蚀，美化环境，改善气候，从而提高了流域系统的抗灾能力和环境容量，由此而产生的效益应予以肯定。

典型流域治理的社会效益包括两方面的内容：一是指流域治理对当地的社会、经济产生的有利影响；二是指流域治理对其以外地区的社会、经济的有益作用。典型流域治理是一项系统工程，但典型流域又是一个开放系统，流域治理不仅促进流域内群众物质文化生活水平的显著提高，减轻国家支援贫困地区的负担，而且对减轻下游地区的水土流失危害、促进与周围地区的产品交换等方面有着积极作用。

7.1.2 典型流域治理效益的评价原则

近年来，三峡库区各地都把流域综合治理作为当地改变农村贫困面貌、实现农业经济发展的重要措施；广大农民群众从流域治理中得到了经济实惠，极大地调动了农民群众治山治水的积极性，推动了水土保持事业的发展。但是这些年来，对流域综合治理效益的评价，虽做过一些研究，但不够深入，一般存在的主要问题：一是简单地把各项措施的产品和产值当作单项的经济效益，而未在计算投入产出的基础上，进行动态分析；二是简单地把农村经济面貌的改善和群众生活的提高当作综合效益，缺乏对流域系统的总体功能评价；三是缺乏系统的评价指标和一致的计算方法。由于存在着这样的问题，小流域综合治理的效益未能正确地予以估计，使决策过程无从衡量。因此，认真研究流域综合治理效益，提出一套科学的、客观反映综合治理效益的评价指标体系和计算方法，是当前一项重要的科研任务。而遵循流域治理效益的评价原则，是实现这一目标的基础。一般来说，流域综合治理效益的评价原则有以下四个方面：

（1）系统分析原则。在评价典型流域治理效益时，要从整体上着眼，着眼全局，系统性地分析治理取得的成效，强调其长远性和整体性。

（2）综合分析原则。典型流域综合治理的效益表现形式复杂多样，受各种条件和因素的影响和限制，如自然、经济、社会等，不能简单直接地推算，需要综合分析，通过建立综合指标，处理好宏观与微观的关系、当前与长远的关系、单项与综合的关系、局部与整体的关系，并进行评价。

（3）生态效益和经济效益的统一。生态效益和经济效益是一个统一体，既有相互制约的一面，也有相互依存的一面。经济效益是指包括生产和再生产过程中消耗的劳动和资源在内的符合社会需求的劳动成果的比较。在一定的劳动过程中,经济效益和生态效益对自然环境和人类的生产、生活条件都产生影响和作用,在对典型流域治理效益进行评价时,经济、生态两个方面的效益需要进行统一考量。

(4)使用价值和价值的统一。使用价值是指生产者生产的产品必须满足社会和人民群众的需要,包括生产什么、生产多少和质量要求,只有这样才不致使生产成为无效劳动。价值反映生产单位的生产经营水平和生产收益,表现为总产值、总成本和纯收入等。使用价值和价值的统一即社会效益与经济效益的统一。

7.1.3 典型流域治理效益的评价方法

典型流域是一种典型的小流域表现形式,不同于工业和农业经济分析对其效益的评价方法。主要原因有:它的单项措施以面积计算,空间宽泛、地域连续;治理措施的投入上,通常有国家治理性补助投入和群众的劳动投入两种;流域综合治理上,许多措施在空间上的组装和在时间上的更替过程,给经济分析带来的复杂性暂且不说,使经济计算期的选择很困难,各种措施开始治理的时间不相同,它们经济寿命的结束期更不一致。基于此,结合治理工作的特点,大胆探索,才能较好地解决流域综合治理实践中提出的效益分析问题。

典型流域治理效益评价方法主要有以下四种。

7.1.3.1 比较分析方法

进行效益评价的一个主要方法是比较分析方法。对不同治理方案和治理成果的受益程度进行评价,一般应选择一些有代表性的指标,按照评价的目的要求进行比较。

单项比较和综合比较两种方式都可以根据比较的内容进行。其中,单项比较是以某一方面或某一指标作为治理效益的比较依据。比如,可以只评价生态效益,也可以只评价治理生态效益中土壤侵蚀的贡献。综合比较需要综合考虑多种因素,包括经济、生态、社会等方面的比较。

在比较分析方面,可以分为两种方法:绝对比较分析和相对比较分析。绝对比较分析方法是根据事物本身所要求的水平进行评价,包括对其所达到的水平进行评价,对其增长水平进行相对原状的评价,对其潜在状态水平进行接近程度的评价。相对比较分析法是通过对若干个待评估对象的评估数量结果进行相互比较,最终对每个待评估对象的综合评估结果进行排序,从而确定其优劣次序的一种相对比较分析法。

7.1.3.2 投入产出分析方法

投入产出分析法由美国经济学家在20世纪30年代提出。在中国,直到20世纪70年代才开始应用到宏观经济分析,而从20世纪80年代开始逐步推广微观经济管理。

投入产出是利用数学方法和电子计算机对各种经济活动中的投入与产出的数量关系进行研究的一种现代化的科学管理方法。这种方法可以用来对整个系统经济进行研究,也可以用来对某一具体的经济活动进行研究,也可用于不同的部门和行业内部,还可以用来研究经济上的联系。

投入产出模型根据分析时期的差异,可分为静态投入产出模型和动态投入产出模型两种。静态模型主要考察各经济活动之间在某一特定时期的投入与产出关系。动态模型可以揭示投资和产出在不同时期各部门之间的联系,而以其计量单位的不同投入产出模型可以分为4类,即价值型、实物型、劳力型、能力型。

7.1.3.3 投资分析法

投资分析旨在对基建投资的经济利益进行探究,人力、物力、财力投入,全面反映投资规模和收益,综合管理工作事项繁多,难以用实物来计算,必须用货币来衡量。由于流域治理需要较长的时间,因此投资的效益不仅体现在投资和治理的过程中,未来的投入和产出过程也将体现在投资和治理的过程中。投资分析需要对资金投入与产出经济效益之间的关系进行"时间价值"理论的研究,这不仅表现在利用投资本身,还体现在利用自然资源方面,投资本身也是投资的重要因素。投资并不是只涉及现在投入多少钱,而是包括将来可以收回多少钱,所以投资是经济活动,有时间的因素。

投入资金的价值随着时间的推移也会改变,在对资金活动效益进行评估时,由于某些项目速度快,而其他项目则需要更长的时间,时间价值的差异会导致项目之间无法直接比较,有的措施经济效益持续时间长,有的持续时间短,时间可比性问题必须加以解决。投资分析法解决了这个问题,通过换算投资和收益,用可比的时间来分析其经济效益。

7.1.3.4 模拟评价方法

模拟评价方法可分为3种,分别是数学模拟、实验室模拟和野外模拟。数学模拟是根据内在联系和总体规划的要求,以涉及自然、技术、经济等方面的数据为基础,建立各种数学模型。利用计算机计算经济和生态效益的各种治理方案。该领域包括相关分析方法、线性规划模型和灰度模型预测等方法。

对典型流域的生态效益进行评估,主要采用实验室或实地模拟的方法,在不同流域所在地区的生态环境特征或在生态环境相似的地区设立试验小区和标准地进行研究,目的是对某些措施的生态效益进行调查和观测,或进行科学试验。此法适用于测定水土保持林的防蚀作用、水源涵养作用和水文调节作用。

在评价典型流域治理效益时,不能只用单一的方法进行分析和计量,因为每一种定量分析方法都有其一定的局限性。而是要从单项到综合考量,运用多种方法进行比较,才能得出比较准确的结论。对客观现象的评价,主要是由静态转向动态,由定性转向定量。

7.1.4 典型流域治理效益评价指标体系及计算方法

以系统功能考察为重点,对典型流域生态系统进行效益考核,对小流域系统进行全局性考核。由于流域综合治理工作涉及面广、情况复杂,需要开展纵向投入与产出的比较分析。同时,确定相关措施还需要横向衔接、均衡分析,建立一套指标体系,从各个侧面、各个层面,用量化的方式反映治理效益的影响,才能准确评估典型流域综合治理的成果。评价指标是依据研究目的进行选择的,一般应具备如下基本特点:

(1)效益指标具有可量性。即每一具体数值与所反映的经济内容相符合,其经济效益可用量来表示,效益指标与反映的经济内容相符合。

(2)效益指标具有综合性。经济效益指标主要是综合性指标,正因为如此,才可排除大量现象中个别特殊性和偶然的差异性,概括全貌。

(3)效益指标具有系统性。综合措施之间环环相扣,体现在效益指标上也是环环相扣的,一个指标可以把问题揭示在某一个侧面,而相关指标则可以把整体展现出来。

7.2 生态效益

7.2.1 生态效益评价理论基础

流域治理在改善生态环境、降低灾害风险、保护水土资源等方面所产生的效益,称为流域治理生态效益。改善生态环境的好处主要有以下几个方面:改善水质,增加林草植被覆盖率,减少河道泥沙淤积,改善和保护河道、湖泊、水库的生态环境,提高水资源的保育能力,提高土壤肥力,防止和减少水土流失,防止土地石化和沙化退化,减少洪涝、地质、风沙等灾害的发生。

综上所述,流域治理生态效益可以概括为:对改善生态、防灾减灾和保护水土资源所产生的一系列水土保持措施所产生的积极作用,对当地经济和社会发展产生的系列好处。

7.2.2 生态效益内涵

植被被称为“绿色水库”,能够起到涵养水源、调节气候的作用。水源涵养是流域治理的主要目标之一,需要通过增加流域内林草覆盖率来实现。

保土增效、土壤改良。其作用主要有:林冠截留雨水,在缓冲和减弱雨滴对土壤的冲刷作用的同时,保护地面免受雨水的直接冲击,减轻对土壤的侵蚀,起到保育作用。落叶、树枝等在林下形成的相对疏松的层状物质结构,对大量雨水的吸收与并存、减少地表径流的产生都有一定的帮助。枝叶还能拦截雨水,使地表径流速度进一步降低,地面径流冲击也因此而得到缓解;植物的根系形成密集的根网,对土壤起到良好的穿插、缠绕、联结、固结作用,从而使表土、心土、母质、基岩之间相互连接,使土壤得到保护,山坡稳固。

有效地防风固沙。林草植被对地表风起到了有效的抑制作用,各类防护林能使地表风速明显减慢,风沙危害土地和农业生产的程度也随之降低,同时降低风沙灾害的发生频率。

7.2.3 评价指标选取的方法

水土保持效益评价指标是指用来表征评价对象各方面特征及相互联系的若干指标。建立水土保持效益评价指标体系常用的方法包括专家选取法和文献频数法。

(1)专家选取法。通过邀请熟悉本地情况、从事相关流域治理方面的专家组成团队,提出具体指标,结合实际论证和研讨最终确定评价指标。

(2)文献频次法。通过文献频次反映出对某些指标的共性认识,在制定新的评价指标体系时,可作为出现频率较高的指标的重要参考依据。

7.2.4 三峡库区典型流域系统综合治理生态效益

7.2.4.1 蓄水保土效益

三峡库区经过综合系统治理之后,流域地表趋平、草木茂盛,减弱了降水对地表的侵蚀与冲刷，延长了入渗时间，增大了土壤储水量，夏秋季植物繁茂的枝叶与冬春季地面的枯枝落叶又减少了蒸散量。彭阳县流域治理程度高，治理后流域保水效益明显，通过育材等各项工程措施和林草措施的综合实施，水土流失的各项指标在原有基础上下降至允许值范围之内，水土流失基本得到控制，蓄水保土效果明显，基本农田和林草将水土就地拦蓄，同时，减少污水排放，优质水源和环境得到维护，避免了土壤养分的流失，加速土壤的熟化，改善当地生态环境，有利于植物的生长发育，可以大大提高农、林、牧产品的产出量，使经济健康稳定地发展。各项措施的保土作用减少了泄入水库的泥沙量，有利于改善、减少淤积，同时大大提高流域内百姓的生活用水质量。

7.2.4.2 净化水质价值

造林与农田工程阻碍、延缓了水流下泄速度，拦截、沉淀了部分泥沙，增加了入渗量，减少了径流的浑浊度，使径流（地上与地下）经过地面沉淀，土壤物理、化学及生物过程过滤和净化，改善了水质。

7.2.4.3 增氧保肥效益

植物的枯枝落叶形成的腐殖层加厚了土壤熟化层，是土壤有机质与碳库积累的重要来源。森林植被生长及其代谢产物不断对土壤产生物理及化学影响，参与土体内部能量转换与物质循环，提高了土壤的肥力。水土流失流失的主要是表层土，农田流失的是耕作层，表层土质疏松、肥分高，流失的都是植物生长不可缺少的氮、磷、钾。流域治理之后提高土壤肥力和减少养分流失的作用巨大。

植物的光合作用维持着大气中的碳-氧生态平衡，地球碳素同化的60%来自于陆生植物，植物犹如地球的清道夫，清洁着人类广阔的生存空间，减轻温室效应，提供生命体必需的氧气，对改善生态环境发挥着不可替代的生态功能。彭阳县流域治理程度高，森林覆盖率、林地郁闭度的增加，都为光合作用提供了源源不断的载体。

7.3 经济效益

7.3.1 经济效益的内涵

经济价值是指自然资源在特定的时间、条件约束下，有可能对当下和未来的生活形成一定的经济效益。一般来说，环境资源的物质成分包括土地、水、大气、岩石、矿物等各种实体资源，其物质成分具有很强的相似性。环境资源既有生态系统等循环机制，也有太阳能等一系列环境因素，基于这样的理念，对流域治理的效益进行研究分析时，要考虑到实体资源等因素，还要考虑到循环机制。要进行价值分析，需要对生产资源进行价值计算，对生态回归的自然资源进行有效的估算。

对于流域治理价值的具体估算，主要来自两个方面：一方面是对流域治理中产生的水、土等资源进行分析和估算，另一方面是流域治理对人们生产生活产生的具体作用，如在环境恶劣或偏远地区，流域治理不仅能提高产量，对当地居民的生活质量有很好的提高，又使生产环境得到了有效改善。采用垦荒毁林种地的做法，虽然短期内可以获得不菲的收益，但从长远来看，这种做法在生产环节并非可持续之计。这种方法如果长期使用，无疑会对生态环境造成很大的破坏，从而对今后的生产、经济产生不利的影响。从流域治理的角度看，治理手段既要提高物质产出，还能改善相关环境条件。

7.3.2 经济效益的研究方法

流域治理效益价值评估分析中想要对流域治理中所产生物质的具体价值进行计算，最重要的一点就是物质的实际数量要和价值形成等值的正比，其中最难的是确定环境资源的价格，以及分析方程的设计。现阶段对于这方面的研究主要有以下几种方法：

(1)市场价值法。由于生态环境发展没有具体的定值，很容易出现物质的计算价值和生产数量也随着环境的变化而变化，不仅会影响整体的环境产值，而且会大大降低整体的经济利润，所以计算人员可以有效地调查生态环境具体变化的相关产量和所对应的产值，对其生态环境条件变化所能够带来的经济效益进行计算。

(2)替代市场价值法。商品、劳动产量的比值变化会和当下生态环境产生一定的联系，因此十分容易影响到商品本身价值，或者对商品的替代物和补充物造成影响，从而对其市场当中的价格产生影响。为此，可以通过对市场相关替代物价格的分析，对商品及产量的经济效益的间接计算。

(3)恢复费用成本法。可以依照生态环境的最低价值进行估算，进一步分析环境劣化带来的影响的费用。也就是说，恢复费用法是在一种资源被破坏之后，将恢复这种资源并将其有效地保护起来过程中花费的费用。

(4)影子工程法。影子工程法是一种恢复费用技术的特殊形式，从原理而言，就是当环境被破坏之后，需要以人工的方式，建立起可以替代环境功能的建筑工程，因此可以将建设工程所需要花费的资金，当作环境被破坏所带来的经济花费成本。

(5)机会成本计算法。无论是生态环境，还是资源资源，都是在建立估算方案的基础上，制订效果不同的备选方案，因此才可以很好地进行经济抉择，从而选择出具有最大经济效益的方案。在这种方案的执行中，可以借由选择获取到最大的经济效益值，因此称之为机会成本计算。

(6)分析调研法。对于一些难以估计及计算的市场价格数据，就可以请教此方面的专家教授，也可以对环境的各个方面实施数据资料进行收集与分析，整合成一个相对完全的环境资源评价报告，对相关的问题实施有效的保护措施，进一步推算出具体的经济效益。在因洪水灾害损毁的农田以及水库进行损失评价的过程中，就可以有效应用这种方法，首先需要对自然灾害的承受者进行利益调查，通过调研数据从而推举出人们内心最初的愿望。

(7)土地资源价值法。此方法就是表示人们在种植过程中产生的经济损失，不仅会对今年的农作物产量造成严重的影响，还会对未来的环境资源的形成造成一定的深远影响。所以，对土地的价值层面，要考虑土地补偿、占用面积等方面，进而计算出具体的经济价值。

(8)条件价值法。此方法会有一定的经济限制，其中主要的限制因素就是要在实际市场环境的参考下，对商品的价值进行评估。

(9)旅行费用法。这种方法主要采用旅游过程中所产生的交通费、门票作为旅行费用,利用这些资料得出消费者的剩余,从而得出森林资源所形成的娱乐、休闲价值。

(10)享受价值法。此方法只适用于对人们土地资源财产的预估,西方国家的研究表明,土地中的树木因素能够有效地提升房地产的价格,而环境污染物质则是降低房地产价格的重要影响因素。

7.3.3 三峡库区典型流域系统综合治理经济效益

典型流域综合治理在大多数情况下,特别是贫困山区或山地丘陵地区,人们从事生产的目的主要是获得粮食增产、水果增产、畜牧产品增产等直接的经济收入,综合治理不仅使有用物产出量得到提高,而且使实物资源产生的直接经济效益得到提高。

实施典型流域综合治理,促进农村工、交、运、建、服、文、教、卫等各项事业的发展,使这一地区的农业生产条件得到优化,整体灾害应对能力得到提升,进而提高劳动就业和人们生活水平,使地区环境、生态环境得到美化,人类的生活质量得到提高,增加当地种植业、林果业、畜牧业、渔业产出价值,增加实物产出,改善当地生产生活条件,增加当地经济收入。

7.4 社会效益

典型流域综合治理中发挥各个部门的作用,形成治理合力,统筹部门合作、统筹城乡发展,在抓好以农村为重点的流域综合治理的同时,重视城市水土保持工作,实现城乡协调发展。

典型流域通过综合治理后初步形成了水土流失及水旱灾害综合防治体系,不但有效地改善了农村的水环境状况,而且大大改变了村容村貌,并结合兴建供水站等措施,改善了群众生产和生活用水条件,提高了人们的生产和生活水平,而且为当地发展效益农业和社会经济的可持续发展创造了条件,为加快山区实现农业现代化提供了基础保障。

流域内农业生产条件明显改善,土壤肥力逐年增加,为促进农业生产发展和农民生活水平提高、稳定发展农业生产提供了可靠保障。经过多年探索和治理,总结出了一种有效的流域综合治理模式,水土保持与生态环境建设两手抓、两手都要硬,激发了广大市民参与治理的热情。如今,小流域已初步实现了“山清、水清、地平、路畅”的生态人居,使当地群众安心生产、安心生活,生态步入了良性循环的发展轨道。

第8章 三峡库区典型流域系统治理建议与展望

8.1 典型流域系统治理主要研究结论

典型流域现状为“一轴周期交替、两带粗放低效、多点零散分布”的生态格局。“一轴”指流域的水域和消落区，“两带”指沿水域和消落区以上300~600 m范围内的经果林带和600 m以上的植被覆盖带，“多点”指在沿河“两带”中零散分布的工矿企业、旅游景区及城集镇和农村居民点等。流域地处高山峡谷，农村居住多点零散分布，水土流失与面源污染相互协同，消落区生态屏障功能减弱，岸上污染物水中富集。在长江大保护和三峡淡水资源库保护背景下，根据当前流域空间格局、经济发展和消费模式，典型流域人均生态承载力小于人均生态足迹，表现为生态赤字，人地矛盾和生态承载压力较大。

8.1.1 典型流域现状及问题诊断

一是流域水资源管理体制机制相对完善，但水资源管理及防洪保安仍需加强，饮水安全有待进一步巩固提升。典型流域涉及的区县均明确严守水资源开发利用控制红线及用水效率控制红线，水资源管理有待加强。流域河流为典型的山区性河流，城镇周边少数冲沟未完全治理；部分农村排洪沟由于山间垮塌、淤泥沉积而造成堵塞，存在隐患；童庄河、草堂河部分河段农村居住区域的堤岸安全防护需要加强。在饮水保障方面，资源性缺水、工程性缺水、水质性缺水的情况在典型流域不同程度地存在。集中式饮水中神农溪流域需要徐家咀水库及管网，草堂河流域草堂镇林政村需新建小(2)型水库1座，汉丰湖流域九龙山镇、满月乡需新建水库及供水管网，解决供水区人口饮水及灌溉；汉丰湖流域中心水库饮用水水源地需规范化建设。农村分散式供水中，巫山、奉节等高山地区存在季节性缺水，部分农村居民点供水设施不完善，水源地保护措施不足，少数山坪塘、溪沟等水源水质浑浊，存在面源污染威胁，应急处理机制不完善。

二是流域水质总体满足水功能区要求，但库湾和回水区存在潜在岸边污染带和富营养化风险、城镇生活污水处理设施还需进一步提标改造、农村生活污水和农业面源污染尚未有效解决等问题。相关主管部门和第三方检测结果显示，5条典型流域断面水质大多在Ⅲ类，支流库湾、回水区和居民集中的部分水域存在水质下降和爆发水华的潜在风险，氮、磷含量较高，总体处于中营养-轻度富营养水平，局部水域部分时段富营养化水平较高。5条典型流域城集镇(含场镇)共建设污水处理设施45座，总设计处理规模6.62万m^3/a，城镇排水体制为雨污合流或部分雨污合流，二、三级管网不完善，10座设施2019年平均运行负荷<60%，40座设施需按照《水污染防治行动计划》(国发〔2015〕17号文)要求实施提标升级改造，设施运维经费不足。约70%的农村生活污水未经处理直排沟渠、水

体或农田；基本形成了"村收集-乡镇转运-县处理"的垃圾收集运输系统，偏远农村收集和处理仍不规范，垃圾分类未普及；5 条流域常年农业种植面积约 179.72 万亩，化肥农药施用量偏高，农业面源污染依然严峻。经测算，5 条典型流域入河污染总负荷 COD 4 658.02 t/a、NH_3-N 360.93 t/a、TP 142.53 t/a。农村生活污水是 COD、NH_3-N 的最大贡献者，贡献率分别为 39.63%、41.77%；农业种植是 TP 的最大贡献者，贡献率为 47.03%。

三是流域水生态环境保护与修复取得了阶段性成果，同时水生态环境结构和功能依然脆弱，消落区保护与修复及水土流失治理有待进一步加强。流域所在县(区)均已完成河道岸线界限划定工作，岸线利用以城镇建设利用为主。5 条流域消落区面积 34.80 m^2、岸线长度 543.08 km，三峡水库水位周期性逆反自然规律变化条件下，消落区长期裸露，植被稀少，生态系统较为脆弱，加上三峡水库蓄水造成的回水顶托，水体流速变缓，自净能力下降，营养物质富集，库湾、回水区和居民集中的部分岸段存在水质下降和爆发水华风险；消落区周边人口密集，在缓坡和中缓坡消落区存在季节性出露耕种；部分库岸受水库蓄水影响还存在失稳、坍岸等安全隐患。5 条流域水土流失面积占比 43.30%，以中度和强烈侵蚀为主，形势依旧严峻。5 条典型流域森林覆盖率均超过 50%，超过三峡后续工作规划目标标准；同时，巩固林业和水土保持成果，加强森林资源管护、完善小流域的山洪治理和田间排水系统，仍是要长期坚持的工作。

8.1.2 典型流域系统治理思路及技术路径

典型流域系统治理是一项系统性工作，以保护水资源、改善水环境、修复水生态的"三水"共治为基础，涉及面广，在"共抓大保护、不搞大开发"的战略导向下，落实"十六字"治水思路，坚持把水资源、水环境、水生态作为最大刚性约束，坚持统筹规划、多功能协调、人与自然和谐发展的原则，实行"三水"共治。以现状调查为基础，以问题为导向，以水质达标为刚性要求，围绕三峡后续工作规划重要支流生态环境保护与修复目标，以水资源保护为核心，以水环境治理为重点，以水生态修复为保障，同时辅以河长制、"厂-网-河(湖)"一体化运维模式等体制机制，实现"水资源、水环境、水生态"全要素覆盖的系统治理。

保护水资源——坚持以水定城、以水定地、以水定人、以水定产，持续推进和实施最严格水资源管理制度，严守水资源开发利用控制、用水效率控制、水功能区限制纳污"三条红线"。构建有利于促进各用水主体自主节约用水奖惩机制，重点通过制度体系建设进一步规范、强化和引导各类用水主体的用水行为，推动用水方式由粗放低效向节约集约转变；加快开发利用雨水、再生水等非常规水源；更加注重城集镇规划区周边、农村社区、场镇等河沟整治。持续巩固提升农村饮水安全保障水平。

改善水环境——突出上下游、支流连片区域水污染联防联治，实现流域水环境治理水平持续改善。围绕"重点区域"发力，控制源头减排污染，加快农村生活污水处理设施建设，逐步实施城镇生活污水处理提质增效，强化集中畜禽养殖污染综合治理，有效控制农业面源污染。同时，加快农村厕所革命和生活垃圾分类工作，加强流域跨界断面、主要交汇处和重点水域的水量水质监测。

修复水生态——着重考虑流域水生态系统结构及功能的层次性、尺度性和流域性，提高水生态系统的自然修复能力,优先对水源涵养区、水域、河湖缓冲带等重要生态空间实施综合性治理,实现"水生态环境健康稳定、水生态空间管控有效、水生态风险预警可防、水生态治理水平现代先进"目标。严格落实生态保护红线,强化保护河湖、湿地等水源涵养空间。持续加强水土流失及石漠化治理。加强消落区保护和生态修复,科学实施库岸环境综合整治。发挥河长制作用,加强巡视巡察。落实长江十年禁渔令,实施重要水域增殖放流,保护水生生物多样性。同时,与防洪、河道整治、水污染控制和水环境整治、城市景观建设、新农村环境建设、旅游资源开发等工作相结合,发挥水生态修复与治理综合效益。

具体路径:一是现状调查及问题诊断,建立流域"三水"共治系统治理本底数据库。收集流域分布、水文、水生态、水资源、水污染、水规划等资料,形成流域本底数据,包括经济社会状况、水环境状况、水生态状况、消落区状况、基础设施状况、其他;调研流域范围所涉及的区县政府及各政府部门系统治理需求等。二是方案设计,形成流域"三水"共治系统治理"一张蓝图",包括治理范围、治理目标、具体方案等。三是构建流域"三水"共治系统治理项目滚动储备库,包括实施效益分析、项目可达性分析、投资估算、项目计划安排及实施路径、保障措施等。四是按照基本建设程序组织实施相关项目。整县整乡推进的项目,其子项目可由不同项目法人组织建设实施,做好项目建设过程中的档案收集、整理、归档等工作。谋划实施项目,应当采取座谈调研、入户调查等方式听取居民诉求,充分尊重居民意愿,更加注重项目前期选址及项目运维管理,提出运营管理要求及可持续达标的绩效考核指标,保障项目顺利推进实施和效益持续发挥。

8.1.3 典型流域系统治理关键技术及示范

根据三峡库区典型流域特征、现状问题及成因,以减排减负和改善民生为目标,集成了4项典型流域系统治理关键技术。

结合三峡库区典型流域农村特点,综合对比CASS工艺、曝气生物滤池工艺、改良型生物接触氧化工艺等适用于农村污水治理的技术,从效果、建设成本、运行成本、使用寿命、维护管理等方面分析各种技术的优缺点。选择处理效果好、建设运行成本低的改良型生物接触氧化工艺作为典型流域农村生活污水处理核心技术。

根据典型流域柑橘种植区以坡耕地为主,具有面积广、地块分散、集约利用化低、地表破碎、土地贫瘠、经营粗放等特点,综合考虑柑橘种植过程和水土流失与面源污染现状,提出了典型流域柑橘种植区水土流失与面源污染防治措施体系。结合纳米碳腐植酸保水肥柑橘田间示范实验结果,推荐纳米碳腐植酸保水肥可作为典型流域农业面源污染源头防控技术。

按高程、出露时间、坡度3个维度,将消落区分为经常性淹水型、半淹半露陡坡型、半淹半露缓坡型、经常性出露陡坡型、经常性出露缓坡型等5种类型,提出了近自然模式、生物工程模式、水塘湿地模式、清洁封育模式等生态修复方案和模式。植物配置方面,提出了草本植物过滤带模式、草本-灌木二带模式、草本-灌木-森林三带模式、挺水植物-沉水植物模式、攀爬植物模式等。具体实施需结合流域实际情况进行优化组合。

针对三峡库区典型流域农村饮用水浊度高、微生物细菌超标等问题,综合考虑库区农村饮用水源水质特点、建设成本、运维管理的便利性等因素，推荐易于集成推广采用混凝沉淀过滤消毒技术的一体化设备。针对典型流域农村饮水现状，推荐分集中饮水和分散饮水 2 种方式实施安全饮水工程建设，集中饮水采取新建管网延伸供水和联片集中供水 2 种方式，分散饮水采取新建单户或联户的分散式供水工程。

在奉节县白帝镇八阵村转包居民点选择 6 户农户，在完善污水管网和化粪池的基础上，选用单户型的改良型生物接触氧化工艺一体化污水处理罐对污水进行处理。检测结果显示，出水水质可满足重庆市《农村生活污水集中处理设施水污染物排放标准》(DB 50/848— 2018) 要求，可有效净化污水，削减入河污染物。选择白帝镇八阵村四组居民点进行农村安全饮水示范，主要建设内容为配建 1 套净水、储水及配套设施等，供水规模为 10.58 m^3/d。监测结果显示，出水水质满足《生活饮用水卫生标准》(GB 5749—2022)，保障了居民饮水安全健康。

8.2 典型流域系统治理实施相关建议

流域系统治理涉及行业众多、政府管理过程复杂、参与部门众多，并且水生态系统的自然恢复也需要持久的动态维护。因此，建议：

一是邀请专业咨询机构和专家团队参与典型流域系统治理前期工作，以实现流域科学规划、问题导向、结果导向、顺畅的全过程管理。具体实施过程中，以三峡后续工作规划修编为基础，县(区)根据三峡后续工作规划实施及项目资金管理相关规定组织申报项目和资金，主管部门按照三峡后续工作规划实施指标量化工作方案要求，参考绩效评价结果，安排项目资金。

二是结合智慧河长建设，从典型流域高时空分辨率污染源清单构建、资源环境承载力评估和预警、流域水功能区纳污能力核算、水质水量联合生态补偿等角度对流域进行进一步深入研究，为典型流域系统治理提供强有力的管理支撑。

三是进一步立项研究，将制定的技术体系延伸至库区 40 条重要支流，根据流域特点、现状及存在的问题，分别制订系统治理方案。

四是进一步开展研究，针对各流域现状，分别遴选多元化关键技术集成，在工程尺度上示范，为流域系统治理提供工程借鉴。

8.3 不足与展望

8.3.1 不足之处

由于知识存量有限、技术方法不足，书中还有一些问题需要进一步探索学习：

(1)生态文明建设的理论研究中涉及较多的是一些与经济学密切相关的研究，而与生态文明密不可分的生态学、地理学等理论研究学习得较少，理论基础涉及面不够宽。

(2)重庆三峡库区的 15 个区(县)生态文明建设现状中选取的数据仅从 2006 年开始，没有对 2006 年之前年份的《重庆统计年鉴》中有关三峡库区 15 个区(县)的数据进行统计归纳整理，对论点的说服力不够强；采用的计量经济学方法，仅仅研究了重庆三峡库区经济建设对其生态环境质量的影响，并没有对其生态文明建设水平进行深入、准确的评价。

（3）在重庆三峡库区15个区（县）生态文明建设的路径选择上，论述途径的可执行性尚存置疑，而且涉及的角度不够多，选择的路径不够充分。

8.3.2 未来展望

生态文明建设是一项长期、复杂的系统工程。未来时间里，相信对三峡库区的生态文明建设进行研究的专家学者会越来越多，三峡库区的生态文明建设也会取得越来越大的发展。今后一段时期，在“全面建成小康社会、全面深化改革、全面依法治国、全面从严治党”四个全面战略和“创新、协调、绿色、开放、共享”五大发展理念的深入贯彻之下，相信，重庆三峡库区的生产方式更加绿色化，低碳循环工业成为工业发展的主体，现代化观光农业和民俗生态特色旅游业将成为库区的支柱产业，并成为全国知名品牌，生态产业园区不断增多，生态产业集聚区形成，产业竞争力大幅提升；生态文明的制度体系不断健全，生态补偿机制得以确立并深入实施，自然资源产权逐步确定并推进交易，评价考核体系真正纳入生态文明建设，生态文明基金得以建立并推广，生态环境的治理和保护能力不断提升，生产、生活和生态三大空间格局更加优化，城乡一体化建设发展到最高水平；生态文明价值观得到大力弘扬，生态文化教育不断加强，全库区人民生态文化素养大力提升，生态文化氛围浓厚。总之，我们国家将全面迎来中国特色社会主义生态文明时代，重庆将成功建成生态文明城市，渝东北生态涵养发展区和渝东南生态保护发展区也将建成国家生态文明先行示范区，三峡库区必然建成生态文明的美丽库区。

参考文献

[1] 吴娴,王玉,庄亮.基于高分辨率格点数据集的中国气温与降水时空分布及变化趋势分析[J].气象与减灾研究,2016,39(4):241-251.

[2] 陈鲜艳,等.三峡库区局地气候变化[J].长江流域资源与环境,2009,18(1):47-51.

[3] 张建云,等.近50年来中国六大流域年际径流变化趋势研究[J].水科学进展,2007,18(2):230-234.

[4] 侯剑华,胡志刚.CiteSpace 软件应用研究的回顾与展望[J].现代情报,2013,33(4):99-103.

[5] 陈祥义,等.1951—2012年三峡库区降水时空变化研究[J].生态环境学报,2015,24(8):1310-1315.

[6] 程美玲,等.基于水汽输送与IDW法耦合的降雨插值方法研究[J].人民长江,2017,48(8):23-27.

[7] 党丽娟,徐勇.水资源承载力研究进展及启示[J].水土保持研究,2015,22(3):341-348.

[8] 程美玲.基于水汽输送的三峡库区降雨预测及非点源污染预测技术研究[D].武汉:武汉大学,2018.

[9] 戴明宏,等.岩溶地区土地利用/覆被变化的水文效应研究进展[J].生态科学,2015,34(3):189-196.

[10] 杜立新,等.基于多目标模型分析法的秦皇岛市水资源承载力分析[J].地下水,2014(6):80-83.

[11] 樊杰,周侃,王亚飞.全国资源环境承载能力预警(2016版)的基点和技术方法进展[J].地理科学进展,2017,36(3):266-276.

[12] 高伟,刘永,和树庄.基于SD模型的流域分质水资源承载力预警研究[J].北京大学学报(自然科学版),2018,54(3):673-679.

[13] 高洁,刘玉洁,封志明.西藏自治区水土资源承载力监测预警研究[J].资源科学,2018,40(6):117-129.

[14] 陈国春.雅砻江二滩水电站水库对局地气候影响分析[J].四川水力发电,2007,26(z2):78-80.

[15] 陈永琼,等.二滩水电站水库对局地气候影响分析[J].攀枝花科技与信息,2010(3):49-53.

[16] 戴升,李林.龙羊峡水库蓄水前后上游流域气候变化及影响分析[C].第26届中国气象学会年会气候变化会场论文集.中国气象学会,915-926.

[17] 樊静,李元鹏,等.克孜尔水库上游流域蓄水前后降水变化特征[J].沙漠与绿洲气象,2009,3(5):25-29.

[18] 孙桂喜.社河河流健康评价及保护对策探析[J].水科学与工程技术,2016(1):57-60.

[19] 王磊.辽河流域水资源承载能力评价[J].水资源管理,2010(6):59-67.

[20] 齐士强.辽河流域水环境承载力及其动态变化特征[J].地下水,2010,41(5):150-152.

[21] 张姣姣,等.小浪底水库蓄水前后雷暴气候变化特征分析[J].气象与环境科学,2010,33(1):52-56.

[22] 王岭岭.黄河小浪底水库对孟津气候的影响研究[D].郑州:河南农业大学,2012.

[23] 何欣燕.中国内陆特大型水坝对区域气候的影响分析[D].成都:电子科技大学,2015.

[24] 王娜.安康水库蓄水前后上游气候变化特征[J].气象科技,2010,38(5):649-654.

[25] 王志红,等.青铜峡水库蓄水前后其上游流域气候变化对比分析[J].宁夏工程技术,2014,13(3):241-245.

[26] 李艳,等.浑河流域细河水环境承载力评估预警研究[J].环境保护与循环经济,2021,41(6):

51-55.
[27] 柴淼瑞. 基于SD模型的流域水生态承载力研究:以铁岭控制单元为例[D]. 西安:西安建筑科技大学,2014.
[28] 关倩,刘岚昕,朱悦. 社河流域污染物来源解析及对策研究[J]. 环境保护与循环经济,2021,41(4):53-56.
[29] 朱悦. 基于"三水"内涵的水环境承载力指标体系构建——以辽河流域为例[J]. 环境工程技术学报,2020,10(6):1029-1035.
[30] 李如忠. 基于指标体系的区域水环境动态承载力评价研究[J]. 中国农村水利水电,2006(9):42-46.
[31] 侯晓敏,岳强,王彤. 我国水环境承载力研究进展与展望[J]. 环境保护科学,2014,41(4):104-108.
[32] 鲁如坤. 土壤-植物营养学原理和施肥[M]. 北京:化学工业出版社,1998.
[33] 熊孜. 重庆市园林绿化问题及对策研究[D]. 重庆:重庆大学,2016.
[34] 新华社. 为了中华民族永续发展——习近平总书记关心生态文明建设纪实[J]. 甘肃林业,2015(3):4-8.
[35] 蒙杰. 城市河流生态修复的探讨[J]. 广西轻工业,2009(4):109-110.
[36] 杨海军,刘国经,李永祥. 河流生态修复研究进展[J]. The 4 th International Conference on Watershed Management and Urban Water Supply. 2014.
[37] 李仁辉,潘秀清,金家双. 国内外小流域治理研究现状[J]. 科技论坛,2010(3):33-34.
[38] 崔宗昌,翟付顺,张秀省,等. 浅谈城市河流生态修复理念与技术[J]. 聊城大学学报(自然科学版),2011,24(3):110-113.
[39] 刘培培. 我国大力推进水土流失治理[J]. 生态经济,2023(3):13-16.
[40] 水利部. 第43号 河湖健康评价指南(试行)[S]. 北京:水利部,2020.
[41] 冯孝杰. 三峡库区农业面源污染环境经济分析[D]. 重庆:西南大学,2005.
[42] 唐中海,张文广,齐敦斌,等. 四川省平武县小河沟自然保护区鸟类资源调查初报[J]. 西华师范大学学报(自然科学版),2004(2):130-134.
[43] 陈鹏. 三峡库区屏障带土地利用生态敏感性评价研究[D]. 重庆:重庆工商大学,2020.
[44] 刘冬燕. 三峡库区消落带生态恢复与重建的研究-以万州消落示范区为例[D]. 上海:同济大学,2005.
[45] 张文普. 金沙江干热河谷五官小流域综合治理效益评价[D]. 雅安:四川农业大学,2010.